计算电磁学中的射线法

王 楠 编著

西北工业大学出版社
西 安

图书在版编目(CIP)数据

计算电磁学中的射线法/ 王楠编著. —西安:西北工业大学出版社, 2024.2
ISBN 978-7-5612-9202-0

Ⅰ. ①计… Ⅱ. ①王… Ⅲ. ①电磁波散射-研究
Ⅳ. ①O441.4

中国国家版本馆 CIP 数据核字(2024)第 023412 号

JISUAN DIANCIXUE ZHONG DE SHEXIANFA
计 算 电 磁 学 中 的 射 线 法
王楠　编著

责任编辑:朱辰浩　　**策划编辑**:李　杰
责任校对:曹　江　　**装帧设计**:徐媛媛
出版发行:西北工业大学出版社
通信地址:西安市友谊西路 127 号　　邮编:710072
电　　话:(029)88493844,88491757
网　　址:www.nwpup.com
印 刷 者:兴平市博闻印务有限公司
开　　本:787 mm×1 092 mm　　1/16
印　　张:12.5
字　　数:312 千字
版　　次:2024 年 2 月第 1 版　　2024 年 2 月第 1 次印刷
书　　号:ISBN 978-7-5612-9202-0
定　　价:78.00 元

如有印装问题请与出版社联系调换

前言

计算电磁学(CEM)对电磁辐射和电磁散射问题的分析一般可以分为解析方法和数值方法。解析方法把要求解的天线和电磁散射问题作为边值问题处理,通过满足严格边界条件的波动方程求得此问题的解析解。但是在电磁散射和绕射问题中,只有极少数有实际意义的问题可以求得严格的解析解,这时的计算目标,其几何形状和正交坐标系共形,波动方程可以使用分离变量法进行求解。数值方法即使用数值计算的手段对麦克斯韦方程及其波动方程进行求解,随着计算机技术的发展,出现了多种有效的数值解法,包括以矩量法(MoM)、有限元法(FEM)为代表的低频计算方法以及以几何光学(GO)、物理光学(PO)为代表的高频计算方法。虽然对于任意形状的物体,可以用数值积分方法求得积分方程的数值解,但当物体的电尺寸很大时,由于计算机容量的限制也难以求得数值解,所以更需要使用高频近似解法。

几何绕射理论(GTD)以其“升级版”一致性几何绕射理论(UTD)成为20世纪50年代以来形成和发展的高频渐进计算方法,是一种典型的射线光学方法,它具有物理概念清楚、简单易用的特点。Keller利用几何光学的射线方法引入了绕射射线描述绕射现象,几何绕射理论的解是以一些已知的几何形状简单问题的严格解为基础的,这些原始问题称为典型问题。比较典型问题的严格解和由几何光学得到的近似解可以导出一些普遍规律,从而找到对近似结果进行修正的基本方法。因为形状复杂的物体可以看成是许多简单的几何构型的复合体,所以这样可以对一个复杂物体的各个局部分别应用已知的解,然后把各个局部对场的贡献叠加起来求得复杂物体的近似的高频辐射和散射特性。这样的处理方法是以高频绕射问题的局部性原理为基础的。所谓局部性原理,即在高频时,绕射现象和反射现象都只取决于物体在绕射点附近的几何形状和入射场性质，而与距离绕射点较远的物体的几何形状无关。

GTD 和 UTD 的一个局限就是它们的算式不能计算焦散区的场。这是射线光学的固有缺点，焦散区的场可以用等效电磁流法来计算。实际上，等效电磁流法是在远离焦散区之处间接利用 GTD 求得劈边缘上的等效电流或磁流，然后通过辐射积分计算这些等效电、磁流在焦散区内的辐射场，在焦散区外它就自动转化为一般的 GTD 结果。

时间进入 21 世纪，我们所面临的电磁问题有了不同的面貌。现代电磁环境（如飞机、舰艇等运载平台）变得越来越复杂且多使用各种特性媒质，在无人驾驶与无人机等新兴行业中，信号覆盖范围的要求较高，在城市和人迹罕至的山地、沙漠、森林中都需要无线信号的覆盖才能真正完成远程操控，这些场景跨度广、变化多、计算分析更加复杂。随着计算机技术的发展，计算电磁学的各种数值计算方法都有了长足的进步，但是目标电磁环境范围越来越大，其中的各种大型设备工作频率也变得越来越高，换言之就是目标的电尺寸相对以往飞速增长，对于这样的电大尺寸目标来说，只有高频的近似方法才能实现快速、高效的数值仿真、预测，因此非常有必要对高频的 GO、GTD、UTD 方法进行研究和推广。

到目前为止，国外出版的有关几何绕射理论及其应用的少量书籍，有的偏重单一的理论或工程，有的涉及面太广。在国内，系统阐述几何绕射理论及其应用的书籍很少，西安电子科技大学汪茂光教授在 1985 年以及 1994 年出版了两版《几何绕射理论》教材，将 GTD 和 UTD 系统地引入国内并应用于教学，2011 年西安电子科技大学王楠出版了《现代一致性绕射理论》一书，着重介绍 UTD 方法的工程模块。这些著作年代稍显久远，市面难寻，这对于 UTD 这一简单、实用的高频计算方法在国内的推广显得力不从心。

笔者师从微波领域专家、国家级教学名师梁昌洪教授，一直致力于高频电磁方法的研究。依托上级对电大电磁问题的项目要求，笔者对 GTD、UTD 方法进行了深入研究，总结并提出了一些新的见解，着重于 UTD 方法的工程应用并且取得了有参考价值的工程成果。本书总结了 UTD 方法的一致性特点，将 UTD 方法分为建模、射线寻迹、遮挡判断以及场值求解等四个基本模块，并通过混合方法和并行计算加以扩展，明晰了 UTD 方法的工程应用思路。同时，本书给出了板、柱、锥组合模型的解析寻迹以及遮挡判断等 UTD 基本问题，使得解析 UTD 方法的计算速度有了很大程度的提高。解析的 UTD 方法在相应工程中的应用获得了比较好的反馈。此外，本书在数值UTD计算中还引入了作为行业标准的NURBS曲面建模技术，对任意曲面建模的UTD方法展开了研究，给出了基本的算法框架。

本书在西安电子科技大学汪茂光教授著作的基础上，结合笔者所在课题组多年的工程应用经验，将一直以来的理论以及工程积累进行总结，联系当今电磁计算问题的特点，将UTD在工程应用中的基本框架以及发展尽可能全面地展示出来，其中既包括解析的UTD方法，也包括完全采用数值手段的参数曲面UTD方法。

在撰写本书的过程中，笔者得到了很多人的大力支持与帮助。本书关于UTD方法的具体内容是笔者所在课题组长期以来在UTD方法上的积累，其中既有梁昌洪教授亲自完成的解析公式推导，也有前辈们辛苦完成的基础应用。张玉在计算资源、并行策略方面一直提供着强有力的支持，苏涛、李龙、翟会清、史琰、吴边、赵勋旺、张欢欢提供了非常宝贵的建议，袁浩波、党晓杰参与了电磁学和软件仿真等部分内容的构思，张齐、代超超、陈贵齐、史芳芳、刘俊志参与了UTD计算的具体实施及其在城市、山区等电大地物环境电磁分析中的应用。本书获得了西安电子科技大学教材建设基金资助项目的资助。感谢西安电子科技大学电子工程学院在本书出版过程中的支持，邓鉴、王翰儒、姚若玉在协调资源、材料收集方面进行了较多的工作。在编写本书的过程中，笔者曾参考了相关文献资料，在此对其作者一并表示感谢。

本书介绍的只是UTD方法应用中的一些方面，希望可以引起更多人对UTD方法的关注，将这种方法进一步完善、发展，更加广泛地应用到实际工程当中。

由于笔者水平有限，书中不妥之处在所难免，请各位读者、有关单位的专家、学者和科技工作者批评指正。

编著者

2023年9月

目　录

第1章　绪　　论

电磁学(Electromagnetics)是这样一门科学,它研究的是电磁源以及它们在特殊环境下产生的场,从方法论的角度,电磁问题分析方法可以分为解析分析方法和数值分析方法。计算电磁学(Computational Electromagnetics,CEM)是电磁学的一个分支,它以电磁场理论为基础,依靠计算技术为工具和手段,运用计算数学提供的各种方法来获得数值结果,并进一步解决复杂的电磁场理论和工程问题。

计算电磁学在诸如移动电话覆盖、天线设计、运载雷达、地物环境电磁态势预测等方面都有应用。在产品制造周期中的设计和制造阶段,这些仿真可以代替许多昂贵、耗时的测量、实验。随着计算机技术不断发展,软件功能不断强大,计算方法不断改进,能解决电磁问题的规模越来越大,环境越来越复杂,因此计算电磁学已经被广泛应用于诸如微波与毫米波通信、多物理场效应分析、雷达天线、精确制导、电磁防护、电磁兼容、医疗诊断、导航和地质勘探等多种电磁领域。

通过建立从飞机、卫星、汽车、船舶等运载工具模型到城市小区、起伏山地等大区域地物模型,使用电磁仿真可以尽可能真实地预测电磁场的分布、散射以及辐射,同样也可以预测这些模型上所加载的天线的性能,以便得出电磁场的分布或者进行性能优化。得益于过去几十年的发展,计算电磁学已经成为除实验观察和数学分析以外的第三种研究方法。

依据现存的数学方程,计算电磁学的发展催生出许多可以选择的数值计算方法,其中没有任何一种可以凌驾于其他方法之上,各种方法之间各有优劣,彼此相互关联但又难分高下,没有哪种方法可以做到“一统天下”。本章对常见的计算电磁学方法简单地进行总结,简单介绍几种“大厂”高频电磁仿真软件,最后针对射线法回顾电磁理论基础。

1.1　计算电磁学基础

当电磁波遇到障碍物(如理想导体)时,在其表面会感应出电流和电荷,由障碍物的感应电流和感应电荷产生的场称为散射场,这种现象称为散射现象,障碍物称为散射体。在电磁散射和绕射问题中,只有少数问题可以求得严格的解析解,而这些能求得严格解的问题所涉及的物体,其几何形状一般是比较简单的,而且需要物体的表面和正交曲线坐标的曲面相重合。即使是这一类问题,如果所求得的解是本征函数的无穷级数形式,则这种级数往往收敛得很慢,因此只对其尺寸远大于波长的那些物体才有实际意义。随着计算机技术的发展,虽然任意形状的物体可以通过数值积分方法求得积分方程的数值，但当物体的电尺寸很大时，由于计算机容量的限制也难以求得数值解，所以仍不得不求助于近似解法。

1.1.1　计算电磁学的高、低频方法

关于计算电磁学中各种方法的分类，不同的著作文献略有不同，本书总结了一种分类方法，如图 1.1.1 所示。通常计算电磁学的各种方法又可以分为两大类，也即严格的数值方法和近似的数值方法。

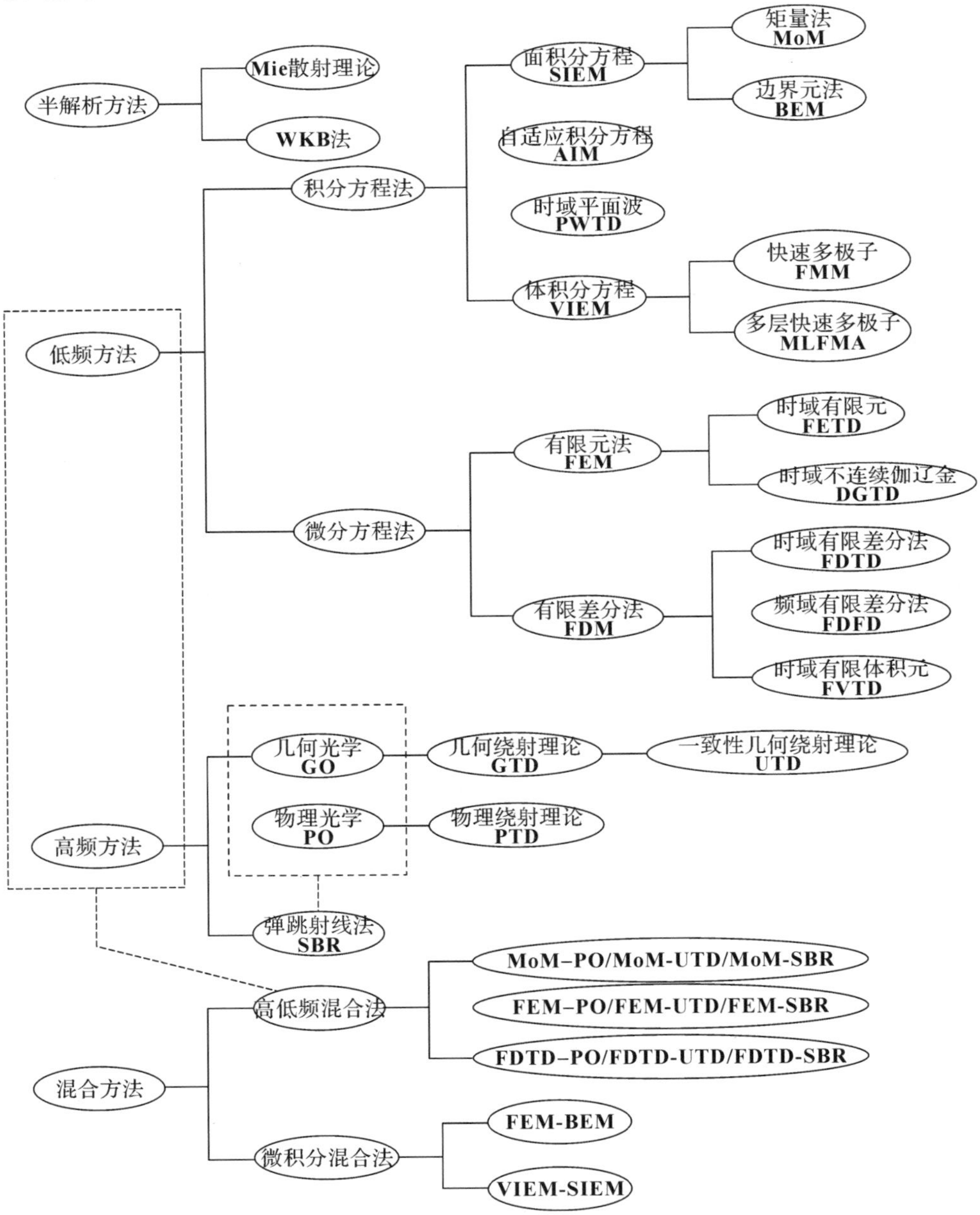

图 1.1.1　计算电磁学方法

严格的数值方法，如矩量法、时域有限差分法、有限元法等，它们也被称为低频方法。这一类方法在处理电磁问题时比较严格、精度比较高，并且理论上只要计算资源足够，它们就能够以较高的精度解决几乎任意频率的任何电磁场问题，但是对于同一个计算目标，当频率升高时，它们对内存等硬件计算资源的占用也急剧增加。显然实际当中的计算资源不可能无限大，这也就成了严格数值方法使用的一个局限，在给定硬件资源的情况下，只能限制在一定频率以下使用，因此通常将它们称为“低频方法”。

近似的数值方法，如几何光学(GO)、物理光学(PO)等，它们也被称为高频方法。这一类方法在处理电磁问题时都进行了一些与频率有关的近似，计算精度比低频方法稍差，但是对于同一个计算目标，如果频率无穷大，理论上它们的计算精度与低频方法区别不大，并且它们占用计算资源很少且几乎不随频率变化。显然实际当中的工作频率也不可能无穷大，因此这也成了近似数值方法使用的一个局限，在给定的计算精度下，只能限制在一定频率以上使用，因此通常将它们称为“高频方法”。

1.1.2 计算电磁学方法简介

1. 矩量法(Method of Moment，MoM)

矩量法(MoM)是一种求解线性代数方程的数学方法，可以将连续方程离散化为代数方程组，对求解微分方程和积分方程均适用。计算电磁学中的MoM就是把积分形式的麦克斯韦方程离散成一个矩阵方程来求解，它是解决理想导体散射和辐射问题中非常有效的直接数值方法。MoM的基本思想是将泛函方程转化为矩阵方程并求解，利用线性空间和算子加以表达。MoM本身不是计算电磁学的专属方法，1968年由R. F. Harrington首次引入电磁学领域。

在MoM被引入计算电磁学之后，由于其较高的计算精度和对任意三维目标良好的适应性而被广大学者熟知。在此后的计算电磁学理论发展中，MoM始终是计算电磁学领域最经典的算法之一，在天线设计、微波网络、散射及辐射效应、微带结构分析、电磁兼容等多个方面都有应用。

频域MoM方法起步较早，发展也相对比较成熟，有对基函数方面的发展，有对阻抗矩阵的压缩及预处理技术的发展，有对矩阵方程求解的加速改进方法，也有对频域积分方程加以改进的研究；时域MoM方法起步相对较晚，但在多个方面也都有所涉及，比如导体目标、介质目标、有耗目标、非均匀媒质目标，以及高阶基函数理论等。

在电磁问题的分析过程中，MoM通过离散和检验两个过程将连续的矢量积分方程转化为离散的标量代数方程，从而使得以往难以通过解析手段求解的电磁积分方程可以通过数值手段获得其数值解。MoM的灵活性也就在于不同的基函数和检验函数会产生完全不同的核心代码。通过选择甚至构造出合适的基函数和检验函数，MoM就能够解决多种电磁问题。

2. 时域有限差分法(Finite Difference Time Domain，FDTD)

时域有限差分法(FDTD)于1966年由K. S. Yee提出，应用于柱形金属体的散射分析，20世纪80年代后期随着高速大容量计算机的普及，该方法得到了迅速的发展，逐渐成为一种广泛应用的电磁算法。

FDTD 的核心思想是把带时间变量的麦克斯韦方程组旋度方程转化为差分形式，模拟出电子脉冲和理想导体作用的时域响应，采用耦合的麦克斯韦方程组旋度方程，同时在时间和空间上求解电场和磁场。原则上，FDTD 可以求解任意形式的电磁场和电磁波的技术和工程问题，并且对计算机内存容量要求较低、计算速度快。

FDTD 的优点包括：①计算不涉及格林函数、矩阵、渐近函数和基函数等复杂运算；②一次计算即可得到宽频带的仿真结果；③材料类型包括电介质和磁介质、色散材料、非线性和各向异性材料；④不需要由结构外形指定计算机内存，可以分析电大尺寸问题；⑤非常适合设计并行计算策略。

FDTD 的主要问题是计算的数值不稳定性和色散。FDTD 计算中每一步都是有误差的，随着时间步进，误差会不断积累，如果误差的积累造成总误差的增加，FDTD 就是不稳定的；作为计算核心的差分近似则会带来数值色散。在 FDTD 数值计算中，稳定性、色散和各向异性将影响计算精度。

FDTD 的基本原理是对电磁场中的电场矢量和磁场矢量分别在时间上和空间上进行交替抽样、离散，每个电场强度分量周围有 4 个磁场分量环绕，每个磁场强度周围有 4 个电场分量环绕，这样的离散方式可以将时域的麦克斯韦方程组转化成差分方程组，并在时间上逐步推进求解空间电磁场。

3. 有限元法(Finite Element Method，FEM)

有限元法(FEM)在数学中是一种求解偏微分方程边值问题的数值技术，其本质是将微分方程的求解转化为代数方程的求解。求解时对整个问题区域进行分解，每个子区域都成为简单的部分，这种简单部分就被称作有限元。

FEM 的核心思想是“数值近似”和“离散化”，简单如用多边形(有限个直线单元)逼近圆来求得圆的周长，都可以看作是有限元概念的应用。FEM 作为一种有效的数值分析方法，在 20 世纪 50 年代首先应用于连续体力学领域——飞机结构静、动态特性分析中，1968 年开始用于求解电磁场问题。

在计算电磁学中，FEM 是采用伽辽金检验或变分法得到波动方程的弱解形式，在特定边界条件下进行求解的电磁数值计算方法。FEM 最大的特点是以适当的形式将求解区域划分为有限个单元，在每个单元中构建子域基函数，利用利兹变分法或者伽辽金法构造代数形式的有限元方程。FEM 具有灵活的离散单元，可以精确地模拟各种复杂的几何结构，求解包含各种复杂形状、复杂媒质的电磁场问题，所形成的矩阵是稀疏对称阵，有利于求解。当进行计算空间离散时，FEM 通常采用非结构化网格，如四面体、棱柱，因此具有非常强的处理复杂几何、精细结构的能力；同时，对于计算空间内每一个离散单元均能设置为不同的材料属性，包括各向异性材料，因此 FEM 非常适合于处理复杂媒质目标。基于这些特点，FEM 被广泛应用于新型天线设计、射频和微波部件仿真、系统部件的电磁兼容/电磁干扰特性分析等方面，有时域和频域两个版本的 FEM 算法。

在电磁场的 FEM 计算中，矢量基函数已经取代了标量基函数，与积分方程相比增加了未知量数目，另外对于电磁辐射、散射等开放区域问题，必须使用边界吸收条件截断计算空间，增加了一定的计算复杂度。

4. 几何光学方法(Geometry Optics,GO)

几何光学(GO)是光学中以光线为基础,研究光的传播和成像规律的一个重要的实用性科学。在几何光学中,把组成物体的物点看作几何点,把它所发出的光束看作无数几何光线的集合,光线的方向代表光能的传播方向。

GO 的基本思想是,当电磁波的波长很短,媒质在空间的变化又在比波长大得多的尺度上才能显示出来时,我们就可以假定:在局部区域中电磁波场的性质就和它在均匀媒质中的性质一样。这样就可以在局部上把电磁波的波阵面看成和平面波的波阵面一样。在光的波粒二象性里,GO 考虑的是光的粒子特性,因此几何光学是波动光学的近似,是当光波的波长很小时的极限情况。

光线的传播遵循以下基本定律:

(1)光的直线传播定律。光在均匀媒质中沿直线方向传播。

(2)光的独立传播定律。两束光在传播途中相遇时互不干扰,仍按各自的途径继续传播;而当两束光会聚于同一点时,在该点上的光能量是简单相加的。

(3)反射定律和折射定律。当光在传播途中遇到两种不同媒质的光滑分界面时,一部分反射,另一部分折射。反射光线和折射光线的传播方向分别由反射定律和折射定律决定。

(4)光程可逆性原理。

基于上述光线传播的基本定律,可以计算光线在光学系统中的传播路径。这种计算过程可以称为光线追迹或光线追踪或射线寻迹,是使用几何光学方法时必须进行的工作。几何光学用射线和射线管的概念解释散射和能量传播机制,它具有物理概念清晰和简单易算的特点,能准确地计算直射场、反射场和折射场,但不能分析和计算绕射问题。

在 CEM 中,GO 是研究射线传播的一种理论,是适用于计算电磁场零波长近似时的高频方法。计算电磁学中的其他高频方法(如 PO、UTD、SBR)都以 GO 为出发点。

5. 物理光学方法(Physics Optics,PO)

物理光学方法(PO)是一种基于电流的高频近似计算方法,主要应用于电大散射体的散射场或雷达散射截面(RCS)的计算,它是用散射体表面的感应电流取代散射体本身作为散射场的源,然后对表面感应电流积分而求得散射场,散射体上的感应面电流则是用几何光学近似确定的,此时假设散射体表面的曲率半径远大于波长,因此 PO 也是一种高频方法。

PO 在求解物体表面的感应电流时作了以下几点基本假设:

(1)物体表面的曲率半径远大于波长。

(2)物体表面只有被入射波直接照射的区域才有感应电流的存在。

(3)物体受照射表面上感应电流的特性和在入射点与表面相切的无穷大平面上的电流特性相同。

PO 通常也需要对散射体进行预先处理,例如使用平面三角形剖分,由于是高频近似方法,面片大小的要求比 MoM 更加灵活。基于平面片建模的物理光学方法的实现步骤为:①首先,将散射体模型采用三角形平面片剖分;②其次,进行遮挡判断,逐个判断每个面片是否能被照亮;③最后,在所有能被照亮的面片上计算物理光学积分,相加即得物理光学散射场。

PO不能计算物体上的不连续性，也不能计算交叉极化，表面电流的几何光学近似只在散射体上被源直接照射的区域才是正确的，在光滑凸曲面被遮挡的部分表面上，用几何光学近似求得的表面电流为零，因此完全不可用。如同几何绕射理论是对几何光学近似的修正一样，物理绕射理论(Physical Theory of Diffraction,PTD)是物理光学的引申，由苏联学者提出，用于分析导电表面的高频散射。对于有边缘的物体，当PTD中出现的PO和等效边缘电磁流型积分可以进行渐进计算时，会得到GTD理论解。如果渐进计算以一致性方式完成，那么从PTD中也可以得到UTD的解。

6. 一致性几何绕射理论方法(Uniform Geometrical Theory of Diffraction,UTD)

一致性几何绕射理论(UTD)是一种用于分析电大尺寸平台电磁特性的高频近似计算方法。

几何光学入射射线系的一部分在投射到一个不可穿透物体的表面时就会被此面阻挡，结果就是在此物体的后面造成了一个入射射线不能存在的阴影区，因此在阴影区中的几何光学场等于零。阴影区的存在自然产生了一个阴影边界，它把散射体表面的周围空间分割为源能直接看见的亮区和源看不见的阴影区。几何光学入射场和反射场在其相应的阴影边界两侧是不连续的，这种不连续在几何光学范围内是无法消除的，因为几何光学只研究直射、反射和折射问题，不能解释障碍物背后阴影区的非零场。

Keller在1951年前后提出了一种近似计算高频电磁场的新方法。他把经典几何光学的概念加以推广，引入了绕射射线以消除几何光学阴影边界上场的不连续性，对阴影区的场进行适当的修正，可以解释障碍物背后阴影区的非零场，Keller的这一方法称为几何绕射理论(GTD)。

Keller导出的GTD基本算式(绕射系数)，在几何光学的阴影边界两侧小区域(过渡区)内失效，因此在20世纪70年代，Pathak等人又将之发展成为一致性几何绕射理论(UTD)。UTD的电磁场求解公式在几何光学阴影边界过渡区有效，在阴影边界过渡区以外，暗区自动转化为GTD算式，亮区则自动转化为GO算式。

UTD方法是本书主要讲解的方法，关于GO、GTD、UTD的详细内容将在后续章节给出。

7. 弹跳射线法(Shooting Bouncing Rays,SBR)

弹跳射线法(SBR)是一种基于几何光学(GO)和物理光学(PO)的混合算法，它源于GO，使用GO中的直射和反射描述电磁传播，又应用PO积分求解最终散射场，比较适合于描述目标几何结构的多次反射。

SBR具有物理概念清楚、容易实现等特点，可以计算复杂目标几何结构之间的多次反射问题，多应用于腔体散射问题，也可以计算电大尺寸目标的散射问题。SBR的标准射线追踪方法以三角形面元为基本单位，将入射场离散为大量射线管，能量沿着射线管传播，每一条射线管需要与所有面元一一求解相交性，用GO计算射线管相交处的反射场，根据等效电磁流原理，应用PO计算所有射线管在远区的散射场。

SBR比单独使用GO或者PO精度更高，但是在计算电大尺寸目标时，为了满足计算精度，需要发射数目庞大的射线管，使得射线管追踪过程异常耗时，要追求精度，就要损失高频近似算法的高效性。

SBR 主要考虑反射，为满足精度要求，需要和 UTD 相结合，引入绕射来求解电大目标的散射特性。引入 UTD 可以提高计算精度，但是绕射会造成射线管分裂，从而进一步降低计算效率。

8. 高低频混合方法(Hybrid Method)

低频方法计算精度高，但计算时对于内存的需求随着频率的升高而大幅增加，计算速度随之下降，处理电大问题计算效率受限制。高频方法计算效率高，但主要针对电大目标的散射，无法单独计算复杂天线辐射相关的问题，计算精度受到限制。

很自然地，如果能把两类算法结合起来，互相取长补短，就可以把求解问题的范围大大扩展，既减少了计算资源的占用和计算时间，又考虑了计算精度，也可以根据实际工程的需要，在效率和精度间进行权衡，这样就形成了高低频混合方法。

1.1.3　电大问题

在现代的电磁工程中，需要越来越多地考虑如飞机、舰船(见图 1.1.2)等实际尺寸就很巨大的复杂平台的电磁问题，其需要的计算资源异常庞大。如何高效、快速地对电磁问题进行分析以指导复杂平台上天线、精密仪器的布局，有效地解决电磁兼容问题，一直以来都是工程上关注的重点之一。而随着无人驾驶与无人机等新兴行业的发展，信号覆盖范围的要求越来越高，在城市和人迹罕至的山地、沙漠、森林中都需要无线信号的覆盖才能真正完成远程操控，这些场景跨度广、变化多，计算分析更加复杂。

图 1.1.2　计算电磁学面临的目标环境

上述目标环境的特点就是电尺寸巨大，也即电大。电尺寸是目标环境实际几何尺寸(尺寸)与工作频率(电)的综合，它可以定义为电磁波波长与障碍物尺寸的比值。相同的目标环境在不同频率下的电尺寸不同，当障碍物的尺寸远远大于波长时即可认为它是电大尺寸，例如1 m长的一维直线，在 3 kHz 频率下是电小尺寸，在 3 GHz 频率下是电大尺寸(见图 1.1.3)。

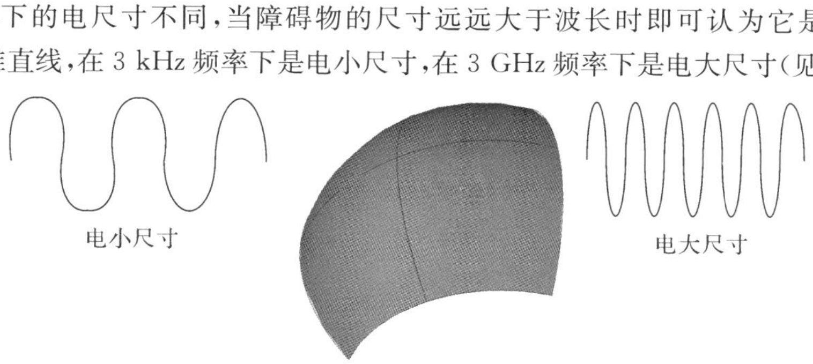

图 1.1.3　同一目标在不同频率下电尺寸不同

1.1.2 节介绍的各种计算电磁学方法各有特色，在近几十年中，它们也都得到了长足的发展和进步，但是在实际的电磁环境中，随着问题涉及的尺寸越来越大、频率越来越高，电磁环境的电尺寸也变得越来越大，因此电大问题的分析仍然是电磁计算的一个难点。

一般来说，电磁问题的仿真计算会优先考虑低频方法，低频方法的计算精度比较高，缺点是计算损耗（硬件资源、计算时间）比较高。以矩量法为例，它作为低频方法的代表，是公认的高精度数值计算方法，但是需要存储和求解一定规模的矩阵方程，使得其占用的计算资源较多，当未知量个数为 N 时，MoM 所需的存储量为 $O(N^2)$，当用直接法和迭代法求解时，所需的计算量分别为 $O(N^3)$ 和 $O(N^2)$。目标环境电尺寸越大，未知数的数量越大，在动用内存等资源求解矩阵方程之前，存储量就已经成为计算的瓶颈之一。

对于电大尺寸目标环境中的电磁问题，高频方法效率相对比较高，但是会牺牲一些计算精度。例如在 GO 基础上发展起来的几何绕射理论（GTD）以及一致性几何绕射理论（UTD），它们本身不需要存储任何大规模的矩阵，对内存的需求只限于程序代码的规模，并且应用的前提就是问题的电尺寸要足够大，这与目前工程中的目标一致，因此它们的计算损耗要少得多，主要消耗的是时间，缺点是在计算中进行了与波长有关的近似，计算精度与低频方法相比略低。

电大问题始终都是计算电磁学研究的重点和难点，在处理电大问题时，不论低频方法还是高频方法，都需要在计算损耗和计算精度之间做出选择（见图 1.1.4）。低频方法精度较高，但是会占用大量的计算机硬件资源，消耗比较长的计算时间；高频方法不需要占用很多的计算资源，但是计算精度相对要低一些。在实际工程问题中，需要根据需求进行取舍，选择合适的方法。

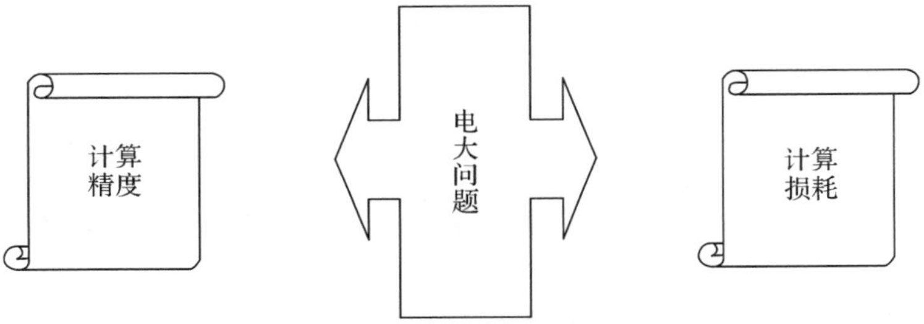

图 1.1.4　**电大问题面临的取舍**

1.1.4　计算电磁学中的射线基方法

实际上，GO、PO、GTD、UTD、PTD、SBR 都可以看成是以电磁射线为基础的方法。GO 主要研究电磁射线的直射和反射，PO 使用 GO 中的直射判断照亮区域，SBR 使用 GO 中的直射和反射寻找最终的照亮区域；GTD、UTD 在 GO 的基础上引入了绕射；PTD 使用了 GTD 中的绕射。区别是 UTD、GTD、GO 完全采用射线的理论求解电磁射线携带的电磁场，PO、PTD、SBR 则在使用射线之后采用积分的方法求解散射的电磁场。本书针对电大问题，主要讲述高频计算中的 UTD、GTD、GO 方法。

UTD 是一种应用于分析电大尺寸平台电磁特性的高频计算方法，于 20 世纪 70 年代发展起来并弥补了 GTD 的缺陷。GTD 由 Keller 在 1951 年前后提出，它把经典的 GO 概念加以推广，系统地引入了绕射射线，绕射射线产生于散射体表面上有某种不连续性的局部区域，例如物体表面上几何形状和电特性不连续之处以及光滑凸曲面上的掠入射点等，绕射射线的特点是它不仅能进入几何光学亮区，也能进入几何光学的阴影区。因此，绕射射线能够研究几何光学射线不存在的阴影区中的场。由此可见，GTD克服了GO在阴影区失效的缺点，同时也改善了亮区中的几何光学解。绕射射线场的幅度是通过绕射系数确定的，这和几何光学中反射和透射射线场的初始值分别由反射系数和透射系数确定是一样的。

GTD能对一些无法求得严格解的复杂的电磁辐射与散射问题求得高频近似解。例如，对于飞机、导弹、舰艇和坦克这一类复杂的目标，可以用一些简单几何形体组成的数学模型来模拟，然后对各个局部几何形体分别用几何绕射理论求得其散射场，最后把各个局部几何形体的散射场叠加起来就求得了整个系统产生的总场。这种处理方法是以高频场的局部性原理为基础的。所谓局部性原理，即在高频的时候，绕射和反射是一种局部现象，它们只取决于产生绕射的物体在绕射点附近的几何形状和入射场性质，而和距离绕射点比较远的物体的几何形状无关。

GTD能用物理概念清晰而且比较简单的方法解决复杂系统的辐射和散射问题，因此是一种可以广泛应用的有效方法。虽然几何绕射理论是一种高频分析方法，但有时甚至在辐射和散射体小到一个波长时它仍然有效。但是，因为几何绕射理论是一种射线光学理论，它在把散射体周围空间分成亮区和阴影区的几何光学阴影边界两侧的过渡区内失效。从这种意义上说，Keller最初导出的绕射系数是非一致性的，几何绕射理论的这一缺点在20世纪70年代由一致性几何绕射理论（UTD）和一致性渐进理论（UAT）所克服。UTD在几何光学阴影边界过渡区内有效，而在过渡区以外则自动转化为几何绕射理论算式。因此一般在工程实践中都采用UTD或UAT方法。作为计算电磁学的一个重要分支，UTD方法在计算电磁学领域有着非常巨大的研究和应用前景。

UTD方法最大的优点就是可以在极小的波长下（即极高的频率下）预测电磁场，而此时像MoM等方法的计算需求则会相当高。UTD方法计算需求不高的原因如下：①频率的升高对UTD算式几乎没有任何影响；②它以各种形式的射线为基础，这些射线的寻迹是纯几何问题，因此计算上的需求只依赖于几何特性而不是电尺寸。这样电磁计算的问题也就变成了几何计算问题，尽管这样的几何计算问题在数学上比较复杂，比如三维空间中射线的寻迹、遮挡判断以及多次散射等问题也不是可以轻易求解的，但是在计算机技术发达的今天，这些几何问题都可以通过数值手段迎刃而解；射线寻迹的算法比较容易并行化，也可以在大型计算机或者PC集群上设置并行算法；UTD方法依赖于各种直观的射线形式，这也使工程技术人员能够更直观地理解比如反射、绕射等问题。

UTD方法的几个优点如下：

(1)与射线频率无关。射线寻迹的过程与频率无关，这使得UTD方法可以在其他方法无法处理的更高频率上获得较好的结果。

(2)与模型频率无关。计算模型与频率无关，对于同一个目标模型，随着频率的升高，使用UTD方法不需要重新进行建模。

(3)适用于飞机、舰船、城市、山区等本身尺寸较大而电尺寸可能更大的目标场景。

(4)不需要存储大规模的矩阵数据，计算资源消耗不高。

(5)对于大多数问题,UTD方法都可以在单PC上解决,大规模的问题可能会耗费比较长的时间,由于射线寻迹的过程非常符合并行计算的设计要求,易于实现并行化,所以也可以引入并行手段来减少计算时间。

1.1.5 常见高频电磁仿真软件

随着计算电磁学在工程应用领域影响力的不断提升,商用电磁分析软件越来越多,它们的操作界面智能化,人机交互接口友好,容易上手,后处理效果好,使得设计人员可以更加方便、直观地进行滤波器设计、天线设计、目标电磁特性分析等工程仿真。

当然,除了以各种数值方法为核心内容外,分析人员必须具备一定的数学、物理基础及相应专业的知识,在建模中还需具有实践经验的积累,合理地利用理想化或工程化假设,准确地给出问题的定解条件(初始条件、边界条件),并在计算流程的前处理、数据处理和后处理等计算机编程和应用方面具备相应的基础。

本节简单介绍一些比较流行、容易获得的比较“大牌”的“大厂”高频电磁仿真软件,仅供读者参考。

1. Ansys HFSS

HFSS是Ansys公司推出的三维电磁仿真软件,是世界上第一个商业化的三维结构电磁场仿真软件,也是业界公认的三维电磁场设计和分析的电子设计工业标准。HFSS的主要核心算法是FEM:可以计算任意形状三维无源结构的S参数和全波电磁场;可以计算天线参量,如增益、方向性、远场方向图剖面、远场3D方向图和3 dB带宽;可以绘制极化特性,包括球形场分量、圆极化场分量、Ludwig第三定义场分量和轴比。

2. FEKO

FEKO是德语“任意复杂电磁场计算”首字母的缩写,它从严格的电磁场积分方程出发,以经典的矩量法为基础,采用了多层快速多级子算法,在保持精度的前提下大大提高了计算效率。FEKO支持工程中的各种激励、模式,可以构建任意结构、材料的模型,根据用户要求可以分析多种不同层面的问题,得出包括S参数、阻抗、方向图、增益、极化、场分布、电流、电荷、RCS、SAR等物理量,还具备自适应频率采样的宽带智能化扫频技术、时域分析功能和优化设计等功能。

3. CST

CST是德国Computer Simulation Technology公司推出的高频三维电磁场仿真软件,是面向3D电磁、电路、温度和结构应力设计工程师的一款全面、精确、集成度极高的专业仿真软件。CST的核心算法是FDTD,典型应用包含电磁兼容、天线、RCS、高速互连SI/EMI/PI/眼图、手机、核磁共振、电真空管、粒子加速器、高功率微波、非线性光学、电气、场路、电磁-温度及温度-形变等各类协同仿真。

4. COMSOL Multiphysics

COMSOL Multiphysics是一款功能强大的多物理场仿真软件,用于仿真模拟工程、制造和科研等领域的设计、设备及过程。它的核心产品可以轻松实现建模流程的各个环节,软件预置了大量的核心物理场接口,涉及固体力学、声学、流体流动、传热、化学物质传递和电磁学等诸多领域,可以用来分析电磁学、结构力学、声学、流体流动、传热和化工等众多领域的实际工程问题。

在国内还可以找到其他特色鲜明的多种电磁计算软件,读者可以根据需求查询使用。

1.2 射线法的电磁波理论基础

麦克斯韦方程组是研究所有电磁学问题的起点,计算电磁学的各种算法即是使用数值手段,在给定边界条件下,求解麦克斯韦方程组或其波动方程。高频电磁计算方法都会做出局部性的假设,也即当电磁波的波长很短,媒质在空间的变化又在比波长大得多的尺度上才能显示出来时,我们就可以假定:在局部区域中电磁波场的性质就和它在均匀媒质中的性质一样。这样就可以在局部上把电磁波的波阵面看成和平面波的波面一样。电磁数值计算的任务是基于麦克斯韦方程组,建立逼近实际问题的连续型数学模型,然后采用相应的数值计算方法,经离散化处理,将连续型数学模型转化为等价的离散型数学模型,由离散数值构成的离散方程组(代数方程组),应用有效的代数方程组解法,求解出该数学模型的数值解(离散解)。本节对射线法的电磁场和电磁波理论进行介绍。

1.2.1 麦克斯韦方程组

从理论上讲,一切电磁波在宏观媒质中都服从麦克斯韦方程组,因此,深入研究和考察它,将有助于深入了解电磁波动的含义。麦克斯韦方程是在对宏观电磁现象的实验定律进行分析总结的基础上经过扩充和推广而得到的,它揭示了电与磁之间,电磁场与电荷、电流之间的相互关系,是一切宏观电磁现象所遵循的普遍规律,有深刻而丰富的物理意义,是电磁运动规律的最简洁的数学语言描述。它是电磁场的基本方程,是我们分析研究电磁问题的基本出发点。下面给出了积分形式和微分形式的麦克斯韦方程,如果场矢量不随时间变化,则麦克斯韦方程自动退化为静态场方程。

$$\left.\begin{aligned}
&\oint_l \boldsymbol{H}\cdot \mathrm{d}\boldsymbol{l} = \iint_S \left(\boldsymbol{J}+\frac{\partial \boldsymbol{D}}{\partial t}\right)\cdot \mathrm{d}\boldsymbol{S}\\
&\oint_l \boldsymbol{E}\cdot \mathrm{d}\boldsymbol{l} = -\iint_S \frac{\partial \boldsymbol{B}}{\partial t}\cdot \mathrm{d}\boldsymbol{S}\\
&\oiint_S \boldsymbol{B}\cdot \mathrm{d}\boldsymbol{S} = 0\\
&\oiint_S \boldsymbol{D}\cdot \mathrm{d}\boldsymbol{S} = \iiint_V \rho \mathrm{d}V
\end{aligned}\right\} \tag{1.2.1}$$

$$\left.\begin{aligned}
&\nabla\times \boldsymbol{H} = \boldsymbol{J}+\frac{\partial \boldsymbol{D}}{\partial t}\\
&\nabla\times \boldsymbol{E} = -\frac{\partial \boldsymbol{B}}{\partial t}\\
&\nabla\cdot \boldsymbol{B} = 0\\
&\nabla\cdot \boldsymbol{D} = \rho
\end{aligned}\right\} \tag{1.2.2}$$

两个旋度方程是麦克斯韦方程组的核心，说明时变电场和时变磁场互为旋度源，因此可以脱离场源独立存在，进而在空间形成电磁波，这也是无线电波应用的基础。

$$\left.\begin{aligned}\nabla\times\boldsymbol{H}&=\boldsymbol{J}+\frac{\partial\boldsymbol{D}}{\partial t}\\ \nabla\times\boldsymbol{E}&=-\frac{\partial\boldsymbol{B}}{\partial t}\end{aligned}\right\}\tag{1.2.3}$$

式(1.2.3)等号左边物理量为磁(或电)，而等号右边物理量则为电(或磁)，中间的等号说明电可以等于磁，磁可以等于电，也即电与磁的相互转化、共存统一。正是由于电不断转换为磁，而磁又不断转成为电，才会发生能量交换、储存和传输。进一步考察式(1.2.3)两边的数学运算，等号左边是对空间的运算(旋度)，等号右边是对时间的运算(导数)，中间的等号说明时间可以等于空间，空间可以等于时间，也即时空的相互转换、共存统一。这说明电(或磁)的任一空间变化会转化成磁(或电)的时间变化，反过来，场的时间变化也会转化成空间的变化，这种时空的相互变化构成了波动的外在形式，也即一个地点出现过的事物，过了一段时间又在另一地点出现了。

电磁波的存在是麦克斯韦方程组的一个重要结论。1865 年，麦克斯韦从它的方程组出发推导了电磁波满足的方程也即波动方程，并得到了电磁波速度的一般表示式，由此预言了电磁波的存在，以及电磁波与光的同一性。1887 年，赫兹用实验的方法产生和检测了电磁波。

从麦克斯韦方程组出发可以推导出波动方程，考虑均匀、线性、各向同性的介质，有源区域内电场强度矢量和磁场强度矢量满足有源波动方程：

$$\left.\begin{aligned}\nabla^2\boldsymbol{E}-\mu\varepsilon\frac{\partial^2\boldsymbol{E}}{\partial t^2}&=\mu\frac{\partial\boldsymbol{J}}{\partial t}+\frac{\nabla\rho}{\varepsilon}\\ \nabla^2\boldsymbol{H}-\mu\varepsilon\frac{\partial^2\boldsymbol{H}}{\partial t^2}&=-\nabla\times\boldsymbol{J}\end{aligned}\right\}\tag{1.2.4}$$

当使用麦克斯韦方程组及其波动方程求解某一具体问题时，需要明确解是否唯一，以及在什么条件下所得的解是唯一的，这时就需要引入时变电磁场的唯一性定理。

时变电磁场的唯一性定理可以写为：在 $t>0$ 的所有时刻，曲面 S 所围成的闭合区域 V 内的电磁场由内部电磁场的初始值，以及 $t=0$ 时刻边界面上的切向电场或者切向磁场唯一确定。

时变电磁场唯一性定理的条件，只要求给定电场或者磁场在边界上的切向分量即可。另外，为了能由麦克斯韦方程组解出时变电磁场，一般需要同时应用边界面上的电场切向分量和磁场切向分量。因此，对于时变电磁场，只要能满足边界条件，就必然能保证解的唯一性。

唯一性定理是一个十分重要且有趣的基本定理。它的意义在于：我们只要找到一组既能满足方程，又能满足边界的解，那么它必然是正确解，而且是唯一的正确解，而不必去问这个解是如何得到的。由于有唯一性定理保证，所以有时可以通过猜测来确定问题的解，只要这个解满足方程(麦克斯韦方程组或波动方程)以及边界条件，这个解就是所求的唯一解。

正是因为有唯一性定理，才使得计算电磁学中的各种数值方法可以应用于工程问题，并且可以得到同样的结果，例如矩量法和有限元法都可以用于天线仿真。

1.2.2　均匀平面波

电磁波是自然界许多波动现象中的一种，它具有波动的一般规律，也有其特殊的性质。根据空间等相位面的形状，可将电磁波分为平面电磁波、柱面电磁波、球面电磁波等。平面电磁波指的是电磁波的场矢量的等相位面，是与传播方向垂直的无限大平面，它是矢量波动方程的一个特解。平面电磁波中，均匀平面电磁波又是最简单的电磁波。所谓均匀平面电磁波，就是等相位面为无限大平面，并且等相位面上各点的场强大小相等、方向相同的平面电磁波。

理想的平面电磁波是不存在的，因为只有无限大的波源才能激励出这样的波，但是如果场点离波源足够远的话，场点邻域内的空间曲面就十分接近平面，那么在一个小范围内，波的传播特性可以近似为平面波。这样的说法也正与高频电磁计算方法的局部性假设相契合。

考虑无源、无界空间填充无耗简单介质，在正弦电磁场情况下，麦克斯韦方程组可以写为

$$\left.\begin{aligned} &\nabla\times\boldsymbol{H}=\mathrm{j}\omega\varepsilon\boldsymbol{E}\\ &\nabla\times\boldsymbol{E}=-\mathrm{j}\omega\mu\boldsymbol{H}\\ &\nabla\cdot\boldsymbol{H}=0\\ &\nabla\cdot\boldsymbol{E}=0 \end{aligned}\right\}\tag{1.2.5}$$

进一步可得波动方程为

$$\left.\begin{aligned} &\nabla^2\boldsymbol{E}+k^2\boldsymbol{E}=0\\ &\nabla^2\boldsymbol{H}+k^2\boldsymbol{H}=0\\ &k=\omega\sqrt{\mu\varepsilon} \end{aligned}\right\}\tag{1.2.6}$$

求解波动方程，可以沿 $\hat{\boldsymbol{a}}_k$ 方向传播的均匀平面波为

$$\left.\begin{aligned} &\boldsymbol{E}=\boldsymbol{E}_0\mathrm{e}^{-\mathrm{j}\boldsymbol{k}\cdot\boldsymbol{r}}\\ &\boldsymbol{H}=\frac{1}{\eta}\hat{\boldsymbol{a}}_k\times\boldsymbol{E}\\ &\hat{\boldsymbol{a}}_k\cdot\boldsymbol{E}=0 \end{aligned}\right\}\tag{1.2.7}$$

$$\left.\begin{aligned} &\boldsymbol{k}=k\hat{\boldsymbol{a}}_k\\ &\eta=\sqrt{\frac{\mu}{\varepsilon}} \end{aligned}\right\}\tag{1.2.8}$$

正弦均匀平面电磁波的电场和磁场矢量在空间相互垂直，在时间上同相，振幅之间存在比例关系（波阻抗），比值取决于介质的介电常数和磁导率。

将平面电磁波的等相位面移动的速度称为相速度，它实际上是沿波振面的法向、等相位面移动的速度；将空间相位变化 2π 所经过的距离称为波长，除了和频率有关，也和介质有关，同一频率的电磁波在不同介质中，波长不同；k 称为波数，表示单位长度内所具有的全波数目的 2π 倍，也称为相位常数，因为它也表示传播方向上波行进单位距离时，相位变化的大小；将时间相位变化 2π 所经过的时间称为周期，将 1 s 内相位变化 2π 的次数称为频率。

如果电磁波所处空间为电导率为 σ 的导电媒质（有耗），则沿 $\hat{\boldsymbol{a}}_k$ 方向传播的均匀平面波可写为

$$\left.\begin{aligned} &\boldsymbol{E}=\boldsymbol{E}_0\mathrm{e}^{-\mathrm{j}\boldsymbol{k}\cdot\boldsymbol{r}}\\ &\boldsymbol{H}=\frac{1}{\eta_c}\hat{\boldsymbol{a}}_k\times\boldsymbol{E}\\ &\hat{\boldsymbol{a}}_k\cdot\boldsymbol{E}=0 \end{aligned}\right\}\tag{1.2.9}$$

$$\left.\begin{aligned} &\boldsymbol{k}=\gamma\hat{\boldsymbol{a}}_k, \qquad \gamma=\omega\sqrt{\mu\widetilde{\varepsilon}_c}\\ &\eta_c=\sqrt{\frac{\mu}{\widetilde{\varepsilon}_c}}, \quad \widetilde{\varepsilon}_c=\varepsilon\left(1-\mathrm{j}\frac{\sigma}{\omega\varepsilon}\right) \end{aligned}\right\}\tag{1.2.10}$$

1.2.3 均匀平面波的传播

在1.2.2节我们回顾了均匀平面波在无界简单介质中的传播规律，可以对应于射线法基础的GO中出现的直射。实际上介质是有限的，在电磁波传播过程中遇到不同波阻抗的介质分界面时，在介质分界面上会有一部分能量被反射回来，形成反射波，还有一部分可能透过分界面继续传播形成透射波。这刚好对应了GO中出现的反射和透射。

如图1.2.1所示，以入射角 θ_i 斜入射的均匀平面波，以反射角 θ_r 反射并以透射角 θ_t 透射，我们要研究的问题是，已知入射波的频率、振幅、极化、传播方向、两种介质的参数，确定反射和透射的情况，进而研究两种介质中总的合成电磁波的传播规律和特性。

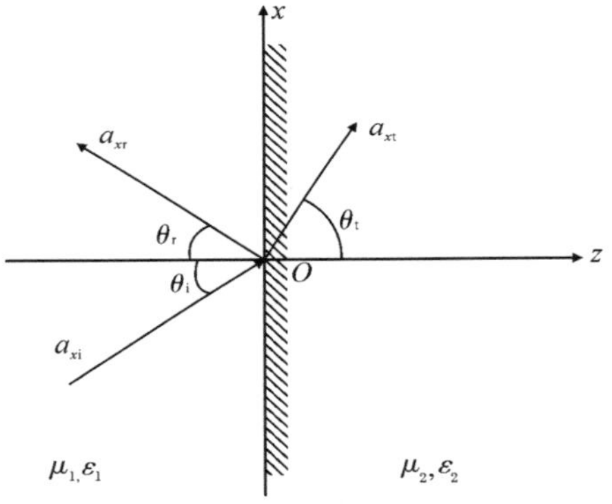

图1.2.1　均匀平面波像理想介质交界面的入射

可以分别写出入射、反射和透射的均匀平面波表达式，这里只写出电场表达式：

$$\left.\begin{aligned} &\boldsymbol{E}_i=\boldsymbol{E}_{i0}\mathrm{e}^{-\mathrm{j}\boldsymbol{k}_i\cdot\boldsymbol{r}}\\ &\boldsymbol{E}_r=\boldsymbol{E}_{r0}\mathrm{e}^{-\mathrm{j}\boldsymbol{k}_r\cdot\boldsymbol{r}}\\ &\boldsymbol{E}_t=\boldsymbol{E}_{t0}\mathrm{e}^{-\mathrm{j}\boldsymbol{k}_t\cdot\boldsymbol{r}} \end{aligned}\right\}\tag{1.2.11}$$

已知入射求解反射和透射可以分成两个部分：角度规律和振幅规律。根据式(1.2.9)，角度规律也即求解反射和透射的传播方向 $\boldsymbol{k}_r$、$\boldsymbol{k}_t$，它们可以通过求解反射角 θ_r 以及透射角 θ_t 实现；振幅规律也即求解场强幅度 $\boldsymbol{E}_{r0}$、$\boldsymbol{E}_{t0}$，通常用反射系数和透射系数描述。

1. 角度规律

因为光也属于电磁波，所以角度规律就是我们熟知的反射定律以及斯涅尔折射定律。

反射定律。入射射线和反射射线共面，入射角等于反射角：

$$\theta_i=\theta_r\tag{1.2.12}$$

透射定律。入射射线和反射射线共面，透射角和入射角满足斯涅尔折射定律：

$$\frac{\sin\theta_t}{\sin\theta_i}=\frac{k_1}{k_2} \tag{1.2.13}$$

结合图 1.2.1 给定的坐标系即可得到反射和透射的传播方向。

可以写出

$$\left.\begin{aligned}\boldsymbol{k}_i&=(\sin\theta_i\hat{\boldsymbol{a}}_x+\cos\theta_i\hat{\boldsymbol{a}}_z)k_1\\ \boldsymbol{k}_r&=(\sin\theta_i\hat{\boldsymbol{a}}_x-\cos\theta_i\hat{\boldsymbol{a}}_z)k_1\\ \boldsymbol{k}_t&=(\sin\theta_t\hat{\boldsymbol{a}}_x+\cos\theta_t\hat{\boldsymbol{a}}_z)k_2\end{aligned}\right\} \tag{1.2.14}$$

2. 振幅规律

具有任意极化方向的斜入射均匀平面波，总可以分解为两个正交的线极化波，也即平行极化波和垂直极化波：

$$\boldsymbol{E}=\boldsymbol{E}_{\perp}+\boldsymbol{E}_{/\!/} \tag{1.2.15}$$

垂直极化波 $\boldsymbol{E}_{\perp}$ 指的是极化方向与入射面垂直的线极化波，平行极化波 $\boldsymbol{E}_{/\!/}$ 指的是极化方向在入射面内的线极化波（入射波的电场矢量在入射面内）。将入射波进行分解之后，只要分别求得垂直极化和平行极化的反射波和透射波，通过叠加，即可得到电场强度任意取向入射的反射波和透射波。

垂直极化和平行极化的分解可以对应到 UTD 中的射线基坐标。

如图 1.2.2 所示，垂直极化的入射波、反射波、透射波的表达式为

$$\left.\begin{aligned}\boldsymbol{E}_{i\perp}&=\hat{\boldsymbol{a}}_y E_{i0\perp}\mathrm{e}^{-\mathrm{j}k_1(x\sin\theta_i+z\cos\theta_i)}\\ \boldsymbol{E}_{r\perp}&=\hat{\boldsymbol{a}}_y E_{r0\perp}\mathrm{e}^{-\mathrm{j}k_1(x\sin\theta_i-z\cos\theta_i)}\\ \boldsymbol{E}_{t\perp}&=\hat{\boldsymbol{a}}_y E_{t0\perp}\mathrm{e}^{-\mathrm{j}k_2(x\sin\theta_t+z\cos\theta_t)}\end{aligned}\right\} \tag{1.2.16}$$

已知 $E_{i0\perp}$，根据交界面处的边界条件求解 $E_{r0\perp}$ 和 $E_{t0\perp}$：

$$\left.\begin{aligned}\Gamma_{\perp}&=\frac{E_{r0\perp}}{E_{i0\perp}}=\frac{\eta_2\cos\theta_i-\eta_1\cos\theta_t}{\eta_2\cos\theta_i+\eta_1\cos\theta_t}\\ T_{\perp}&=\frac{E_{t0\perp}}{E_{i0\perp}}=\frac{2\eta_2\cos\theta_i}{\eta_2\cos\theta_i+\eta_1\cos\theta_t}\end{aligned}\right\} \tag{1.2.17}$$

式中：$\Gamma_{\perp}$ 和 $T_{\perp}$ 分别是垂直极化的反射系数和透射系数。

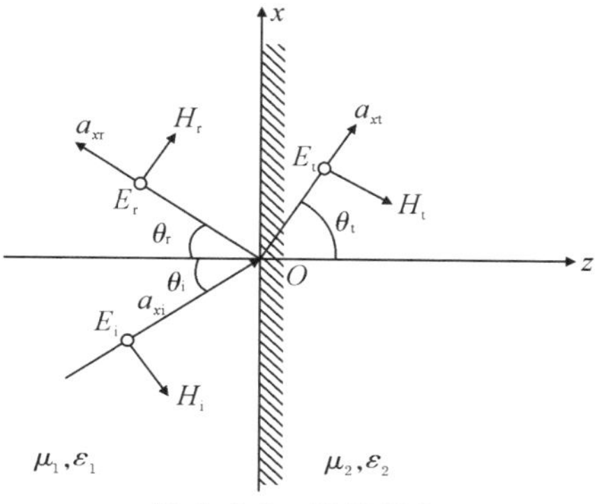

图 1.2.2　垂直极化

如图 1.2.3 所示，平行极化的入射波、反射波、透射波的表达式为

$$\left.\begin{aligned}\boldsymbol{E}_{\mathrm{i}/\!/}&=(\hat{\boldsymbol{a}}_x\cos\theta_{\mathrm{i}}-\hat{\boldsymbol{a}}_z\sin\theta_{\mathrm{i}})E_{\mathrm{i}0/\!/}\mathrm{e}^{-\mathrm{j}k_1(x\sin\theta_{\mathrm{i}}+z\cos\theta_{\mathrm{i}})}\\\boldsymbol{E}_{\mathrm{r}/\!/}&=-(\hat{\boldsymbol{a}}_x\cos\theta_{\mathrm{i}}+\hat{\boldsymbol{a}}_z\sin\theta_{\mathrm{i}})E_{\mathrm{r}0/\!/}\mathrm{e}^{-\mathrm{j}k_1(x\sin\theta_{\mathrm{i}}-z\cos\theta_{\mathrm{i}})}\\\boldsymbol{E}_{\mathrm{t}/\!/}&=(\hat{\boldsymbol{a}}_x\cos\theta_{\mathrm{t}}-\hat{\boldsymbol{a}}_z\sin\theta_{\mathrm{t}})E_{\mathrm{t}0/\!/}\mathrm{e}^{-\mathrm{j}k_2(x\sin\theta_{\mathrm{t}}+z\cos\theta_{\mathrm{t}})}\end{aligned}\right\}\tag{1.2.18}$$

已知 $E_{\mathrm{i}0/\!/}$，根据交界面处的边界条件求解 $E_{\mathrm{r}0/\!/}$ 和 $E_{\mathrm{t}0/\!/}$：

$$\left.\begin{aligned}\Gamma_{/\!/}&=\frac{E_{\mathrm{r}0/\!/}}{E_{\mathrm{i}0/\!/}}=\frac{\eta_1\cos\theta_{\mathrm{i}}-\eta_2\cos\theta_{\mathrm{t}}}{\eta_1\cos\theta_{\mathrm{i}}+\eta_2\cos\theta_{\mathrm{t}}}\\T_{/\!/}&=\frac{E_{\mathrm{t}0/\!/}}{E_{\mathrm{i}0/\!/}}=\frac{2\eta_2\cos\theta_{\mathrm{i}}}{\eta_1\cos\theta_{\mathrm{i}}+\eta_2\cos\theta_{\mathrm{t}}}\end{aligned}\right\}\tag{1.2.19}$$

式中：$\Gamma_{/\!/}$ 和 $T_{/\!/}$ 分别是平行极化的反射系数和透射系数。

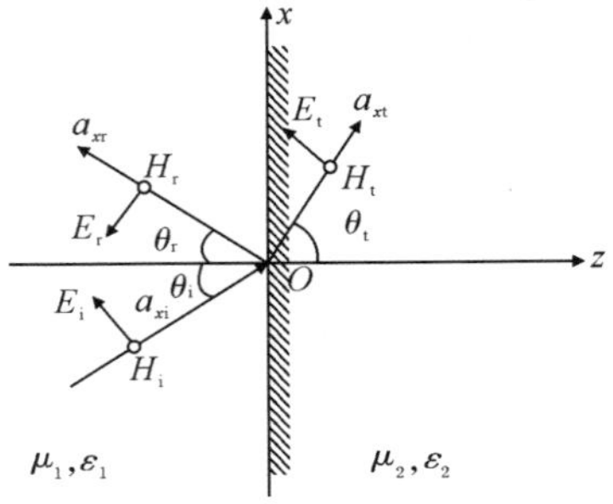

图 1.2.3　平行极化

上述有关垂直极化和平行极化的公式有很多重要应用，并且只要把介电常数换成式(1.2.8)中的复介电常数，这些公式就可以推广到有耗介质。如果将介质 2 看成是理想导体就可以得到均匀平面电磁波向理想导体斜入射的情况。如果介质 2 是理想导体，理想导体的波阻抗 $\eta_2=0$，垂直极化 $\Gamma_{\perp}=-1$，$T_{\perp}=0$，平行极化 $\Gamma_{/\!/}=1$，$T_{/\!/}=0$。

第 2 章　UTD 的理论基础

2.1　从几何光学到一致性几何绕射理论

从几何光学(GO)到几何绕射理论(GTD)进而到一致性几何绕射理论(UTD),它们都是求解麦克斯韦方程组的渐进方法,是以电磁场传播的射线理论为基础的,但是也可以看到它们之间的渐进关系。如图 2.1.1 所示,GO 只考虑直射、反射和透射的贡献,在阴影区场强为零;GTD 在 GO 的基础上,引入了边缘绕射、表面绕射等绕射射线求解阴影区的场强,但是在过渡区场强可能不连续;UTD 则是在 GTD 的基础上进行了修正,使得场强连续。UTD 在 GO 阴影边界过渡区内有效,而在过渡区以外则自动转化为 GTD 理论算式。本章对 GO、GTD、UTD 的理论进行介绍。

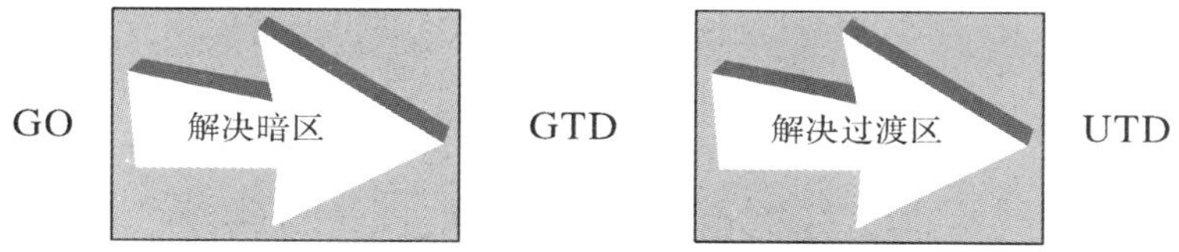

图 2.1.1　从 GO 到 UTD

2.1.1　几何光学

计算电磁学的各种方法可以说是万变不离其宗,需要解决的都是麦克斯韦方程组,只是方法不同,几何光学(GO)是研究射线传播的一种理论,它是适用于计算电磁场零波长近似的高频方法。对于随时间变化关系为 $e^{j\omega t}$ 的正弦电磁场,考察非均匀介质中无源区的麦克斯韦方程为

$$\left.\begin{aligned}\nabla\times\boldsymbol{E}&=-j\omega\mu\boldsymbol{H}\\ \nabla\times\boldsymbol{H}&=j\omega\varepsilon\boldsymbol{E}\\ \nabla\cdot\boldsymbol{B}&=0\\ \nabla\cdot\boldsymbol{D}&=0\end{aligned}\right\}\tag{2.1.1}$$

式中:$\boldsymbol{E}$ 和 $\boldsymbol{H}$ 分别为电场强度和磁场强度矢量;ε 和 μ 分别为媒质的介电常数和磁导率。如果认为媒质是不导电的,则利用矢量的微分关系可以得到 $\boldsymbol{E}$ 和 $\boldsymbol{H}$ 满足的微分方程(波动方程):

$$\left.\begin{aligned}\nabla\times\left(\frac{1}{\mu}\nabla\times\boldsymbol{E}\right)=\omega^2\varepsilon\boldsymbol{E}\\\nabla\times\left(\frac{1}{\varepsilon}\nabla\times\boldsymbol{H}\right)=\omega^2\mu\boldsymbol{H}\end{aligned}\right\}\tag{2.1.2}$$

对于一般非铁磁介质，可以认为 μ 是常数，则可以得到

$$\nabla\times\nabla\times\boldsymbol{E}=\omega^2\varepsilon\mu\boldsymbol{E}$$

考虑到

$$\left.\begin{aligned}\nabla\times\nabla\times\boldsymbol{E}=\nabla(\nabla\cdot\boldsymbol{E})-\nabla^2\boldsymbol{E}\\\nabla\cdot(\varepsilon\boldsymbol{E})=\varepsilon\nabla\cdot\boldsymbol{E}+\boldsymbol{E}\cdot\nabla\varepsilon=0\end{aligned}\right\}\tag{2.1.3}$$

可以得到

$$\nabla^2\boldsymbol{E}+\omega^2\varepsilon\mu\boldsymbol{E}=-\nabla\left(\frac{1}{\varepsilon}\boldsymbol{E}\cdot\nabla\varepsilon\right)\tag{2.1.4}$$

求解这个方程比较困难，因为其中 ε 是空间位置的函数，所以通常需要使用一些近似方法求解，在高频时常用的就是几何光学近似。

当电磁波的波长很短，媒质在空间的变化又在比波长大得多的尺度上才能显示出来时，我们就可以假定：在局部区域中电磁波场的性质就和它在均匀媒质中的性质一样。这样就可以在局部把电磁波的波阵面看成和平面波的波面一样。因此，在高频条件下可以假设电磁场为

$$\left.\begin{aligned}\boldsymbol{E}(x,y,z)=\boldsymbol{E}_0(x,y,z)\mathrm{e}^{-\mathrm{j}k_0\varphi(x,y,z)}\\\boldsymbol{H}(x,y,z)=\boldsymbol{H}_0(x,y,z)\mathrm{e}^{-\mathrm{j}k_0\varphi(x,y,z)}\end{aligned}\right\}\tag{2.1.5}$$

式中：$\boldsymbol{E}_0(x,y,z)$ 和 $\boldsymbol{H}_0(x,y,z)$ 是振幅函数，与频率无关；$k_0=\omega/c=2\pi/\lambda$ 是真空中的传播常数；λ_0 是真空中的波长；c 是真空中的光速；$\varphi(x,y,z)$ 是相位函数。将式(2.1.5)代入无源区麦克斯韦方程组，求得

$$\left.\begin{aligned}\nabla\varphi\times\boldsymbol{H}_0+c\varepsilon\boldsymbol{E}_0=\frac{1}{\mathrm{j}k_0}(\nabla\times\boldsymbol{H}_0)\\\nabla\varphi\times\boldsymbol{E}_0-c\mu\boldsymbol{H}_0=\frac{1}{\mathrm{j}k_0}(\nabla\times\boldsymbol{E}_0)\\\boldsymbol{E}_0\cdot\nabla\varphi=\frac{1}{\mathrm{j}k_0}\left(\frac{\nabla\varepsilon}{\varepsilon}\cdot\boldsymbol{E}_0+\nabla\cdot\boldsymbol{E}_0\right)\\\boldsymbol{H}_0\cdot\nabla\varphi=\frac{1}{\mathrm{j}k_0}\left(\frac{\nabla\mu}{\mu}\cdot\boldsymbol{H}_0+\nabla\cdot\boldsymbol{H}_0\right)\end{aligned}\right\}\tag{2.1.6}$$

在高频的几何光学条件下，$\lambda_0\to 0$，$k_0\to\infty$，只要 $\boldsymbol{E}_0$ 和 $\boldsymbol{H}_0$ 在空间的变化缓慢，则其散度和旋度均为有限值，另外媒质参数 ε 和 μ 在一个波长范围内变化很小，即

$$\frac{1}{\varepsilon}|\nabla\varepsilon|\lambda_0\ll 2\pi,\qquad \frac{1}{\mu}|\nabla\mu|\lambda_0\ll 2\pi$$

这样可以得到几何光学近似条件下的场方程为

$$\left.\begin{aligned}\nabla\varphi\times\boldsymbol{H}_0+c\varepsilon\boldsymbol{E}_0=0\\\nabla\varphi\times\boldsymbol{E}_0-c\mu\boldsymbol{H}_0=0\\\boldsymbol{E}_0\cdot\nabla\varphi=0\\\boldsymbol{H}_0\cdot\nabla\varphi=0\end{aligned}\right\}\tag{2.1.7}$$

在实际情况下我们所遇到的传播媒质大多数是非铁磁媒质，此时 $\mu=\mu_0$ 是常数（μ_0 是真空中的磁导率），于是可以得到

$$\left.\begin{aligned}\eta\boldsymbol{H}_0&=\frac{\nabla\varphi}{n}\times\boldsymbol{E}_0\\ \boldsymbol{E}_0&=\eta\boldsymbol{H}_0\times\frac{\nabla\varphi}{n}\end{aligned}\right\}\tag{2.1.8}$$

式中：$\eta=\sqrt{\mu/\varepsilon}$ 为媒质的特性阻抗；$n=c\sqrt{\mu\varepsilon}$。

式(2.1.8)表明：$\boldsymbol{E}_0$、$\boldsymbol{H}_0$ 和 $\nabla\varphi$ 是相互正交的矢量，而 $\nabla\varphi$ 代表一个确定等相位面的特征函数[$\nabla\varphi$ 是曲面 $\varphi(x,y,z)$ 的法向]。因此，几何光学场在局部上是平面波。

利用式(2.1.8)计算坡印廷矢量得

$$\boldsymbol{S}=\frac{1}{2}\boldsymbol{E}\times\boldsymbol{H}^*=\frac{1}{2}\boldsymbol{E}_0\times\boldsymbol{H}_0=\frac{|E_0|^2}{2\eta}\frac{\nabla\varphi}{n}\tag{2.1.9}$$

式(2.1.9)说明，能流方向是和等相位面 $\varphi(x,y,z)$ 垂直的。因为在几何光学中射线定义为与等相位面垂直的轨迹，所以射线与 $\nabla\varphi$ 平行，因而能量沿射线方向流动。

从式(2.1.6)中消去 $\boldsymbol{H}_0$，再经过一些变换后得到

$$(|\nabla\varphi|^2-n^2)\boldsymbol{E}_0-(\nabla\varphi\cdot\boldsymbol{E}_0)\nabla\varphi-\frac{\mathrm{j}}{k_0}[\nabla\varphi\times(\nabla\times\boldsymbol{E}_0)+\nabla\times(\nabla\varphi\times\boldsymbol{E}_0)]+$$

$$\frac{1}{k_0{}^2}\nabla\times(\nabla\times\boldsymbol{E}_0)=0\tag{2.1.10}$$

在几何光学极限下，只要 $k_0{}^{-1}$ 和 $k_0{}^{-2}$ 项的系数保持为有限值，则最后两项可以忽略不计。又当 $\lambda\to0$ 时，$\nabla\varphi\cdot\boldsymbol{E}_0=0$，于是式(2.1.10)变为

$$|\nabla\varphi|^2=n^2\tag{2.1.11}$$

由式(2.1.11)可以求得程函（即相位函数）$\varphi(x,y,z)$，因此它是几何光学中的一个基本方程。

接下来继续讨论式(2.1.10)，因为它对所有的 k_0 都成立，所以 k_0 的每一项都应该独立为零，其中 $\frac{1}{k_0}$ 项的系数为

$$\nabla\varphi\times(\nabla\times\boldsymbol{E}_0)+\nabla\times(\nabla\varphi\times\boldsymbol{E}_0)=0$$

我们只考虑均匀媒质，在均匀媒质中射线是直线，这样可以方便地使用直角坐标，并使 z 轴方向与射线方向一致，此时 $\boldsymbol{E}_z=0$，可以得到

$$\hat{\boldsymbol{x}}(\boldsymbol{E}_x\nabla^2\varphi-2\nabla\varphi\cdot\nabla\boldsymbol{E}_x)+\hat{\boldsymbol{y}}(\boldsymbol{E}_y\nabla^2\varphi-2\nabla\varphi\cdot\nabla\boldsymbol{E}_y)=0\tag{2.1.12}$$

第一项可以得到

$$\frac{1}{2Z_0}(\boldsymbol{E}_x^2\nabla^2\varphi-2\boldsymbol{E}_x\nabla\varphi\cdot\nabla\boldsymbol{E}_x)=\nabla\cdot\left(\frac{\boldsymbol{E}_x^2\nabla\varphi}{2Z_0}\right)$$

第二项可以得到

$$\frac{1}{2Z_0}(\boldsymbol{E}_y^2\nabla^2\varphi-2\boldsymbol{E}_y\nabla\varphi\cdot\nabla\boldsymbol{E}_y)=\nabla\cdot\left(\frac{\boldsymbol{E}_y^2\nabla\varphi}{2Z_0}\right)$$

相加得到

$$\nabla\cdot\left[\frac{\nabla\varphi}{2Z_0}(\boldsymbol{E}_x^2+\boldsymbol{E}_y^2)\right]=\nabla\cdot\left[\frac{(\boldsymbol{E}_x^2+\boldsymbol{E}_y^2)\nabla\varphi}{2Z_0}\right]=\nabla\cdot\boldsymbol{S}\tag{2.1.13}$$

将上述方程应用于图 2.1.2 所示的射线管，就可以直接得到几何光学的强度定律。

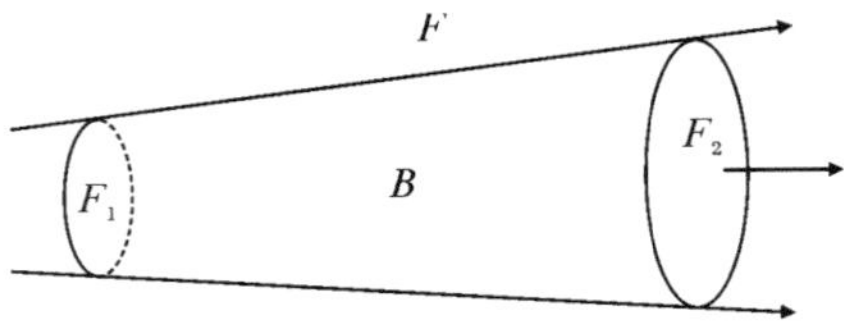

图 2.1.2　均匀媒质中的射线管

令 V 为被射线管的表面 F 和两个截面 F_1、F_2 所包围的体积，应用高斯定理即得

$$\int_V \nabla\cdot \boldsymbol{S}\mathrm{d}V=\int_{F+F_1+F_2}\boldsymbol{S}\cdot \mathrm{d}\boldsymbol{n}=0 \tag{2.1.14}$$

显然 $\boldsymbol{S}$ 和射线管的表面 F 平行，这样可以得到

$$\int_{F_1}\boldsymbol{S}\cdot \mathrm{d}\boldsymbol{n}=-\int_{F_2}\boldsymbol{S}\cdot \mathrm{d}\boldsymbol{n} \tag{2.1.15}$$

式(2.1.15)就是几何光学的强度定律，它说明沿一个射线管的总能量流是常数。

几何光学的强度定律可以用来确定场强沿射线的变化，现在考察图 2.1.3 所示的射线管，像散射线的两个横截面为 $F(0)$和 $F(S)$。

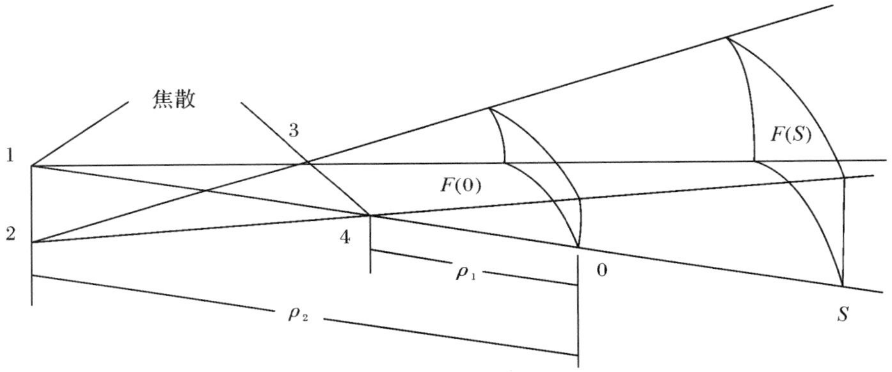

图 2.1.3　像散焦散管

$F(0)$的两个主曲率半径为 ρ_1、ρ_2，横截面 $F(S)$与 $F(0)$相距 s。这一射线管的两个横截面的面积之比为

$$\frac{F(0)}{F(S)}=\frac{\rho_1\rho_2}{(\rho_1+s)(\rho_2+s)} \tag{2.1.16}$$

根据强度定律可知，在 $F(0)$和 $F(S)$处场强的关系为

$$\frac{|E(S)|^2}{|E_0|^2}=\frac{F(0)}{F(S)} \tag{2.1.17}$$

因此有

$$|E(S)|=|E_0|\sqrt{\frac{\rho_1\rho_2}{(\rho_1+s)(\rho_2+s)}} \tag{2.1.18}$$

式中：比例因子 $A(S)=\sqrt{\frac{\rho_1\rho_2}{(\rho_1+s)(\rho_2+s)}}$ 称为扩散因子，表示射线场在传播时由于能量扩散而产生的场强幅度的衰减。

由式(2.1.18)可以看出，当 $s=-\rho_1$ 或 $s=-\rho_2$ 时，几何光学射线场的幅度变为无穷大，

这是由于在 $s=-\rho_1$ 和 $s=-\rho_2$ 之处射线管的横截面趋于零。几射线管的截面变为零之点的轨迹称为焦散,它是相邻众多射线相交形成的包络曲线或曲面,焦散可以是一个点、一条线或一个面。

在电磁场问题中还必须计及射线上各点场强的相位关系。为此,取振幅参考面为相位参考面,则由波面面元 $F(0)$ 到波面面元 $F(S)$ 的相位因子为 e^{-jks},于是均匀媒质中沿几何光学射线传播的场的表示式为

$$E_2 = E_1\sqrt{\frac{\rho_1\rho_2}{(\rho_1+s)(\rho_2+s)}}\,e^{-jks} \tag{2.1.19}$$

式中:E_1 是 $s=0$ 处的场强幅度;e^{-jks} 则是空间相位的迟延因子。

式(2.1.19)可以用来在已知射线上一点的场强时求解射线上另外一点的场强,严格来说结果是近似的,但当几何光学近似的条件成立时,几何光学射线场的表示式对工程应用来说是相当精确的,但是显然它不能计算焦散上的场,在焦散区场强变得很大,因为有无穷多条射线在焦散区相交,所以场强是发散的,这也是几何光学射线方法的主要缺点之一。

继续考察式(2.1.10),因为$\nabla\cdot\boldsymbol{E}_0=0$,所以有

$$\nabla\times\nabla\times\boldsymbol{E}_0 = -\nabla^2\boldsymbol{E}_0$$

于是式(2.1.10)可改写为

$$(|\nabla\varphi|^2-n^2)\boldsymbol{E}_0-\frac{j}{k_0}[\nabla\varphi\times(\nabla\times\boldsymbol{E}_0)+\nabla\times(\nabla\varphi\times\boldsymbol{E}_0)]-\frac{1}{k_0{}^2}\nabla^2\boldsymbol{E}_0=0 \tag{2.1.20}$$

当几何光学入射射线的一部分投射到一个不可穿透物体的表面时就被此面阻挡,结果就在此物体的后面形成了一个入射射线不能存在的阴影区,因此在阴影区中的几何光学场等于零。阴影区的存在自然产生了一个阴影边界,它把散射体表面的周围空间分割为源能直接看见的亮区和源看不见的阴影区,如图 2.1.4 所示。式(2.1.20)中 k^{-2} 的系数$\nabla^2\boldsymbol{E}_0$ 在场强迅速变化之处会变得很大,不再是有限值,这就是几何光学场在阴影边界上的情况,这时几何光学同样不能准确地描述高频场。

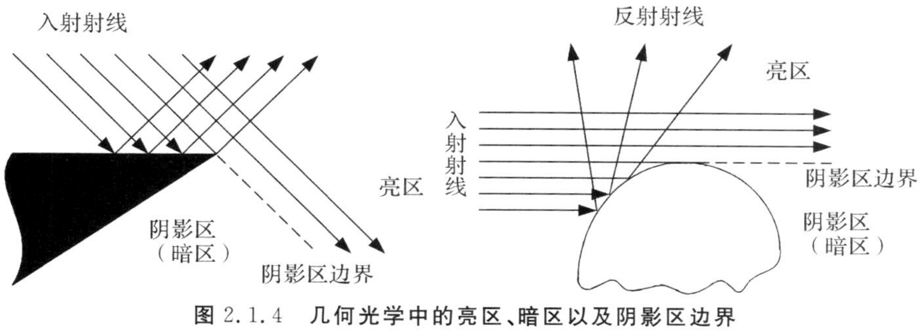

图 2.1.4　几何光学中的亮区、暗区以及阴影区边界

应当指出,几何光学入射场和反射场在其相应的阴影边界两侧是不连续的,这种不连续在几何光学范围内是无法消除的,因为几何光学不能计及障碍物背后阴影区的非零场。尽管如此,几何光学法一般能求得对总场的主要贡献,是高频电磁场的重要组成部分。

2.1.2　Keller 的几何绕射理论

几何光学只研究直射、反射和折射问题,它无法解释暗区的电磁场。当几何光学射线遇

到任意一种表面不连续，如边缘、尖顶，或者在向曲面掠入射时，将产生它不能进入的阴影区。按几何光学理论，阴影区的场应等于零，但实际上阴影区的场并不等于零。Keller 在 1951 年前后提出了一种近似计算高频电磁场的新方法，他把静电几何光学的概念加以推广，引入了绕射射线来消除几何光学阴影边界上场的不连续性，并对几何光学场计为零的场区中适当进行修正，Keller 的这一方法就称为几何绕射理论（GTD）。绕射射线产生于物体表面上几何特性或电磁特性不连续之处，如物体的边缘、尖顶和光滑凸曲面上与入射射线相切之点。绕射射线既可以进入照明区，也可以进入阴影区。因为几何光学射线不能进入阴影区，所以阴影区的场就完全由绕射射线来表示。这样，几何绕射理论就克服了几何光学在阴影区的缺点，也改进了照明区的几何光学解。几何绕射理论的基本概念可以归结为以下 3 点。

（1）绕射场是沿绕射射线传播的，这种射线的轨迹可以用广义费马原理确定。费马原理认为：几何光学射线从源点到场点的最短距离传播。广义费马原理则把绕射射线也包括在内，并认为绕射射线也是沿最短距离传播的。

（2）场的局部性原理。在高频极限情况下，反射和绕射这一类现象只取决于反射和绕射点临近域的电磁特性和几何特性。从场的局部性原理可以得出结论：绕射场只取决于入射场和散射体表面的局部性质，由此可以对某种几何形状的散射体，即所谓典型几何结构，导出把入射场和绕射场联系起来的绕射系数。

（3）离开绕射点后的绕射射线仍遵循几何光学的定律，即在绕射射线管中能量是守恒的，而沿射线路程的相位迟延就等于媒质的波数和距离的乘积。

在界面上凡是入射的几何光学场不连续的那些点就是产生绕射射线的点，如在物体的边缘、尖顶或光滑曲面与入射射线相切的点，都是绕射射线的出发点，这些射线的轨迹都由广义的费马原理确定。下面介绍绕射射线的一些概念。

绕射射线可以分为如下几类。

1. 边缘绕射射线

Keller 指出，边缘绕射射线与边缘（或边缘切线）的夹角等于相应的入射射线与边缘（或边缘切线）的夹角。入射线与绕射线分别位于在绕射点与边缘垂直的平面的两侧或在一个平面上。一条入射线将激励起无穷多绕射线，它们都位于一个以绕射点为顶点的圆锥面上。圆锥的轴线就是绕射点的边缘或边缘的切线，圆锥的半顶角就等于入射线与边缘或边缘切线的夹角，如图 2.1.5 所示。因此，当入射线与边缘垂直时，圆锥面退化为与边缘垂直的平面圆盘。边缘绕射射线所分布的圆锥面通常叫作 Keller 圆锥。

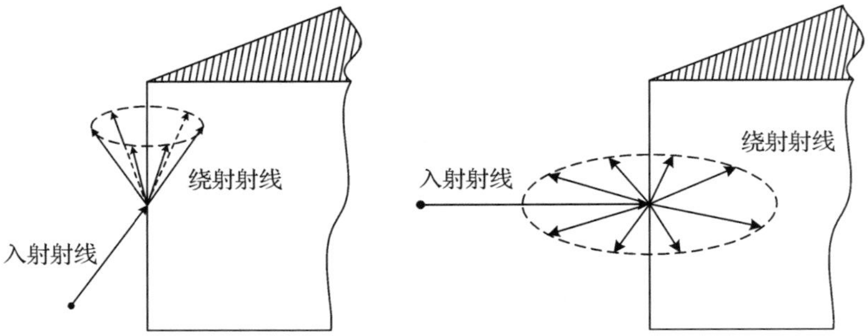

图 2.1.5　边缘绕射射线

如果有一个源照射曲面边缘，则在边缘上每一点都将产生一个绕射射线的圆锥，锥的半顶角由入射射线与绕射点边缘的夹角决定。绕射射线的传播方向根据入射射线和绕射射线与绕射点边缘切线的夹角必须相等的条件确定，可以写为

$$\hat{\boldsymbol{s}}^{\mathrm{i}} \cdot \hat{\boldsymbol{t}} = \hat{\boldsymbol{s}}^{\mathrm{d}} \cdot \hat{\boldsymbol{t}}$$

式中：$\hat{\boldsymbol{s}}^{\mathrm{i}}$、$\hat{\boldsymbol{s}}^{\mathrm{d}}$ 分别为入射射线和绕射射线的单位矢量；$\hat{\boldsymbol{t}}$ 是边缘上绕射点处切方向的单位矢量。上式也就是 Keller 的边缘绕射定律。

2. 表面绕射射线

当有射线向光滑的理想导电凸曲面掠入射时，它的场将分为两部分：一部分入射能量将按几何光学定律继续沿凸曲面的阴影边界照直前进，另一部分入射能量则沿着物体的表面传播而形成表面射线。表面射线在沿曲面传播时将不断沿曲面切线方向发出绕射射线，如图 2.1.6 所示。由广义费马原理，对于在散射体阴影区的场点而言，入射线和绕射线分别和表面上的 Q_1 点和 Q_2 点相切，而表面射线则沿 Q_1 点和 Q_2 点间的最短路程传播。曲面上两点间的最短路程称为短程线或测地线。

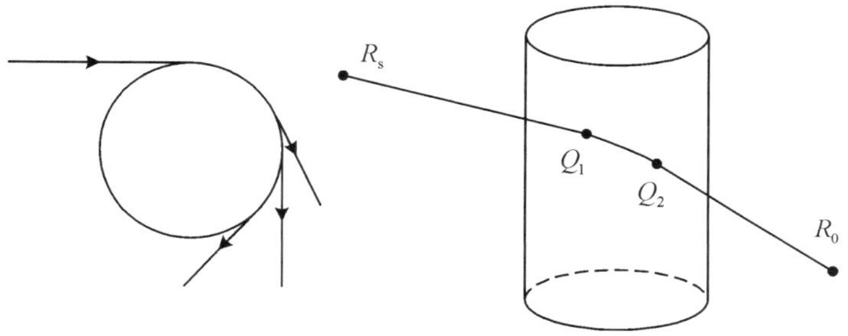

图 2.1.6　表面爬行射线

3. 尖顶绕射射线

尖顶绕射射线就是从源点 R_s 经过尖顶点 P 到达场点 R_0 的射线，如图 2.1.7 所示。尖顶可能是圆锥的顶点，也可能是 90°拐角的顶点。因为绕射点就固定在尖顶 P 上，所以尖顶绕射射线就由 R_sP 和 PR_0 两段直线组成。由尖顶发出的绕射射线可以向散射体所占空间以外的任意方向传播，因此一根入射线可以激励起无穷多根尖顶绕射射线。需要指出的是，尖顶 P 是尖顶绕射射线的焦散点。

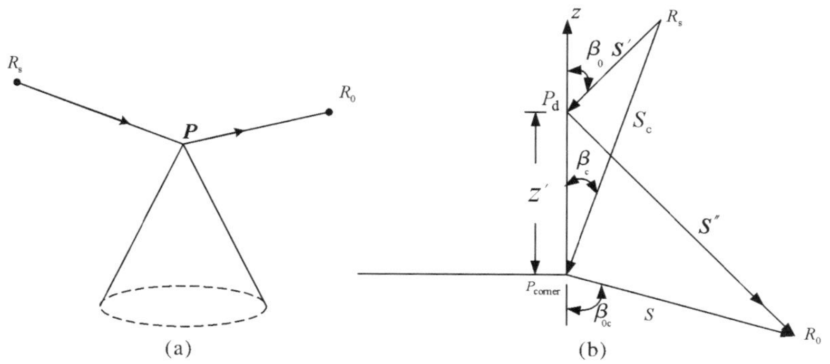

图 2.1.7　尖顶绕射射线

(a)尖锥绕射射线；(b)平板的角点绕射

2.1.3 一致性几何绕射理论

Keller 导出的 GTD 绕射系数在过渡区内失效，因此在 20 世纪 70 年代，Pathak 和 Kovyoum Jian 等人又将其发展为一致性几何绕射理论(UTD)，UTD 克服了 GTD 的缺点，较好地解决了电磁波在阴影界上的连续问题，能够保证电磁场在亮区、阴影边界及过渡区、阴影区中保持一致。UTD 在几何光学阴影边界过渡区有效，在阴影边界过渡区以外，则自动转化为 GTD 算式。对于源在曲面上的情况，也开展了较为成功的研究，从而使其更具工程实用价值。虽然 UTD 的绕射系数是通过仅有的典型问题(平面波在理想导电劈上的绕射和平面波在理想导电圆柱上的绕射)的解推广出来的，但却可以较好地应用在一些复杂的散射和辐射系统中。由于形状复杂的物体可以看成是许多简单几何构形的复合体，所以对每一个复杂构形的各个局部分别引用已知的典型问题解，然后把各个局部对场的贡献叠加起来，可求得复杂物体的辐射和散射特性。根据 GTD、UTD 理论，不同形状其辐射场的计算有所不同。在绕射射线中，以表面绕射也即爬行波绕射和边缘绕射为典型。

2.2 理想导电劈绕射的典型问题

本节介绍平面波照射理想导电劈的散射问题，使用泡利-克莱默(Pauli-Clemmow)的变形最陡下降法求得这些标量绕射问题的渐进解。首先从线源照射的理想导电劈入手，把它的散射场的本征函数级数解变换为场的积分表示式，再令源退到无穷远处，就把此积分变成了平面波向理想导电劈边缘垂直入射的基本表达式。对这些积分进行渐进计算就得到了标量绕射系数和过渡区的修正因子。

2.2.1 理想导电劈散射场的本征函数解

图 2.2.1 所示为一个二维的理想导电劈，选择圆柱坐标系(ρ,ϕ,z)，使劈的边缘与 z 轴重合，两个劈面分别与 $\phi=0$ 和 $\phi=n\pi$ 两个坐标面重合，因此内劈角为$(2-n)\pi$。问题的提法就是，设有一个 z 向的单位强度均匀线源位于坐标(ρ',ϕ')处，此线源将辐射柱面波，求此导电劈周围空间的电磁场。

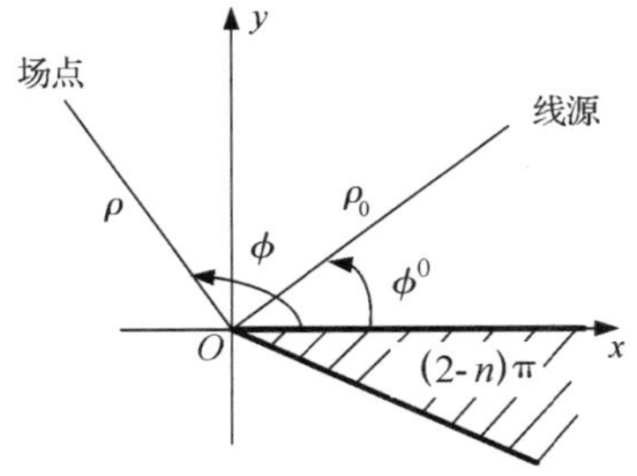

图 2.2.1 柱坐标系中二维导电劈与线源

当空间存在理想导电劈时，总场由线源所辐射的柱面波入射场和导电劈的散射场两部分组成，可以用一个二维标量格林函数 $G_{s,h}(\rho,\rho')$ 求出，$G_{s,h}(\rho,\rho')$ 满足二维非齐次

Helmholtz方程：

$$(\nabla_t^2 + k^2) G_{s,h}(\rho, \rho') = -\delta(|\rho - \rho'|) \tag{2.2.1}$$

式中：∇_t是柱坐标系中的二维 Laplace 算子；$\delta(|\rho-\rho'|)$是 Dirac δ 函数；k 为劈周围的均匀各向同性线性媒质的波数。$G_{s,h}(\rho,\rho')$在劈面上满足下列边界条件：

$$G_s(\rho,\rho') = 0 \quad (\phi = 0, n\pi) \tag{2.2.2}$$

$$\frac{\partial}{\partial \phi} G_h(\rho,\rho') = 0 \quad (\phi = 0, n\pi) \tag{2.2.3}$$

式(2.2.2)对应声学的软边界条件，即 Dirichlet 边界条件，式(2.2.3)对应声学的硬边界条件，即 Neumann 边界条件。

$G_{s,h}(\rho,\rho')$还满足 Sommerfeld 辐射条件：

$$\lim_{\rho\to\infty}\sqrt{\rho}\left(\frac{\partial G}{\partial \rho} + jkG\right) = 0 \tag{2.2.4}$$

以及 Meixner 边缘条件，也即在边缘的一个有限邻域中电磁能量是有限的，用数学形式表示为

$$\lim_{\rho\to\infty}\oiint \boldsymbol{E}\times\boldsymbol{H}^* \cdot \hat{\boldsymbol{n}}\,ds = 0$$

对于理想导电劈，由这一条件导出的在边缘附近各场分量的性态为

$$\left.\begin{array}{l} E_z, H_z = O(\rho^{\frac{1}{n}}) \\ H_\rho, H_\phi, E_\rho, E_\phi = O(\rho^{\frac{1}{n}-1}) \end{array}\right\} \rho \to 0 \tag{2.2.5}$$

满足以上条件的 $G_{s,h}(\rho,\rho')$是唯一的。把式(2.2.1)在圆柱坐标系中展开后可得

$$\left[\frac{1}{\rho}\frac{\partial}{\partial\rho}\left(\rho\frac{\partial}{\partial\rho}\right) + \frac{1}{\rho^2}\frac{\partial^2}{\partial^2\phi} + k^2\right] G_{s,h} = -\frac{\delta(\rho-\rho')\delta(\phi-\phi')}{\rho} \tag{2.2.6}$$

式(2.2.6)的本征函数解的一般形式为

$$G_{s,h}(\rho,\phi;\rho',\phi') = \sum_{m=0}^{\infty} \Phi_m(\phi,\phi') P_m(\rho,\rho') \tag{2.2.7}$$

先研究满足软边界条件的格林函数 G_s，为了满足在 $\phi=0, n\pi$ 两个劈面上的边界条件，角本征函数 $\Phi_m(\phi,\phi')$的形式应当是

$$\Phi_m(\phi,\phi') = a_m g(\phi') \sin\nu\phi$$

式中：$\nu = m/n$，已知

$$\delta(\phi - \phi') = \frac{2}{n\pi}\sum_{m=0}^{\infty} \sin\nu\phi' \sin\nu\phi \tag{2.2.8}$$

可令

$$\Phi_m(\phi,\phi') = \frac{2}{n\pi}\sin\nu\phi' \sin\nu\phi$$

于是

$$G_s(\rho,\phi;\rho',\phi') = \frac{2}{n\pi}\sum_{m=0}^{\infty} P_m(\rho,\rho') \sin\nu\phi' \sin\nu\phi \tag{2.2.9}$$

把式(2.2.8)和式(2.2.9)代入式(2.2.6)中，可以得到

$$\left[\frac{1}{\rho}\frac{\partial}{\partial\rho}\left(\rho\frac{\partial}{\partial\rho}\right)-\frac{\nu^2}{\rho^2}+k^2\right]P_m(\rho,\rho')=-\frac{\delta(\rho-\rho')}{\rho} \tag{2.2.10}$$

$P_m(\rho,\rho')$应当满足辐射条件，$\rho=0$ 时场为有限值以及在 $\rho=\rho'$处场是连续的条件，因此必须把 $P_m(\rho,\rho')$选为如下形式：

$$P_m(\rho,\rho')=\begin{cases}b_m J_v(k\rho)H_v^{(2)}(k\rho'), & \rho<\rho'\\ b_m J_v(k\rho')H_v^{(2)}(k\rho), & \rho>\rho'\end{cases} \tag{2.2.11}$$

式中：$J_v(x)$是 v 阶第一类贝塞尔函数；$H_v^{(2)}(k\rho')$是 v 阶第二类汉克函数。

用 $\rho\mathrm{d}\rho$ 乘以式(2.2.11)两边，并且从 $\rho'-\Delta$ 到 $\rho'+\Delta$ 对 ρ 积分，令 $\Delta\to0$，可得

$$\left[\frac{\mathrm{d}}{\mathrm{d}\rho}P_m(\rho'_+,\rho')-\frac{\mathrm{d}}{\mathrm{d}\rho^2}P_m(\rho'_-,\rho')\right]=-\frac{1}{\rho'} \tag{2.2.12}$$

将式(2.2.11)代入式(2.2.12)，可得

$$b_m[J_v(k\rho')H_v^{(2)'}(k\rho')-J_v'(k\rho')H_v^{(2)}(k\rho')]=-\frac{1}{k\rho'}$$

式中：$J_v(k\rho')H_v^{(2)'}(k\rho')-J_v'(k\rho')H_v^{(2)}(k\rho')$表示贝塞尔方程的 Wronskian 行列式，因此有

$$J_v(k\rho')H_v^{(2)'}(k\rho')-J_v'(k\rho')H_v^{(2)}(k\rho')=-\mathrm{j}\,\frac{2}{\pi k\rho'}$$

由此可得

$$b_m=-\mathrm{j}\,\frac{\pi}{2}$$

于是

$$G_s(\rho,\phi;\rho',\phi')=\begin{cases}-\dfrac{\mathrm{j}}{2n}\sum\limits_{m=0}^{\infty}\varepsilon_m J_v(k\rho)H_v^{(2)}(k\rho')\sin v\phi'\sin v\phi, & \rho<\rho'\\ -\dfrac{\mathrm{j}}{2n}\sum\limits_{m=0}^{\infty}\varepsilon_m J_v(k\rho')H_v^{(2)}(k\rho)\sin v\phi'\sin v\phi, & \rho>\rho'\end{cases} \tag{2.2.13}$$

式中：ε_m 为 Neumann 数：

$$\varepsilon_m=\begin{cases}1, & m=0\\ 2, & m\neq0\end{cases}$$

用同样的方法可以求得硬边界条件的二维格林函数 G_h：

$$G_h(\rho,\phi;\rho',\phi')=\begin{cases}-\dfrac{\mathrm{j}}{2n}\sum\limits_{m=0}^{\infty}\varepsilon_m J_v(k\rho)H_v^{(2)}(k\rho')\cos v\phi'\cos v\phi, & \rho<\rho'\\ -\dfrac{\mathrm{j}}{2n}\sum\limits_{m=0}^{\infty}\varepsilon_m J_v(k\rho')H_v^{(2)}(k\rho)\cos v\phi'\cos v\phi, & \rho>\rho'\end{cases} \tag{2.2.14}$$

把式(2.2.13)和式(2.2.14)合并，并且只取 $\rho<\rho'$的解，得到

$$G_{s,h}(\rho,\phi;\rho',\phi')=-\frac{\mathrm{j}}{4n}\sum_{m=0}^{\infty}\varepsilon_m J_v(k\rho)H_v^{(2)}(k\rho')\cdot[\cos v(\phi-\phi')\mp\cos v(\phi+\phi')] \tag{2.2.15}$$

式中：$0\leqslant\phi,\phi'\leqslant n\pi$，$0\leqslant\rho\leqslant\rho'<\infty$，并且其中的“－”号和“＋”号分别对应 G_s 和 G_h。

如果线源是电流 I，则 z 向总电场 E_z 为

$$E_z(\rho)=-\mathrm{j}\omega\mu I G_s \tag{2.2.16}$$

式中：ω 是角频率；μ 是包围劈的媒质的磁导率；I 是线电流源的强度。

如果线源是磁流 M，则 z 向总电场 H_z 为

$$H_z(\rho)=-\mathrm{j}\omega\varepsilon M G_h \tag{2.2.17}$$

式中：ε 是包围劈的媒质的介电常数；M 是线磁流源的强度。

首先，因为式(2.2.15)中的格林函数解的形式是一个无穷级数，所以再使用它计算柱面波入射时的理想导电劈周围空间的电磁场时，为了保证解的精度，要求级数的最后几项满足 $\nu\gg k\rho$ 的条件，当 $k\rho$ 较大时，级数收敛得很慢，因此本征函数级数解在高频时是不便于应用的。其次，由式(2.2.15)得到的结果是总场，它没有明显地分成入射场、反射场和绕射场，不便于从射线的角度分析场，因此需要把它变换为便于应用的形式。

2.2.2　绕射场与几何光学场的分离

$J_v(k\rho)H_v^{(2)}(k\rho')$ 可以用下面的积分来表示：

$$J_v(k\rho)H_v^{(2)}(k\rho')=-\int_0^{c-\infty}\exp\left\{\frac{1}{2}\left[t-k^2(\rho^2+\rho'^2)t^{-1}\right]\right\}I_v\left(\frac{k^2\rho\rho'}{t}\right)\frac{\mathrm{d}t}{t} \tag{2.2.18}$$

式中：$c>0$，$\nu>-1$，$|\rho|<|\rho'|$。$I_v\left(\frac{k^2\rho\rho'}{t}\right)$ 是第一类修正贝塞尔函数，它又可以用下面的积分表示：

$$I_v\left(\frac{k^2\rho\rho'}{t}\right)=-\frac{1}{2\pi}\int_{\gamma+\mathrm{j}\infty}^{\gamma'-\mathrm{j}\infty}\exp\left(\frac{k^2\rho\rho'}{t}\cos\xi+\mathrm{j}v\xi\right)\mathrm{d}\xi \tag{2.2.19}$$

式中：$-\pi<\gamma'<0$，$\pi<\gamma<2\pi$。因此

$$I_v\left(\frac{k^2\rho\rho'}{t}\right)=-\frac{1}{2\pi}\int_L\exp\left(\frac{k^2\rho\rho'}{t}\cos\xi+\mathrm{j}v\xi\right)\mathrm{d}\xi \tag{2.2.20a}$$

或

$$I_v\left(\frac{k^2\rho\rho'}{t}\right)=-\frac{1}{2\pi}\int_{L'}\exp\left(\frac{k^2\rho\rho'}{t}\cos\xi-\mathrm{j}v\xi\right)\mathrm{d}\xi \tag{2.2.20b}$$

积分路径 L 和 L' 如图 2.2.2 所示。把式(2.2.15)中的余弦改写为指数形式，再把式(2.2.18)和式(2.2.20)用于式(2.2.15)，然后交换求和与积分次序，并选取 $I_0(k^2\rho\rho'/t)$(对应 $m=0$)的沿 L' 回路的积分式，这样就可以把式(2.2.15)写为如下形式：

$$G_{s,h}(\rho,\rho')=G(\rho,\rho';\beta^-)\mp G(\rho,\rho';\beta^+) \tag{2.2.21}$$

其中

$$\begin{aligned}G(\rho,\rho';\beta^{\mp})=&-\frac{1}{8\pi^2 n}\int_0^{c-\mathrm{j}\infty}\exp\left\{\frac{1}{2}\left[t-k^2(\rho^2+\rho'^2)t^{-1}\right]\right\}\cdot\\&\left\{\int_L\exp\left(\frac{k^2\rho\rho'}{t}\cos\xi\right)\left\{\sum_{m=1}^{\infty}\exp\left[\mathrm{j}\frac{m}{n}(\xi+\beta^{\mp})\right]\right\}\mathrm{d}\xi+\right.\\&\left.\int_{L'}\exp\left(\frac{k^2\rho\rho'}{t}\cos\xi\right)\left\{\sum_{m=1}^{\infty}\exp\left[-\mathrm{j}\frac{m}{n}(\xi+\beta^{\mp})\right]\right\}\mathrm{d}\xi\right\}\frac{\mathrm{d}t}{t}\end{aligned} \tag{2.2.22}$$

$$\beta^{\mp}\equiv\phi\mp\phi'=\beta \tag{2.2.23}$$

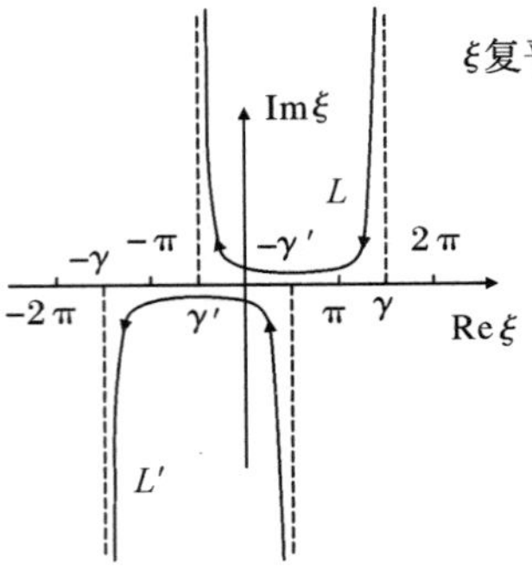

图 2.2.2 $I_v(k^2\rho\rho'/t)$的积分表示式在复ξ平面上的积分路径L和L'

式(2.2.22)中的级数可以变换如下：

$$\sum_{m=1}^{\infty}\mathrm{e}^{\mathrm{j}\frac{m}{n}(\xi+\beta)}=\sum_{m=0}^{\infty}\mathrm{e}^{\mathrm{j}\frac{m}{n}(\xi+\beta)}-1=-\frac{1}{2\mathrm{j}}\cot\left(\frac{\xi+\beta}{2n}\right)-\frac{1}{2}$$

$$\sum_{m=0}^{\infty}\mathrm{e}^{\pm\mathrm{j}\frac{m}{n}(\xi+\beta)}=-\frac{1}{1-\mathrm{e}^{\pm\mathrm{j}\left(\frac{\xi+\beta}{n}\right)}}$$

$$\sum_{m=0}^{\infty}\mathrm{e}^{-\mathrm{j}\frac{m}{n}(\xi+\beta)}=\frac{1}{2\mathrm{j}}\cot\left(\frac{\xi+\beta}{2n}\right)+\frac{1}{2}$$

于是式(2.2.22)变为

$$G(\rho,\rho';\beta)=-\frac{1}{8\pi^2 n}\int_0^{c-\mathrm{j}\infty}\exp\left\{\frac{1}{2}[t-k^2(\rho^2+\rho'^2)t^{-1}]\right\}\cdot$$
$$\left\{\int_L\exp\left(\frac{k^2\rho\rho'}{t}\cos\xi\right)\left[-\frac{1}{2\mathrm{j}}\cot\left(\frac{\xi+\beta}{2n}\right)-\frac{1}{2}\right]\mathrm{d}\xi+\right.$$
$$\left.\int_{L'}\exp\left(\frac{k^2\rho\rho'}{t}\cos\xi\right)\left[\frac{1}{2\mathrm{j}}\cot\left(\frac{\xi+\beta}{2n}\right)+\frac{1}{2}\right]\mathrm{d}\xi\right\}\frac{\mathrm{d}t}{t}\tag{2.2.24}$$

交换式(2.2.24)中的积分次序并合并两项积分，得到

$$G(\rho,\rho';\beta)=\frac{1}{8\pi^2 n}\int_{L-L'}\left\{\left[\frac{1}{2\mathrm{j}}\cot\left(\frac{\xi+\beta}{2n}\right)+\frac{1}{2}\right]\cdot\right.$$
$$\left.\int_0^{c-\mathrm{j}\infty}\exp\left[\frac{t^2-k^2(\rho^2+\rho'^2)+2k^2\rho\rho'\cos\xi}{2t}\right]\frac{\mathrm{d}t}{t}\right\}\mathrm{d}\xi$$

可以证明

$$-\frac{1}{2}\int_0^{c-\mathrm{j}\infty}\exp\left(\frac{t^2-z^2}{2t}\right)\frac{\mathrm{d}t}{t}=K_0(\mathrm{j}z)$$

式中：$K_0(\mathrm{j}z)$是宗量为jz的零阶第二类变型贝赛尔函数。令

$$k\sqrt{\rho^2+\rho'^2-2\rho\rho'\cos\xi}=z(\xi)$$

则式(2.2.24)变为

$$G(\rho,\rho';\beta)=\frac{1}{8\pi^2 n}\int_{L-L'}\left\{\left[\frac{1}{\mathrm{j}}\cot\left(\frac{\xi+\beta}{2n}\right)+1\right]K_0[\mathrm{j}z(\xi)]\right\}\mathrm{d}\xi$$

因为 $z(\xi)=z(-\xi)$，所以

$$\int_{L-L'} K_0[\mathrm{j}z(\xi)]\mathrm{d}\xi = \int_L K_0[\mathrm{j}z(\xi)]\mathrm{d}\xi - \int_{L'} K_0[\mathrm{j}z(\xi)]\mathrm{d}\xi$$
$$= \int_L K_0[\mathrm{j}z(\xi)]\mathrm{d}\xi - \int_{-L} K_0[\mathrm{j}z(-\xi)]\mathrm{d}(-\xi)$$
$$= 0$$

最后式(2.2.24)变为

$$G(\rho,\rho';\beta^{\mp}) = \frac{1}{8\pi^2 n}\int_{L-L'}\cot\left(\frac{\xi+\beta^{\mp}}{2n}\right)K_0[\mathrm{j}k^2\sqrt{\rho^2+\rho'^2-2\rho\rho'\cos\xi}]\mathrm{d}\xi \tag{2.2.25}$$

由式(2.2.25)可以得到 $G_{\mathrm{s,h}}(\rho,\rho')=G(\rho,\rho';\beta^-)\mp G(\rho,\rho';\beta^+)$的一个复平面回路积分表达式，此积分表示式依然是解的严格形式。

如果$|z(\xi)|$很大，则可用 $K_0[\mathrm{j}z(\xi)]$的大宗量近似式来代替 $K_0[\mathrm{j}z(\xi)]$：

$$K_0[\mathrm{j}z(\xi)]\sim\sqrt{\frac{\pi}{2\mathrm{j}z(\xi)}}\mathrm{e}^{-\mathrm{j}z(\xi)},\quad -\pi\leqslant\arg(\mathrm{j}z)\leqslant\pi$$

在后面对积分进行渐进计算时就会看到在鞍点的邻域内$|z|$是很大的，因此式(2.2.25)可以写成

$$G(\rho,\rho';\beta^{\mp})\approx\frac{1}{8\pi^2\mathrm{j}n}\int_{L-L'}\mathrm{d}\xi\sqrt{\frac{\pi}{(\rho^2+\rho'^2-2\rho\rho'\cos\xi)^{1/2}}}\cdot$$
$$\cot\left(\frac{\xi+\beta^{\mp}}{2n}\right)\exp\left\{-\mathrm{j}k\sqrt{\rho^2+\rho'^2-2\rho\rho'\cos\xi}\right\} \tag{2.2.26}$$

上面的指数形式还可以近似地写为

$$\exp\left(-\mathrm{j}k\sqrt{\rho^2+\rho'^2-2\rho\rho'\cos\xi}\right)$$
$$=\exp\left[-\mathrm{j}k\sqrt{(\rho+\rho')^2-2\rho\rho'(\cos\xi+1)}\right]$$
$$\approx\exp\left\{-\mathrm{j}k(\rho+\rho')\left[1-\frac{\rho\rho'}{(\rho+\rho')^2}(1+\cos\xi)\right]\right\} \tag{2.2.27}$$

令

$$\begin{cases}F_1=\dfrac{1}{8\pi^2\mathrm{j}n}\sqrt{\dfrac{\pi}{2\mathrm{j}k(\rho^2+\rho'^2-2\rho\rho'\cos\xi)^{1/2}}}\cot\left(\dfrac{\xi+\beta^{\mp}}{2n}\right)\mathrm{e}^{-\mathrm{j}k(\rho+\rho')}\\ f(\xi)=\mathrm{j}(1+\cos\xi)\end{cases}$$

于是，式(2.2.26)就变成

$$G(\rho,\rho';\beta^{\mp})\approx\int_{L-L'}F_1(\xi,b^{\mp})\mathrm{e}^{\kappa f(\xi)}\mathrm{d}\xi \tag{2.2.28}$$

式(2.2.28)是式(2.2.26)在采用了式(2.2.27)的近似后的一种简捷表示式。其中 $\kappa\equiv k\left(\dfrac{\rho\rho'}{\rho+\rho'}\right)$假设是很大的。式(2.2.28)是可以用最陡下降法对积分进行渐进计算的适当形式。

先求 $f(\xi)$的鞍点，鞍点 ξ_s 应该发生在

$$\left.\frac{\mathrm{d}f(\xi)}{\mathrm{d}\xi}\right|_{\xi=\xi_s}=-\mathrm{j}\sin\xi_s=0$$

由此得到

$$\xi_s = \pm l\pi, \quad l=0,1,2,3,\cdots$$

对式(2.2.28)进行渐进计算所选择的最陡下降路径(SDP)应当通过 $f(\xi)$ 在 $\xi_s=\pm\pi$ 的鞍点的最陡下降路程,因为在通过所有鞍点的最陡下降路程中只有通过 $\xi_s=\pm\pi$ 的两条 SDP 能使积分回路 $(L-L')$ 闭合,这样才能应用 Cauchy 留数定理求极点的留数,如图 2.2.3 所示。

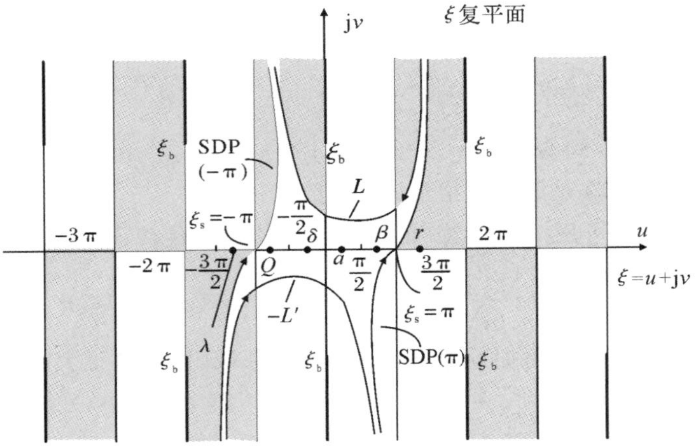

图 2.2.3 **ξ 复平面上的最陡下降路程** SDP(±π)

可以看出,式(2.2.28)的积分可以写成

$$\int_{L-L'} F_1(\xi,\beta^{\mp})\mathrm{e}^{\kappa f(\xi)}\mathrm{d}\xi = -\int_{\mathrm{SDP}(\pi)} F_1(\xi,\beta^{\mp})\mathrm{e}^{\kappa f(\xi)}\mathrm{d}\xi - \int_{\mathrm{SDP}(-\pi)} F_1(\xi,\beta^{\mp})\mathrm{e}^{\kappa f(\xi)}\mathrm{d}\xi +$$

$2\pi\mathrm{j}$[$(L-L')$和 SDP(±π)所包围的 $F_1(\xi,\beta^+)$的

极点留数之和]+(支割线的贡献)

为了保证式(2.2.26)积分的收敛,必须在 $|\mathrm{Im}\xi|\to\infty$ 时,使 $\mathrm{Re}f(\xi)<0$。ξ 复平面上当 $|\mathrm{Im}\xi|\to\infty$ 时,$\mathrm{Re}f(\xi)<0$ 的区域就是图 2.2.3 上打斜线的直线。最陡下降路程方程可以根据 $\mathrm{Im}f(\xi)=\lim f(\xi_s)$ 的条件求出,即

$$\cos u \operatorname{ch} v = -1, \quad \xi = u + \mathrm{j}v$$

上式对 $\xi_s=\pm\pi$ 是成立的,所选的 SDP 已经画在图 2.2.3 上。前面已经说过,之所以选这两条最陡下降路程是因为当 $|\mathrm{Im}\xi|\to\infty$ ($\mathrm{Im}\xi\equiv v$)时,在 SDP(±π)上 $\mathrm{Re}f(\xi)<0$,还因为当 $|\mathrm{Im}\xi|\to\infty$ 时,这两条 SDP 和 $(L-L')$ 回路融合,从而得到了一条闭合的积分路径。

现在来研究 $F_1(\xi,\beta^{\mp})$ 在 ξ 复平面上的奇点。$F_1(\xi,\beta^{\mp})$ 在 $\xi=\xi_b$ 处有支点,它是下式的根:

$$\rho^2+\rho'^2-2\rho\rho'\cos\xi_b=0$$

当 $\rho\neq\rho'$ 时,$\rho^2+\rho'^2>2\rho\rho'$,因此有

$$\xi_b = 2l\pi \pm \mathrm{j}\ \mathrm{arch}\frac{\rho^2+\rho'^2}{2\rho\rho'}, \quad l=0,\pm1,\ \pm2,\cdots$$

支点和支割线的位置已经标示于图 2.2.3 中。从图中可以看出,所有支点都不在 $\xi_s=\pm\pi$ 处的鞍点附近,支割线也在由 $(L-L')$ 和 SDP(±π)所构成的闭合路径之外,因此闭合路径不受支割线的影响。被积函数在闭合路径上和闭合路径以内是单值的,因此不必再使

闭合路径变形，于是支割线对积分没有贡献。

$F_1(\xi,\beta^{\mp})$的极点型奇点发生在$\xi=\xi_p$处，ξ_p是$\sin\left(\frac{\xi_b+\beta^{\mp}}{2n}\right)=0$的根，即

$$\xi_p=-\beta^{\mp}+2nN\pi,\quad N=0,\ \pm1,\ \pm2,\ \cdots$$

只需对$|\xi_p|\leqslant\pi$的ξ_p计算留数，因为只有这些极点位于积分路径之内。显然ξ_p是实数，可以证明ξ_p都是单极点。

当κ很大时，对沿SDP($\pm\pi$)计算的积分的主要贡献来自鞍点$\xi_s=\pm\pi$的邻域，而当$\xi\approx\xi_s$时，$|1+\cos\xi|$是很小的，从而证明了式(2.2.27)的近似是正确的。

当极点不靠近鞍点时，一阶鞍点贡献的近似式是

$$\int_{\mathrm{SDP}(-\pi)}F_1(\xi,\beta^{\mp})\mathrm{e}^{\kappa f(\xi)}\mathrm{d}\xi\sim F_1(\pm\pi,\beta^{\mp})\mathrm{e}^{\kappa f(\pm\pi)}\left|\sqrt{\frac{-2\pi}{\kappa f''(\pm\pi)}}\right|\mathrm{e}^{\mathrm{j}\left\{\begin{smallmatrix}\pi/4\\-3\pi/4\end{smallmatrix}\right\}}\tag{2.2.29}$$

式中：$\mathrm{e}^{\mathrm{j}\pi/4}$对应于$\xi_s=\pi$；$\mathrm{e}^{-\mathrm{j}(3\pi/4)}$对应于$\xi_s=-\pi$。

对沿闭合路径c的积分的留数贡献为

$$\oint_c F_1(\xi,\beta^{\mp})\mathrm{e}^{\kappa f(\xi)}\mathrm{d}\xi=\oint_c\frac{P(\xi,\beta^{\mp})}{Q(\xi,\beta^{\mp})}\mathrm{d}\xi=2\pi\mathrm{j}\sum_p\left[\frac{P(\xi_p,\beta^{\mp})}{Q'(\xi_p,\beta^{\mp})}\right]$$

式中：$c=(L-L')+\mathrm{SDP}(\pi)+\mathrm{SDP}(-\pi)$；$P(\xi,\beta^{\mp})$和$Q(\xi,\beta^{\mp})$都是复变量$\xi$的解析函数：

$$P(\xi,\beta^{\mp})=\sqrt{\frac{\pi}{2\mathrm{j}k\,(\rho^2+\rho'^2-2\rho\rho'\cos\xi)^{1/2}}}\cos\left(\frac{\xi+\beta^{\mp}}{2n}\right)\mathrm{e}^{-\mathrm{j}k\sqrt{\rho^2+\rho'^2-2\rho\rho'\cos\xi}}$$

$$Q(\xi,\beta^{\mp})=8\pi^2\mathrm{j}n\sin(\frac{\xi+\beta^{\mp}}{2n})$$

因此

$$Q'(\xi,\beta^{\mp})=4\pi^2\mathrm{j}\cos\left(\frac{\xi+\beta^{\mp}}{2n}\right)$$

于是在$\xi_p=-\beta^{\mp}+2nN\pi$处的留数为

$$\begin{aligned}\mathrm{Res}(\xi_p)=\frac{1}{2\pi\mathrm{j}}\Bigg\{&-\frac{\mathrm{j}}{4}\sqrt{\frac{2\mathrm{j}}{\pi k\,[\rho^2+\rho'^2-2\rho\rho'\cos(-\beta^{\mp}+2nN\pi)]^{1/2}}}\,\cdot\\&\exp\left[-\mathrm{j}k\sqrt{\rho^2+\rho'^2-2\rho\rho'\cos(-\beta^{\mp}+2nN\pi)}\right]\Bigg\}\\&U[\pi-|-\beta^{\mp}+2nN\pi|]\end{aligned}\tag{2.2.30}$$

可以看出它是下式的渐进式：

$$\frac{1}{2\pi\mathrm{j}}\left\{-\frac{\mathrm{j}}{4}H_0^{(2)}\left[k\sqrt{\rho^2+\rho'^2-2\rho\rho'\cos(-\beta^{\mp}+2nN\pi)}\right]\right\}U(\pi-|-\beta^{\mp}+2nN\pi|)$$

因此它代表了通过线源及其镜像的场表示的几何光学场，而几何光学场又是入射场和反射场之和。式(2.2.30)中的$U(\pi-|-\beta^{\mp}+2nN\pi|)$是单位阶梯函数：

$$U(t)=\begin{cases}0, & t<0\\ \dfrac{1}{2}, & t=0\\ 1, & t>0\end{cases}$$

已知当极点在封闭的积分路径上时，极点的留数应取一半数值，这就是积分的Cauchy主值，$U(0)=1/2$就代表这种情况。函数$U(\pi-|-\beta^{\mp}+2nN\pi|)$自动把几何光学场的贡献

包含在内。

于是对于 $N=0$ 的情况，可以得到几何光学场 $G_{s,h}^{GO}$ 如下：

$$G_{s,h}^{GO}\approx\left\{-\frac{j}{4}\sqrt{\frac{2j}{\pi k\left[\rho^2+\rho'^2-2\rho\rho'\cos(\phi-\phi')\right]^{1/2}}}\cdot\right.$$
$$\left.\exp\left[-jk\sqrt{\rho^2+\rho'^2-2\rho\rho'\cos(\phi-\phi')}\right]U\left[\pi-|\phi-\phi'|\right]\right\}\mp$$
$$\left\{-\frac{j}{4}\frac{2j}{\pi k\left[\rho^2+\rho'^2-2\rho\rho'\cos(\phi+\phi')\right]^{1/2}}\cdot\right.$$
$$\left.\exp\left[-jk\sqrt{\rho^2+\rho'^2-2\rho\rho'\cos(\phi+\phi')}\right]\cdot U\left[\pi-|\phi+\phi'|\right]\right\}\qquad(2.2.31)$$

式(2.2.31)的等号右端两个大括号之间的“－”和“＋”号分别对应于软、硬边界条件。实际上，第一项是在(ρ',ϕ')处的线源在(ρ,ϕ)的直接辐射，第二项则代表反射波在观察点的场，后者可以看成是从$(\rho',-\phi')$处的虚线源发出的直射场。反射通常是在 $\phi=0$ 的劈面上发生的，入射场一般对应于 $N=0$ 和 $\beta^-=\phi-\phi'$，由入射场激起的在 $\phi=0$ 面上的反射场则对应于 $N=0$ 和 $\beta^+=\phi+\phi'$，N 的其他值则对应于可以从 $\phi=0$ 面或 $\phi=n\pi$ 面反射的场。

因为总场是由几何光学场和绕射场构成的，所以鞍点的贡献必定是绕射射线场。当 κ 很大时，由式(2.2.29)可求得一阶鞍点的结果为

$$G_{s,h}^{d}=-\left\{\left[\int_{SDP(\pi)}F_1(\xi,\beta^-)e^{\kappa f(\xi,\beta^-)}d\xi+\int_{SDP(-\pi)}F_1(\xi,\beta^-)e^{\kappa f(\xi,\beta^-)}d\xi\right]\mp\right.$$
$$\left.\left[\int_{SDP(\pi)}F_1(\xi,\beta^+)e^{\kappa f(\xi,\beta^+)}d\xi+\int_{SDP(-\pi)}F_1(\xi,\beta^+)e^{\kappa f(\xi,\beta^+)}d\xi\right]\right\}\approx$$
$$\frac{e^{-jk(\rho+\rho')}}{8\pi nk\sqrt{\rho\rho'}}\left\{\left[e^{j\frac{\pi}{2}}\cot\left(\frac{\beta^-+\pi}{2n}\right)+e^{-j\frac{\pi}{2}}\cot\left(\frac{\beta^--\pi}{2n}\right)\right]\mp\right.$$
$$\left.\left[e^{j\frac{\pi}{2}}\cot\left(\frac{\beta^++\pi}{2n}\right)+e^{-j\frac{\pi}{2}}\cot\left(\frac{\beta^+-\pi}{2n}\right)\right]\right\}$$

利用三角恒等式

$$\cot(x+y)+\cot(x-y)=-\frac{-2\sin 2x}{\cos 2x-\cos 2y}$$

对上式进行变换，结果得

$$G_{s,h}^{d}\approx\frac{1}{4\pi jk}\frac{e^{-jk(\rho+\rho')}}{\sqrt{\rho\rho'}}\left(\frac{\frac{1}{n}\sin\frac{\pi}{n}}{\cos\frac{\pi}{n}-\cos\frac{\beta^-}{n}}\mp\frac{\frac{1}{n}\sin\frac{\pi}{n}}{\cos\frac{\pi}{n}-\cos\frac{\beta^+}{n}}\right)\qquad(2.2.32)$$

对于 $N=0$ 的情况，劈周围的总场就等于式(2.2.31)和式(2.2.32)之和。

当 $k\rho'$ 很大时，在劈边缘上的入射场 u^i 为

$$u^i=-\frac{j}{4}H_0^{(2)}(k\rho')\sim-\frac{j}{4}\sqrt{\frac{2j}{\pi k\rho'}}e^{-jk\rho'}$$

因此，按照几何绕射理论，当 $\kappa=\rho\rho'/(\rho+\rho')$ 很大时，$G_{s,k}^{d}$ 可以写为

$$G_{s,k}^{d}\approx\left(-\frac{j}{4}\sqrt{\frac{2j}{\pi k\rho'}}e^{-jk\rho'}\right)D_{s,h}\frac{e^{-jk\rho}}{\sqrt{\rho}}\qquad(2.2.33)$$

式中：$D_{s,h}$ 对应于劈面上软、硬边界条件时的劈绕射系数；因子 $e^{-jk\rho}/\sqrt{\rho}$ 表示从边缘发出并向

正 $\hat{\boldsymbol{\rho}}$ 方向传播的绕射射线场的振幅和相位变化。把式(2.2.32)和式(2.2.33)比较之后可以得到

$$D_{s,h}=\frac{e^{-j\pi/4}}{\sqrt{2\pi k}}\left(\frac{\frac{1}{n}\sin\frac{\pi}{n}}{\cos\frac{\pi}{n}-\cos\frac{\beta^-}{n}}\mp\frac{\frac{1}{n}\sin\frac{\pi}{n}}{\cos\frac{\pi}{n}-\cos\frac{\beta^+}{n}}\right) \tag{2.2.34}$$

式(2.2.34)在$(\phi\pm\phi')/n=(\pi/n)+2N\pi$ 时变为无穷大。显然,这个绕射系数在入射和反射阴影边界上失效。

前面已经提到过,$\phi-\phi'=\pi$ 对应入射阴影边界(ISB),但当外劈角 $n\pi<\pi$ 或当 $n\pi>\pi$ 但 $(n-1)\pi<\phi'<\pi$ 时,将没有入射阴影边界。此时将出现入射波在 $\phi=0$ 和 $\phi=n\pi$ 两个劈面同时反射的情况,因此有两个反射阴影边界,如图 2.2.4 所示。如果 $n\pi>\pi-\phi'$,则与劈面 $\phi=0$ 对应的 RSB 发生在 $\phi+\phi'=\pi$ 时,但当入射波在两个劈面上同时反射时,则将有两个 RSB。

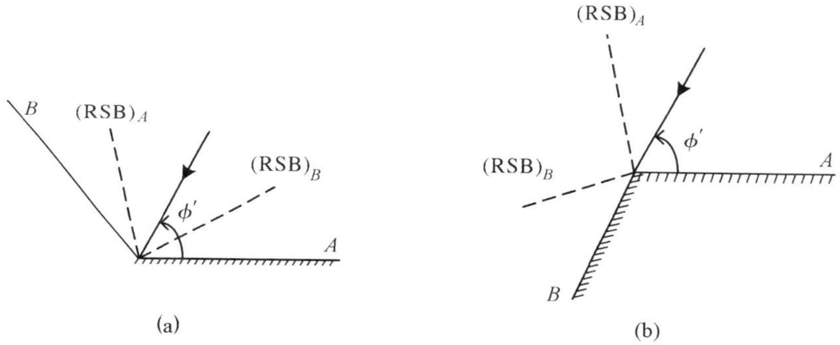

图 2.2.4　有两个反射阴影边界的情况

(a)$n\pi<\pi$;(b)$n\pi>\pi$ 但$(n-1)\pi<\phi'<\pi$

在入射和反射阴影边界附近的一个小邻域中,式(2.2.34)的绕射系数不适用,这个区域称为过渡区。从前面的分析已知式(2.2.28)中的 $F_1(\xi,\beta^{\mp})$有许多极点 $\xi_p=-\beta^{\mp}+2nN\pi$,$N=0,\ \pm1,\ \pm2,\cdots$。在入射和反射阴影边界的过渡区中 $\beta^{\mp}\approx\pi$,当 N 等于某一数值时可能使$\xi_p=\pm\pi$,即靠近鞍点 $\xi_s=+\pi$ 或 $\xi_s=-\pi$。与靠近这两个鞍点的极点相对应的 N 值分别定义为 N^+ 和 N^-。$N^{\pm}$之值就是能满足下列方程的最小整数:

$$2nN^{\pm}\pi-\beta=\pm\pi \tag{2.2.35}$$

式中:$\beta=\beta^{\pm}\equiv\phi\mp\phi'$,$N^{\pm}$值的确定将在后面讨论。

当观察点在过渡区时,几何光学场的极点就在某一鞍点附近,因此一般的鞍点法不适用,必须采用泡利-克莱默的变形最陡下降法。这种方法能在 $F_1(\xi,\beta^{\mp})$的极点位于 $f(\xi)$的鞍点附近时计及极点的奇异性,细节可以参考附录 I,这里简单提一下变形最陡下降法的基本概念。

变形最陡下降法主要是把被积函数变换成两个函数之积,其中一个函数有一个简单极点奇异性,它体现了靠近某一鞍点的极点的影响,另一个函数在极点和邻近的鞍点邻域是解析的。现把被积函数的解析部分展开为关于鞍点的麦克劳林级数的首项,因此,所得结果是一阶渐进近似式。在 $\kappa=k\rho\rho'/(\rho+\rho')$很大而且 $F_1(\xi,\beta)$的极点靠近某些鞍点的情况下,用

变形最陡下降法对式(2.2.28)计算得到的绕射场为

$$G_{s,h}^{d} \approx \frac{e^{-jk(\rho+\rho')}}{8\pi nk\sqrt{\rho\rho'}}\left\{\left[e^{j\frac{\pi}{2}}\cot\left(\frac{\pi+\beta^{-}}{2n}\right)F[\kappa\alpha^{+}(\beta^{-})]-e^{-j\frac{\pi}{2}}\cot\left(\frac{\pi-\beta^{-}}{2n}\right)F[\kappa\alpha^{-}(\beta^{-})]\right]\mp\right.$$
$$\left.\left[e^{j\frac{\pi}{2}}\cot\left(\frac{\pi+\beta^{-}}{2n}\right)F[\kappa\alpha^{+}(\beta^{+})]-e^{-j\frac{\pi}{2}}\cot\left(\frac{\pi-\beta^{+}}{2n}\right)F[\kappa\alpha^{-}(\beta^{+})]\right]\right\} \tag{2.2.36}$$

和前面一样,为了用几何绕射理论来解释这一结果,可以把 $G_{s,h}^{d}$ 表示为式(2.2.33),于是新的绕射系数 $D_{s,h}$ 为

$$D_{s,h}=\{d^{+}(\beta^{-},n)F[\kappa\alpha^{+}(\beta^{-})]+d^{-}(\beta^{-},n)F[\kappa\alpha^{-}(\beta^{-})]\}\mp$$
$$\{d^{+}(\beta^{+},n)F[\kappa\alpha^{+}(\beta^{+})]+d^{-}(\beta^{+},n)F[\kappa\alpha^{-}(\beta^{+})]\} \tag{2.2.37}$$

式中

$$d^{\mp}(\beta,n)=-\frac{e^{-j\pi/4}}{2n\sqrt{2\pi\kappa}}\cot\left(\frac{\pi\pm\beta}{2n}\right) \tag{2.2.38}$$

$$F[\kappa\alpha^{\pm}(\beta)]=2j\sqrt{\kappa\alpha^{\pm}(\beta)}\,e^{j\kappa\alpha^{\pm}(\beta)}\int_{\sqrt{\kappa\alpha^{\pm}(\beta)}}^{\infty}e^{-j\tau^{2}}d\tau \tag{2.2.39}$$

式中:二次方根只取正支。

$$\alpha^{\pm}(\beta)=1+\cos(-\beta+2nN^{\pm}\pi)=2\cos^{2}\left(\frac{-\beta+2nN^{\pm}\pi}{2}\right) \tag{2.2.40}$$

式中:上标"+""−"分别对应于 $\xi_s=+\pi$ 或 $\xi_s=-\pi$ 的鞍点。

2.2.3 平面波入射时的劈绕射系数

1. 垂直入射

如果把 2.2.2 节中照射理想导电劈的线源移动到距离理想导电劈无穷远处,则入射波就变成平面波,因此,只要令柱面波入射时的导电劈电磁场的格林函数中的 $\rho'\rightarrow\infty$(此时 $\kappa=\frac{k\rho\rho'}{\rho+\rho'}\rightarrow k\rho$),便得到平面波垂直入射时劈绕射场的结果。在 2.2.2 节中曾假设入射场是由单位强度的线源产生的,现在我们希望得到的也是单位强度平面波入射时的劈绕射场。但是,把单位强度线源移动到无穷远处得到的并不是单位强度平面波,因此,首先应当把入射场的幅度归一化。

2.2.2 节在导出 $G(\rho,\rho';\beta)$ 的回路积分式(2.2.27)时曾经应用了 $K_0[jZ(\xi)]$ 的大宗量渐进式:

$$K_0[jZ(\xi)]\sim\sqrt{\frac{\pi}{2jk(\rho^2+\rho'^2-2\rho\rho'\cos\xi)^{1/2}}}\,e^{-jk\sqrt{\rho^2+\rho'^2-2\rho\rho'\cos\xi}}$$

现在利用 $k\rho'\gg k\rho$ 时的近似式,则 $K_0[jZ(\xi)]$ 可以近似为

$$K_0\left(jk\sqrt{\rho^2+\rho'^2-2\rho\rho'\cos\xi}\right)\sim-\frac{j}{4}\sqrt{\frac{2j}{\pi k\rho}}\,e^{-jk\rho'}\left[2\pi e^{jk\rho\cos\xi}\right]$$

于是式(2.2.25)变成

$$G(\rho,\rho';\beta)\approx\frac{1}{4\pi^2 n}\left(-\frac{j}{4}\sqrt{\frac{2j}{\pi k\rho}}\,e^{-jk\rho'}\right)\int_{L-L'}\frac{\pi}{j}\cot\left(\frac{\xi+\beta^{\mp}}{2n}\right)e^{-jk\rho\cos\xi}d\xi \tag{2.2.41}$$

式(2.2.41)积分号前方括号中的因子正是单位强度线源在自由空间的远区场。只要除去这一因子,把剩下的表达式写为 $g(\rho,\beta^{\mp})$,就可以用来求得单位强度平面波向导电劈边缘垂直入射时的总场 $g_{s,h}$,即

$$g_{s,h}(\rho,\phi;\phi')=g(\rho,\beta^{-})\mp g(\rho,\beta^{+}) \tag{2.2.42}$$

式中

$$g(\rho,\beta^{\mp})=\frac{1}{4\pi jn}\int_{L-L'}\cot\left(\frac{\xi+\beta^{\mp}}{2n}\right)e^{jk\rho\cos\xi}d\xi \tag{2.2.43}$$

$g_{s,h}$应该满足二维齐次标量 Helmholtz 方程:

$$(\nabla_t^2+k^2)g_{s,h}(\rho,\phi;\phi')=0 \tag{2.2.44}$$

还应满足劈表面上的 Dirichlet(软)和 Neumann(硬)边界条件和 Meixner 边缘条件。当电极化平面波场 $\hat{z}E^i$ 向导电劈垂直入射时,总电场为

$$\boldsymbol{E}=\hat{z}E^i g_s \tag{2.2.45}$$

当磁极化平面电磁波场 $\hat{z}H^i$ 向导电劈垂直入射时,总磁场为

$$\boldsymbol{H}=\hat{z}H^i g_s \tag{2.2.46}$$

式(2.2.43)的积分和式(2.2.26)的积分一样要用泡利-克莱默的变形最陡下降法计算。可以看到,式(2.2.43)的积分路径和式(2.2.26)的积分路径完全一样。由于最陡下降路径SDP($\pm\pi$)使 $L-L'$ 回路闭合,从而能很方便地应用 Cauchy 留数定理通过被积函数的留数求出总场的几何光学选项。实际上只要把式(2.2.30)的极点留数贡献取 $\rho'\to\infty$ 的极限并除以单位强度线源在自由空间的远区场,即得

$$\begin{aligned}g_{s,h}^{GO}\approx&\exp[jk\rho\cos(-\beta^{-}+2nN\pi)]U(\pi-|-\beta^{-}+2nN\pi|)+\\&\exp[jk\rho\cos(-\beta^{+}+2nN\pi)]U(\pi-|-\beta^{+}+2nN\pi|)\end{aligned} \tag{2.2.47}$$

在求绕射场时,也要像式(2.2.26)一样,利用最陡下降法的结果计算如下积分:

$$g(\rho,\beta^{\mp})\approx\int_{L-L'}F_1(\xi,\beta^{\mp})e^{\kappa f(\xi)}d\xi$$

不过现在

$$\begin{cases}F_1(\xi,\beta^{\mp})=\dfrac{1}{4\pi jn}\cot\left(\dfrac{\xi+\beta^{\mp}}{2n}\right)\\f(\xi)=j\cos\xi\\\kappa=k\rho\end{cases}$$

而且 $F_1(\xi,\beta^{\mp})$没有支点。最后得到的绕射场为

$$g_{s,h}^{d}=D_{s,h}\frac{e^{-jk\rho}}{\sqrt{\rho}} \tag{2.2.48}$$

式中:$D_{s,h}$是标量平面波绕射系数。

$$\begin{aligned}D_{s,h}=&\{d^{+}(\beta^{-},n)F[\kappa\alpha^{+}(\beta^{-})]+d^{-}(\beta^{-},n)F[\kappa\alpha^{-}(\beta^{-})]\}\mp\\&\{d^{+}(\beta^{+},n)F[\kappa\alpha^{+}(\beta^{+})]+d^{-}(\beta^{+},n)F[\kappa\alpha^{-}(\beta^{+})]\}\end{aligned} \tag{2.2.49}$$

式中

$$d^{\mp}(\beta,n)=-\frac{e^{-j\pi/4}}{2n\sqrt{2\pi\kappa}}\cot\left(\frac{\pi\pm\beta}{2n}\right),\ \beta=\beta^{\mp}\equiv\phi\mp\phi' \tag{2.2.50}$$

$$F[\kappa\alpha^{\pm}(\beta)] = 2\mathrm{j}\left|\sqrt{\kappa\alpha^{\pm}(\beta)}\right| \mathrm{e}^{\mathrm{j}\kappa\alpha^{\pm}(\beta)} \int_{\left|\sqrt{\kappa\alpha^{\pm}(\beta)}\right|}^{\infty} \mathrm{e}^{-\mathrm{j}\tau^2} \mathrm{d}\tau \tag{2.2.51}$$

式中：二次方根只取正支。

$$\left.\begin{aligned} &\kappa = k\rho \\ &\alpha^{\pm}(\beta) = 1+\cos(-\beta+2nN^{\pm}\pi) = 2\cos^2\left(\frac{-\beta+2nN^{\pm}\pi}{2}\right) \end{aligned}\right\} \tag{2.2.52}$$

当 $\kappa\alpha^{\pm}(\beta)>10$ 时，过渡区修正因子 $F[\kappa\alpha^{\pm}(\beta)]$ 趋于 1。当式(2.2.49)中所有 4 项的 $F(X)\to 1$ 时，$D_{s,h}$ 简化为式(2.2.34)。

把式(2.2.49)～式(2.2.52)和 2.2.2 节中柱面波向导电劈入射时所得的式(2.2.37)～式(2.2.40)比较之后可以看到，这两组公式完全一样，唯一的区别是两种情况的参数 κ 不同，柱面波入射时 $\kappa=k\rho\rho'/(\rho+\rho')$，而平面波入射时 $\kappa=k\rho$。

2. 斜入射

这里研究任意计划平面波向理想导电劈斜入射的问题，几何关系如图 2.2.5 所示。

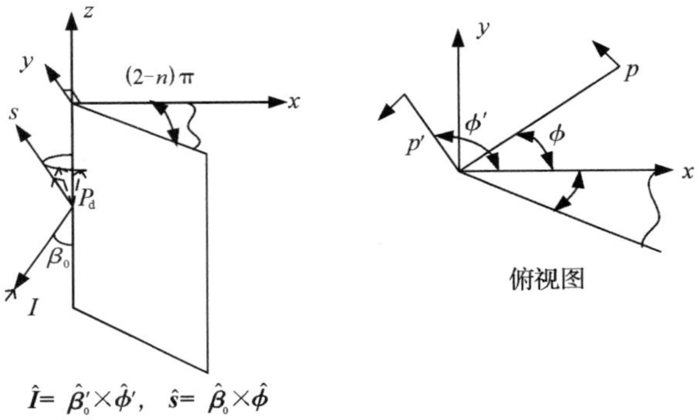

图 2.2.5　平面波斜入射的几何关系

入射电场 $\boldsymbol{E}^{\mathrm{i}}$ 可以分解为一个与入射面平行的分量 $E^{\mathrm{i}}_{/\!/}=\hat{\boldsymbol{\beta}}'_0\cdot\boldsymbol{E}^{\mathrm{i}}$ 和一个与入射面垂直的分量 $E^{\mathrm{i}}_{\perp}=\hat{\boldsymbol{\phi}}'_0\cdot\boldsymbol{E}^{\mathrm{i}}$，则

$$\begin{cases} \boldsymbol{E}^{\mathrm{i}} = \hat{\boldsymbol{\beta}}'_0 E^{\mathrm{i}}_{/\!/} + \hat{\boldsymbol{\phi}}' E^{\mathrm{i}}_{\perp} \\ \boldsymbol{H}^{\mathrm{i}} = \hat{\boldsymbol{\beta}}'_0 H^{\mathrm{i}}_{\perp} + \hat{\boldsymbol{\phi}}' H^{\mathrm{i}}_{/\!/} \\ H^{\mathrm{i}}_{/\!/} = \hat{\boldsymbol{\phi}}' \cdot \boldsymbol{H}^{\mathrm{i}} \\ H^{\mathrm{i}}_{\perp/} = \hat{\boldsymbol{\beta}}'_0 \cdot \boldsymbol{H}^{\mathrm{i}} \end{cases}$$

式中：$E^{\mathrm{i}}_{/\!/}$ 和 $E^{\mathrm{i}}_{\perp}$ 的 $\hat{z}$ 分量为

$$\left.\begin{aligned} &E^{\mathrm{i}}_{/\!/z} = \hat{\boldsymbol{z}}\cdot\boldsymbol{E}^{\mathrm{i}}_{/\!/} = (\hat{\boldsymbol{\beta}}'_0\cdot\boldsymbol{E}^{\mathrm{i}})\sin\beta_0 \\ &E^{\mathrm{i}}_{\perp z} = 0 \end{aligned}\right\} \tag{2.2.53}$$

与入射电场的平行分量和垂直分量伴生的磁场的 $\hat{z}$ 分量为

$$\left.\begin{aligned} &H^{\mathrm{i}}_{/\!/z} = 0 \\ &H^{\mathrm{i}}_{\perp z} = \sqrt{\frac{\mu}{\varepsilon}}(\hat{\boldsymbol{\phi}}'\cdot\boldsymbol{E}^{\mathrm{i}})\sin\beta_0 \end{aligned}\right\} \tag{2.2.54}$$

在劈周围区域中的总电场 $\boldsymbol{E}$ 和 $\boldsymbol{H}$ 可以分解为对 $\hat{z}$ 的总横向场($\boldsymbol{E}_{\mathrm{t}}$，$\boldsymbol{H}_{\mathrm{t}}$)和总轴向场

(E_z, H_z)，即

$$\left.\begin{aligned} \boldsymbol{E} &= \boldsymbol{E}_t + \hat{z}E_z \\ \boldsymbol{H} &= \boldsymbol{H}_t + \hat{z}H_z \end{aligned}\right\} \tag{2.2.55}$$

令 $G_{s,h}(\rho,\phi,z;\phi')$ 代表由于标量平面波向理想导电劈斜入射而产生的总场，它应满足

$$(\nabla^2 + k^2)G_{s,h}(\rho,\phi,z;\phi') = 0$$

因为平面波在 z 向有行波因子，所以 $G_{s,h}(\rho,\phi,z;\phi')$ 可以表示为

$$G_{s,h}(\rho,\phi') = g_{s,h}(\rho;\phi';k_t)e^{-jk_z z} \tag{2.2.56}$$

其中

$$k_z = k\cos\beta_0, \quad k_t = k\sin\beta_0$$

$g_{s,h}(\rho,\phi;\phi';k_t)$ 与式(2.2.42)中的 $g_{s,h}$ 相同，只不过要把其中的 k 换成 k_t。

$g_{s,h}(\rho,\phi;\phi';k_t)$ 满足

$$(\nabla^2 + k^2)g_{s,h}(\rho,\phi;\phi';k_t) = 0$$

于是轴向总电场和总磁场可表示为

$$\left.\begin{aligned} E_z &= E_z^i g_s e^{-jk_z z} \\ H_z &= H_z^i g_h e^{-jk_z z} \end{aligned}\right\} \tag{2.2.57}$$

如果轴向场 E_z 和 H_z 的解已知，则由附录Ⅲ的结果可以用下列关系式求出 $\boldsymbol{E}_t$ 和 $\boldsymbol{H}_t$：

$$\left.\begin{aligned} \boldsymbol{E}_t &= -jk_z \frac{\nabla_t E_z}{k^2 - k_z^2} + j\omega\mu \frac{\hat{z}\times\nabla_t H_z}{k^2 - k_z^2} \\ \boldsymbol{H}_t &= -jk_z \frac{\nabla_t H_z}{k^2 - k_z^2} - \varepsilon j\omega\mu \frac{\hat{z}\times\nabla_t E_z}{k^2 - k_z^2} \end{aligned}\right\} \tag{2.2.58}$$

E_z 和 H_z 的解已经在 2.2.2 节求出。绕射场 $\hat{z}$ 分量的 E_z^d 和 H_z^d 可以通过式(2.2.49)的绕射系数 $D_{s,h}$ 求出，但应当将其中的 k 换成 k_t。总轴向场是几何光学场和绕射射线场之和。几何光学场的求法和 2.2.2 节相同，即通过与入射场和反射场有关的极点的留数求得，也可以通过物理概念直接从平面波向理想导电劈垂直入射时的几何光学场导出。因为已知平面波向理想导电劈斜入射时总场可以写为式(2.2.56)，所以此时的几何光学场也可以写为

$$G_{s,h}^{GO}(\rho,\phi') = g_{s,h}^{GO}(\rho,\phi';k_t)e^{-jk_z z}$$

于是由式(2.2.47)得

$$\begin{aligned} G_{s,h}^{GO}(\rho,\phi') \approx\ & \exp[jk\rho\sin\beta_0\cos(-\beta^- + 2nN\pi) - jk_z\cos\beta_0]U(\pi - |-\beta^- + 2nN\pi|) + \\ & \exp[jk\rho\sin\beta_0\cos(-\beta^+ + 2nN\pi) - jk_z\cos\beta_0]U(\pi - |-\beta^+ + 2nN\pi|) \end{aligned} \tag{2.2.59}$$

要求出绕射射线对轴向场的贡献，只要把平面波垂直入射时的绕射场 $g_{s,h}$，即式(2.2.48)中的 k 换成 $k_t = k\sin\beta_0$，再乘以沿轴向的相位因子 $\exp(-jk\cos\beta_0)$ 就可以了，其中的 $D_{s,h}$ 和式(2.2.49)中的相同，其中 k 也相应换成 k_t，结果得

$$\left.\begin{aligned} E_z^d &\sim E_z^i \sqrt{\sin\beta_0}\, D_s \frac{e^{-jk_t\rho}}{\sqrt{\rho}} e^{-jk_z z} \\ H_z^d &\sim H_z^i \sqrt{\sin\beta_0}\, D_h \frac{e^{-jk_t\rho}}{\sqrt{\rho}} e^{-jk_z z} \end{aligned}\right\} \tag{2.2.60}$$

式中：E_z^i 和 H_z^i 是边缘上入射点 Q_E 的入射场。

$$D_{s,h}=\frac{1}{\sin\beta_0}\{d^+(\beta^-,n)F[\kappa\alpha^+(\beta^-)]+d^-(\beta^-,n)F[\kappa\alpha^-(\beta^-)]\}\mp\{d^+(\beta^+,n)F[\kappa\alpha^+(\beta^+)]+d^-(\beta^+,n)F[\kappa\alpha^-(\beta^+)]\} \tag{2.2.61}$$

式中：$\kappa=k_t\rho=k\rho\sin\beta_0$；$d^\pm(\beta,n)$、$F[\kappa\alpha^\pm(\beta)]$和 $\alpha^\pm(\beta)$分别和式(2.2.50)、式(2.2.51)、式(2.2.52)相同；$N^\pm$ 的定义和式(2.2.35)相同。由图 2.2.5 可以看出 $\rho=s\sin\beta_0$，$z=s\cos\beta_0$，因此

$$e^{-j(k_t\rho+k_z z)}=e^{-jks}$$

由式(2.2.58)可知，要计算 $\boldsymbol{E}_t$ 和 $\boldsymbol{H}_t$ 就需要对 $g_{s,h}(\rho,\phi;\phi';k_t)$进行$\nabla_t$和 $\hat{z}\times\nabla_t$的运算，和 2.2.2 节一样，令

$$g_{s,h}(\rho,\phi;\phi';k_t)=g(\rho,\beta^-;k_t)\mp g(\rho,\beta^+;k_t)$$

$$g(\rho,\beta^\mp;k_t)=\frac{1}{4\pi jn}\int_{L-L'}\cot\left(\frac{\xi+\beta^\mp}{2n}\right)e^{jk_t\rho\cos\xi}d\xi$$

$\nabla_t E_z$ 和$\nabla_t H_z$ 分别为

$$\left.\begin{aligned}\nabla_t E_z\approx\hat{\boldsymbol{\rho}}\frac{E_z^i e^{-jk_z z}}{4\pi jn}\left\{\int_{L-L'}jk_t\cos\xi e^{jk_t\rho\cos\xi}\left[\cot\left(\frac{\xi+\beta^-}{2n}\right)-\cot\left(\frac{\xi+\beta^+}{2n}\right)\right]d\xi\right\}\\ \nabla_t H_z\approx\hat{\boldsymbol{\rho}}\frac{H_z^i e^{-jk_z z}}{4\pi jn}\left\{\int_{L-L'}jk_t\cos\xi e^{jk_t\rho\cos\xi}\left[\cot\left(\frac{\xi+\beta^-}{2n}\right)+\cot\left(\frac{\xi+\beta^+}{2n}\right)\right]d\xi\right\}\end{aligned}\right\} \tag{2.2.62}$$

其中

$$E_z^i=E_{/\!/}^i(Q_E)\sin\beta_0,\quad H_z^i=H_\perp^i(Q_E)\sin\beta_0$$

式(2.2.62)中所取的近似是在近似计算时，只保留 $O(\rho^{-1/2})$的项而略去对 ρ 的高阶项。只要 k_ρ 足够大，这样的近似是成立的。用变形最陡下降法对式(2.2.62)中的积分进行渐进计算就得到了对$\nabla_t E_z$ 和$\nabla_t H_z$ 的绕射场贡献$\nabla_t E_z^d$ 和$\nabla_t H_z^d$：

$$\left\{\begin{matrix}\nabla_t E_z^d\\ \nabla_t H_z^d\end{matrix}\right\}\sim\hat{\boldsymbol{\rho}}\left\{\begin{matrix}E_z^i\\ H_z^i\end{matrix}\right\}(-jk\sin^{3/2}\beta_0)D_{s,h}\frac{e^{-jk_t\rho}}{\sqrt{\rho}}e^{-jk_z z} \tag{2.2.63}$$

前面使用的用以处理劈绕射问题的圆柱坐标系$(\rho,\phi,z;\rho',\phi',z')$是以边缘为基准的坐标系，可以称之为边缘基坐标系。但是，在处理电源照射的导电劈绕射问题时，使用以边缘绕射点 Q_E 为中心的球坐标系来表示更为方便。如果用坐标(s',β'_0,ϕ')表示源点的位置，用(s,β_0,ϕ)表示场点的位置，如图 2.2.5 所示，则这些与坐标有关的各个正交单位矢量$(\hat{\boldsymbol{s}}',\hat{\boldsymbol{\beta}}'_0,\hat{\boldsymbol{\phi}}';\hat{\boldsymbol{s}},\hat{\boldsymbol{\beta}}_0,\hat{\boldsymbol{\phi}})$是以射线而不是以边缘为基准的，可以称之为射线基坐标。在采用射线基坐标时，我们把包含入射射线和劈边缘的平面称为入射面，把包含绕射射线和劈边缘的平面称为绕射平面。显然，$\hat{\boldsymbol{\beta}}'_0$ 和 $\hat{\boldsymbol{\phi}}'$分别与入射平面平行和垂直，$\hat{\boldsymbol{\beta}}_0$ 和 $\hat{\boldsymbol{\phi}}$ 分别与绕射平面平行和垂直，并且 $\hat{\boldsymbol{\beta}}'_0=\hat{\boldsymbol{\phi}}'\times(-\hat{\boldsymbol{s}}')$，$\hat{\boldsymbol{\beta}}'_0=\hat{\boldsymbol{\phi}}'\times\hat{\boldsymbol{s}}'$。

式(2.2.63)中的 $D_{s,h}$和式(2.2.61)相同。式(2.2.60)和式(2.2.63)可以用入射场的平行和垂直分量以及沿绕射射线的距离 s 改写为

$$\left\{\begin{matrix}E_z^d\\ H_z^d\end{matrix}\right\}\sim\left\{\begin{matrix}E_{/\!/}^i\\ H_\perp^i\end{matrix}\right\}\sin\beta_0 D_{s,h}\frac{e^{-jks}}{\sqrt{s}} \tag{2.2.64}$$

$$\left\{\begin{matrix}\nabla_t E_z^d\\ \nabla_t H_z^d\end{matrix}\right\}\sim\hat{\boldsymbol{\rho}}\left\{\begin{matrix}E_{/\!/}^i\\ H_\perp^i\end{matrix}\right\}(-jk\sin^2\beta_0)D_{s,h}\frac{e^{-jks}}{\sqrt{s}} \tag{2.2.65}$$

把式(2.2.65)代入式(2.2.58)并且使用边缘基坐标，即 $\hat{\boldsymbol{\rho}}=\hat{\boldsymbol{s}}\sin\beta_0+\hat{\boldsymbol{\beta}}_0\cos\beta_0$，$\hat{\boldsymbol{z}}=\hat{\boldsymbol{s}}\sin\beta_0-\hat{\boldsymbol{\beta}}_0\cos\beta_0$，最后得到用射线基坐标系表示的绕射场写为

$$\left.\begin{aligned}\boldsymbol{E}^{\mathrm{d}}&=\boldsymbol{E}_{\mathrm{t}}^{\mathrm{d}}+\hat{\boldsymbol{z}}E_z^{\mathrm{d}}\sim-\hat{\boldsymbol{\beta}}_0E_{/\!/}^{\mathrm{i}}D_{\mathrm{s}}\frac{\mathrm{e}^{-\mathrm{j}ks}}{\sqrt{s}}-\hat{\boldsymbol{\phi}}E_{\perp}^{\mathrm{i}}D_{\mathrm{h}}\frac{\mathrm{e}^{-\mathrm{j}ks}}{\sqrt{s}}\\\boldsymbol{H}^{\mathrm{d}}&=\boldsymbol{H}_{\mathrm{t}}^{\mathrm{d}}+\hat{\boldsymbol{z}}H_z^{\mathrm{d}}\sim-\hat{\boldsymbol{\beta}}_0H_{\perp}^{\mathrm{i}}D_{\mathrm{h}}\frac{\mathrm{e}^{-\mathrm{j}ks}}{\sqrt{s}}-\hat{\boldsymbol{\phi}}H_{/\!/}^{\mathrm{i}}D_{\mathrm{s}}\frac{\mathrm{e}^{-\mathrm{j}ks}}{\sqrt{s}}\end{aligned}\right\}\tag{2.2.66}$$

在导出式(2.2.66)的结果时还利用到了 $H_{\perp}^{\mathrm{i}}\sqrt{\mu/\varepsilon}=-E_{\perp}^{\mathrm{i}}$ 和 $H_{/\!/}^{\mathrm{i}}\sqrt{\mu/\varepsilon}=-E_{/\!/}^{\mathrm{i}}$。

在式(2.2.66)中入射场已经分解为与入射面平行和垂直的两个分量，如果再把绕射场也分解为与绕射面平行和垂直的两个分量，则

$$\begin{cases}\boldsymbol{E}^{\mathrm{d}}=\boldsymbol{E}_{/\!/}^{\mathrm{d}}\hat{\boldsymbol{\beta}}_0+E_{\perp}^{\mathrm{d}}\hat{\boldsymbol{\phi}}\\\boldsymbol{H}^{\mathrm{d}}=\boldsymbol{H}_{\perp}^{\mathrm{d}}\hat{\boldsymbol{\beta}}_0+H_{/\!/}^{\mathrm{d}}\hat{\boldsymbol{\phi}}\end{cases}$$

这样可以把式(2.2.66)改写成几何绕射理论的形式：

$$\begin{cases}\boldsymbol{E}^{\mathrm{d}}\sim\boldsymbol{E}^{\mathrm{i}}(Q_E)\cdot\overline{\overline{D}}_E\dfrac{\mathrm{e}^{-\mathrm{j}ks}}{\sqrt{s}}\\\boldsymbol{H}^{\mathrm{d}}\sim\boldsymbol{H}^{\mathrm{i}}(Q_E)\overline{\overline{D}}_H\dfrac{\mathrm{e}^{-\mathrm{j}ks}}{\sqrt{s}}\end{cases}$$

上面的并矢绕射系数$\overline{\overline{D}}_E$ 和$\overline{\overline{D}}_H$ 可以用下面的形式表示：

$$\left.\begin{aligned}\overline{\overline{D}}_E(\phi,\phi';\beta_0)&=-\hat{\boldsymbol{\beta}}'_0\hat{\boldsymbol{\beta}}_0D_{\mathrm{s}}(\phi,\phi';\beta_0)-\hat{\boldsymbol{\phi}}'\hat{\boldsymbol{\phi}}D_{\mathrm{h}}(\phi,\phi';\beta_0)\\\overline{\overline{D}}_H(\phi,\phi';\beta_0)&=-\hat{\boldsymbol{\beta}}'_0\hat{\boldsymbol{\beta}}_0D_{\mathrm{h}}(\phi,\phi';\beta_0)-\hat{\boldsymbol{\phi}}'\hat{\boldsymbol{\phi}}D_{\mathrm{s}}(\phi,\phi';\beta_0)\end{aligned}\right\}\tag{2.2.67}$$

式中：$D_{\mathrm{s,h}}(\phi,\phi';\beta_0)$由式(2.2.61)给出。

绕射场和绕射系数还可以用矩阵形式表示：

$$\left.\begin{aligned}\begin{bmatrix}E_{/\!/}^{\mathrm{d}}\\E_{\perp}^{\mathrm{d}}\end{bmatrix}&\sim\begin{bmatrix}-D_{\mathrm{s}}&0\\0&-D_{\mathrm{h}}\end{bmatrix}\begin{bmatrix}E_{/\!/}^{\mathrm{i}}(Q_E)\\E_{\perp}^{\mathrm{i}}(Q_E)\end{bmatrix}\frac{\mathrm{e}^{-\mathrm{j}ks}}{\sqrt{s}}\\\begin{bmatrix}H_{\perp}^{\mathrm{d}}\\H_{/\!/}^{\mathrm{d}}\end{bmatrix}&\sim\begin{bmatrix}-D_{\mathrm{h}}&0\\0&-D_{\mathrm{s}}\end{bmatrix}\begin{bmatrix}E_{\perp}^{\mathrm{i}}(Q_E)\\E_{/\!/}^{\mathrm{i}}(Q_E)\end{bmatrix}\frac{\mathrm{e}^{-\mathrm{j}ks}}{\sqrt{s}}\end{aligned}\right\}\tag{2.2.68}$$

可以看到，如果把入射场分解为与入射平面平行和垂直的两个分量，把绕射场分解为与绕射平面平行和垂直的两个分量，则绕射系数可以从一个 3×3 的矩阵简化为一个 2×2 的对角矩阵，从这种意义上说，射线基坐标系比边缘基坐标系更可取。

2.3　理想导电圆柱的典型问题

关于理想导电凸曲面的绕射，已有的典型问题是电磁波在无限长圆柱上的绕射。瑞利(Rayleigh)早在 1881 年就用分离变量法求得了此问题的严格解，严格解的形式是本征函数级数。但是，在高频时本征函数级数收敛得很慢，因此需要寻求收敛较快的其他形式的解。到 20 世纪 50 年代，弗朗茨(Franz)和戈利艾诺夫(Gorianov)才求得了合适的高频解。他们是把本征函数级数变换为复平面上的围线积分，然后由渐进留数级数求得高频解的。这种高频解说明阴影区内的绕射场在离开阴影边界后按指数规律衰减。弗朗茨把具有这种传播

特性的波称为爬行波(Creeping Wave)。

渐进留数级数只在阴影区才是收敛的,在亮区内这一级数收敛得很慢,因此还需要寻求另一种表示式来计算亮区内的场。已经证明,亮区场可以在把本征函数急速变换为围线积分并把被积函数取近似后用驻相法求解。过渡区内的场,在紧靠阴影边界的阴影区侧,留数级数解形式上是正确的,但它收敛得很慢,要取很多项才能得到准确结果;在紧靠阴影边界的亮区一侧,用驻相法求得的结果也不能正确描述阴影边界附近的场,因此也需要寻求适合于计算过渡区场的一种解。

关于过渡区场的问题,已有许多学者研究过,福克(Fock)曾提出过关于电磁波被大凸曲面绕射的一种渐进理论,他把此问题的普遍解表示为一种正则积分,然后福克又研究了圆球的菲涅耳(Fresnel)绕射,在过渡区他对正则积分进行了渐进近似,从而获得了一种比较简单的解,此解是用一个单参数表列通用函数表示的。关于此问题,维特(Wait)和康达(Conda)在对平面波被圆柱绕射的典型问题进行渐进计算后,得到了函数形式与福克所用的函数相似的结果。但是,他们得到的结果在阴影边界和过渡区外都不能一致性地转化为常用的 GTD 射线解。洛根(Logan)和叶(Yee)得到了一个近似的一致性解,在把福克的正则积分的参数重新定义后此解又化为 GTD 解。但是,这两种一致性解实在太复杂,以至很难在整个过渡区内进行数值计算。帕萨克(Pathak)在 1979 年得到了一个关于平面波被光滑凸圆柱体散射且便于工程应用的一致性 GTD 解,此结果的一致性含义就是它在原始 GTD 解失效的阴影边界两侧的过渡区内仍然有效,且在 GTD 解准确并有效的过渡区外自动转化为 GTD 解,本节介绍平面波被理想导电圆柱散射后在阴影区和照明区的解。

1. 阴影区的场

设有单位强度电极化平面波 E_z^i 向一无限长理想导电圆柱入射,如图 2.3.1 所示。

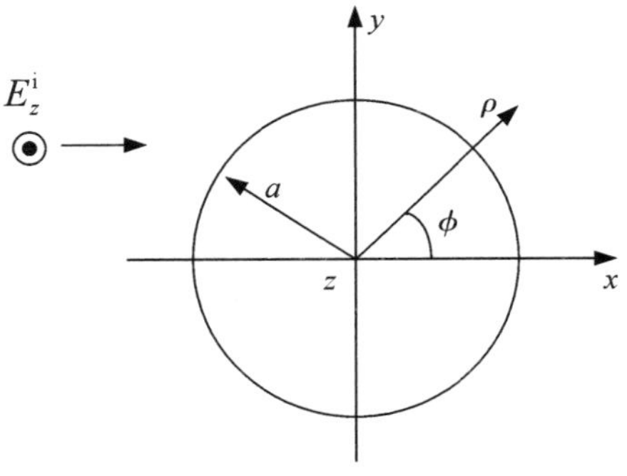

图 2.3.1　**电极化平面波向无限长理想导电圆柱入射**

设场与时间的关系为 $e^{j\omega t}$,则有

$$E_z^i = e^{-jkx} = e^{-jk\rho\cos\phi}$$

它可以用柱函数表示为

$$E_z^i = \sum_{m=-\infty}^{+\infty} j^{-m} J_m(k\rho) e^{jm\phi} \tag{2.3.1}$$

在理想导体柱存在时,总场应等于入射场与散射场之和,即

$$E_z = E_z^i + E_z^s \tag{2.3.2}$$

其中散射场在远区只有外行波，因此它为如下形式：

$$E_z^i = \sum_{m=-\infty}^{+\infty} j^{-m} a_m H_m^{(2)}(k\rho) e^{jm\phi} \tag{2.3.3}$$

因此总场为

$$E_z = \sum_{m=-\infty}^{+\infty} j^{-m} [J_m(k\rho) + a_m H_m^{(2)}(k\rho)] e^{jm\phi} \tag{2.3.4}$$

式中：a_m 是常数，它由边界条件 $E_{z|\rho=a}=0$ 决定，由此得到

$$a_m = -J_m(k_a)/H_m^{(2)}(k\rho)$$

于是

$$E_z = \sum_{m=-\infty}^{+\infty} \frac{j^{-m} e^{jm\phi}}{H_m^{(2)}(k\rho)} [J_m(k\rho) H_m^{(2)}(ka) - J_m(ka) H_m^{(2)}(k\rho)] \tag{2.3.5}$$

式(2.3.5)就是电极化平面波向理想导电圆柱垂直入射时总场的本征函数级数解，它在高频(即 $ka \gg 1$)时收敛得很慢。下面用沃森(Watson)变换把式(2.3.5)变换为在高频时快速收敛的级数解。

先研究如下形式的积分：

$$\frac{j}{2}\int \frac{\exp[jv(\phi+\pi)]}{\sin v\pi} f(v) dv$$

此积分的被积函数在实轴上有无穷多个一阶极点：

$$v=m, \quad m=0, \pm 1, \pm 2, \cdots$$

如果选择一个包围所有这些极点的围线积分 c(取顺时针方向)，如图 2.3.2 所示，则由这些一阶极点留数之和可得

$$\frac{j}{2}\oint_c \frac{\exp[jv(\phi+\pi)]}{\sin v\pi} f(v) dv = \frac{j}{2}\left\{-2\pi j \frac{\exp[jm(\phi+\pi)] f(m)}{\left[\frac{d}{dv}(\sin v\pi)\right]_{v=m}}\right\}$$

$$= \sum_{m=-\infty}^{\infty} e^{jm\phi} f(m) \tag{2.3.6}$$

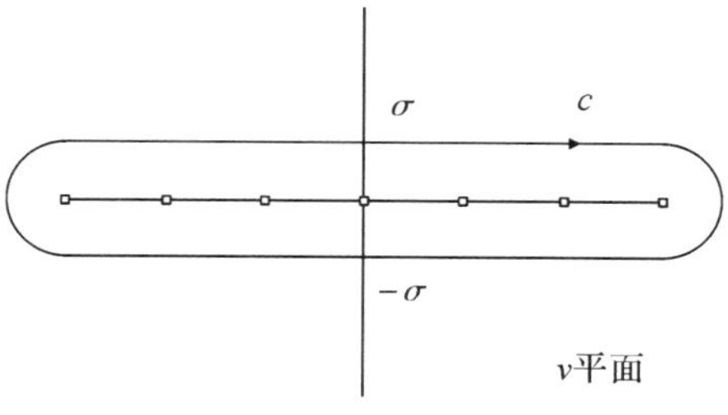

图 2.3.2　实轴上的极点以及式(2.3.6)的积分围线

现在令

$$f(m) = \frac{j^{-m}}{H_m^{(2)}(ka)} [J_m(k\rho) H_m^{(2)}(ka) - J_m(ka) H_m^{(2)}(k\rho)]$$

则由式(2.3.6)得到

$$E_z = \sum_{m=-\infty}^{+\infty} e^{jm\phi} f(m) = \frac{j}{2}\oint_c \frac{\exp[jv(\phi+\pi)]}{\sin v\pi} f(v) dv \tag{2.3.7}$$

其中

$$f(v)=\frac{\mathrm{j}^{-v}}{H_v^{(2)}(ka)}[J_v(k\rho)H_v^{(2)}(ka)-J_v(ka)H_v^{(2)}(k\rho)] \tag{2.3.8}$$

已知

$$2J_v(z)=H_v^{(1)}(z)+H_v^{(2)}(z)$$

利用上式就可以把式(2.3.8)变为

$$f(v)=\frac{\mathrm{j}^{-v}}{2H_v^{(2)}(ka)}[H_v^{(1)}(k\rho)H_v^{(2)}(ka)-H_v^{(1)}(ka)H_v^{(2)}(k\rho)] \tag{2.3.9}$$

于是式(2.3.7)可以写为

$$\begin{aligned}E_z &= \frac{\mathrm{j}}{2}\int \frac{\exp[\mathrm{j}v(\phi+\pi)]}{\sin v\pi}f(v)\mathrm{d}v \\ &= \frac{\mathrm{j}}{2}\int_{\infty-\mathrm{j}\sigma}^{-\infty-\mathrm{j}\sigma}\frac{\exp[\mathrm{j}v(\phi+\pi)]}{\sin v\pi}f(v)\mathrm{d}v+\int_{-\infty+\mathrm{j}\sigma}^{\infty+\mathrm{j}\sigma}\frac{\exp[\mathrm{j}v(\phi+\pi)]}{\sin v\pi}f(v)\mathrm{d}v \\ &= \frac{\mathrm{j}}{2}\int_{\infty-\mathrm{j}\sigma}^{-\infty-\mathrm{j}\sigma}\frac{\exp[\mathrm{j}v(\phi+\pi)]}{\sin v\pi}f(v)\mathrm{d}v+\int_{\infty-\mathrm{j}\sigma}^{-\infty-\mathrm{j}\sigma}\frac{\exp[-\mathrm{j}v(\phi+\pi)]}{-\sin v\pi}f(v)\mathrm{d}v\end{aligned} \tag{2.3.10}$$

积分路径如图 2.3.3 所示。

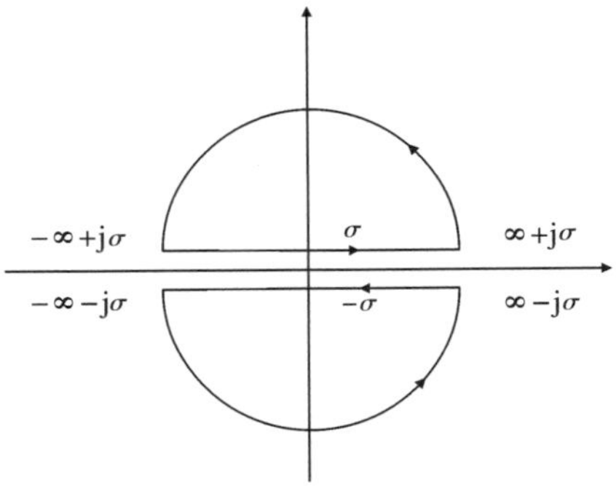

图 2.3.3　**式(**2.3.10**)的积分路径**

利用汉克尔(Hankel)函数的拓展公式[见附录式(F.2.25)],可以得到

$$f(-v)=f(v)\mathrm{e}^{\mathrm{j}2\pi v}$$

把这一关系代入式(2.3.10)得到

$$\begin{aligned}E_z &= \mathrm{j}\int_{\infty-\mathrm{j}\sigma}^{-\infty-\mathrm{j}\sigma}\frac{f(v)}{\sin v\pi}[\mathrm{e}^{\mathrm{j}v(\pi+\phi)}+\mathrm{e}^{\mathrm{j}2\pi v}\mathrm{e}^{-\mathrm{j}v(\pi+\phi)}]\mathrm{d}v \\ &= \frac{\mathrm{j}}{2}\int_{\infty-\mathrm{j}\sigma}^{-\infty-\mathrm{j}\sigma}\frac{f(v)\exp(\mathrm{j}v\pi)}{\sin v\pi}[\mathrm{e}^{\mathrm{j}v\phi}+\mathrm{e}^{-\mathrm{j}v\pi}]\mathrm{d}v \\ &= \mathrm{j}\int_{\infty-\mathrm{j}\sigma}^{-\infty-\mathrm{j}\sigma}\frac{\mathrm{j}^{2v}f(v)\cos v\phi}{\sin v\pi}\mathrm{d}v\end{aligned} \tag{2.3.11}$$

式(2.3.11)说明,E_z 在复平面上的积分路径已经由图 2.3.3 中上半个和下半个圆变为下半个大圆。这半个大圆不包围 $\sin v\pi$ 的零点而包为 $f(v)$的极点。由式(2.3.9)可以看出,$f(v)$的极点就是 $H_v^{(2)}(ka)$的零点。设这些零点为 $v_n(n=1,\ 2,\ \cdots)$,则应有

$$H_{v_n}^{(2)}(ka)=0 \tag{2.3.12}$$

这里不研究 $H_v^{(2)}(ka)$ 的一般零点而只研究在 $ka \gg 1$ 时能满足式(2.3.12)的零点 v_n。通常 $H_{v_n}^{(2)}(z)$ 的大自变量渐进式只适用于 $|v| \ll z$ 的情况，我们要求的是 z 很大时，$|v|$ 也很大且 $|v| \approx z$ 时的大自变量渐进式。由附录式(F.2.28)可知，这样的渐进式是

$$H_{v_n}^{(2)}(z) \sim 2\left(\frac{2}{z}\right)^{1/3} \exp\left(\frac{\mathrm{j}\pi}{3}\right) \mathrm{Ai}\left[\tau \exp\left(-\frac{\mathrm{j}2\pi}{3}\right)\right] \tag{2.3.13}$$

式中：$\mathrm{Ai}(x)$ 是艾利函数；$\tau = (v - z)\left(\dfrac{2}{z}\right)^{1/3}$，$|v| \approx z$。

为满足式(2.3.12)的零点 v_n 与艾利函数的零点之间的关系，令 $\mathrm{Ai}\left[\tau \exp\left(-\dfrac{\mathrm{j}2\pi}{3}\right)\right]$ 的零点为 $-\alpha_n$[见附录式(F.2.1)]，则当 $z = ka$ 时可得

$$(v_n - ka)\left(\frac{2}{ka}\right)^{1/3} \exp\left(-\frac{\mathrm{j}2\pi}{3}\right) = -\alpha_n \tag{2.3.14}$$

由此得

$$v_n = ka + \alpha_n \left(\frac{ka}{2}\right)^{1/3} \exp\left(-\frac{\mathrm{j}\rho}{3}\right) \tag{2.3.15}$$

当 $|v| \gg z$ 时，由附录式(F.2.29)和式(F.2.30)可得

$$H_v^{(2)}(z) \sim \mathrm{j}\sqrt{\frac{2}{\pi v}}\left(\frac{2v}{\mathrm{e}z}\right)^{v}, \quad |\arg v| < \frac{\pi}{2} \tag{2.3.16}$$

$$H_v^{(2)}(z) \sim -\sqrt{\frac{2}{\pi v}}\left(\frac{2v}{\mathrm{e}z}\right)^{v}, \quad \frac{\pi}{2} < \arg v < \frac{3\pi}{2} \tag{2.3.17}$$

对于大数值的 v，令 $v = R\exp(\mathrm{j}\theta)$ 并把它代入式(2.3.16)，得

$$\begin{aligned} H_v^{(2)}(z) &\approx \mathrm{j}\sqrt{\frac{2}{\pi R\exp(\mathrm{j}\theta)}}\left[\frac{2R\exp(\mathrm{j}\theta)}{\mathrm{e}z}\right]^{R\exp(\mathrm{j}\theta)} \\ &= \mathrm{j}\sqrt{\frac{2}{\pi R}}\exp\left\{-\mathrm{j}\left(\frac{\theta}{2}\right) + R\exp(\mathrm{j}\theta)\ln\left[\frac{2R\exp(\mathrm{j}\theta)}{\mathrm{e}z}\right]\right\} \\ &= \mathrm{j}\sqrt{\frac{2}{\pi R}}\exp\left\{R\cos\theta\ln\left(\frac{2R}{\mathrm{e}z}\right) - R\theta + \mathrm{j}\left[R\theta\cos\theta + \sin\theta\ln\left(\frac{2R}{\mathrm{e}z}\right) - \frac{\theta}{2}\right]\right\} \end{aligned}$$

于是得到

$$|H_v^{(2)}(z)| \approx \sqrt{\frac{2}{\pi R}}\exp\left\{R\left[\cos\theta\ln\left(\frac{2R}{\mathrm{e}z}\right) - \theta\sin\theta\right]\right\}, \ \theta| \leqslant \pi/2 \tag{2.3.18}$$

同理，把 $v = R\exp(\mathrm{j}\theta)$ 代入式(2.3.17)可得

$$|H_v^{(2)}(z)| \approx \sqrt{\frac{2}{\pi R}}\exp\left\{-R\left[\cos\theta\ln\left(\frac{2R}{\mathrm{e}z}\right) + \theta\sin\theta\right]\right\}, \ \pi/2 < \theta < 3\pi/2 \tag{2.3.19}$$

由式(2.6.15)可知，v_n 应在第四象限，因此在 $\pi/2 < \theta < 3\pi/2$ 范围内没有零点，故 $f(v)$ 的极点只存在于第四象限。由式(2.3.18)可以看出，$H_{v_n}^{(2)}(z)$ 的零点只存在于第四象限中紧靠虚轴之处，再结合由式(2.3.15)得到的零点分布，可知 $f(v)$ 的极点分布，如图 2.3.4 所示。

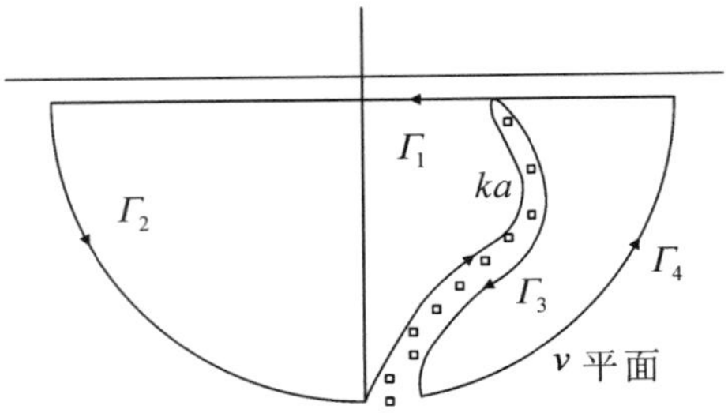

图 2.3.4　$f(v)$的极点分布

除了靠近虚轴的极点外，当$|v|\to\infty$时，$f(v)\to 0$。故如用一个半径为无穷大的下半个大圆使式(2.3.11)闭合，则除了第四象限的极点留数外，不会再有对积分的其他贡献。于是式(2.3.11)便可表示为留数级数之和：

$$E_z=\pi\sum_{n=1}^{\infty}\mathrm{j}^{v_n}\frac{H_{v_n}^{(1)}(ka)H_{v_n}^{(2)}(k\rho)\cos v_n\phi}{\left[\frac{\partial}{\partial v}H_v^{(2)}(ka)\right]_{v=v_n}\sin v_n\pi}\tag{2.3.20}$$

由式(2.3.15)可知，当 ka 很大时，v_n有很大的负虚部。如果令

$$\sin v_n\pi=\frac{1}{2\mathrm{j}}[\exp(\mathrm{j}v_n\pi)-\exp(-\mathrm{j}v_n\pi)]$$

则其中等号右边第二项比第一项小得多，因此可以近似取

$$\sin v_n\pi\approx\frac{1}{2\mathrm{j}}\exp(\mathrm{j}v_n\pi)\tag{2.3.21}$$

于是式(2.3.20)中的两个三角函数和 j^{v_n} 的乘积可以简化为

$$\frac{\cos v_n\phi}{\sin v_n\pi}\mathrm{j}^{v_n}\approx\mathrm{j}\left\{\exp\left[-\mathrm{j}v_n\left(\frac{\pi}{2}-\phi\right)\right]+\exp\left[-\mathrm{j}v_n\left(\frac{\pi}{2}+\phi\right)\right]\right\}\tag{2.3.22}$$

由此得到

$$E_z=\mathrm{j}\pi\sum_{n=1}^{\infty}\mathrm{j}^{v_n}\frac{H_{v_n}^{(1)}(ka)H_{v_n}^{(2)}(k\rho)}{\left[\frac{\partial}{\partial v}H_v^{(2)}(ka)\right]_{v=v_n}}\left\{\exp\left[-\mathrm{j}v_n\left(\frac{\pi}{2}-\phi\right)\right]+\exp\left[-\mathrm{j}v_n\left(\frac{\pi}{2}+\phi\right)\right]\right\}\tag{2.3.23}$$

利用朗斯基关系式[见附录式(F.2.22)]，有

$$H_v^{(1)}(z)H_v^{(2)\prime}(z)-H_v^{(1)\prime}(z)H_v^{(2)}(z)=-\frac{4\mathrm{j}}{\pi x}\tag{2.3.24}$$

并令其中的 $v=v_n$，$z=ka$，此时 $H_{v_n}^{(2)}(ka)=0$，故得

$$H_{v_n}^{(1)}(ka)=-\frac{4\mathrm{j}}{\pi ka}\frac{1}{H_{v_n}^{(2)\prime}(ka)}\tag{2.3.25}$$

利用渐进关系和递推关系可得

$$\frac{\partial}{\partial z}H_v^{(2)}(z)=-\frac{\partial}{\partial v}H_v^{(2)}(z)$$

故得

$$H_{v_n}^{(2)\prime}(ka)=-\left[\frac{\partial}{\partial v}H_v^{(2)}(ka)\right]_{v=v_n}\tag{2.3.26}$$

把式(2.3.26)代入式(2.3.25)，把所得结果代入式(2.3.23)，再利用式(2.3.24)并在式(2.3.26)中取前 N 项，最后得

$$E_z = -\frac{1}{2}\left(\frac{ka}{2}\right)^{1/3} e^{j2\pi/3} \sum_{n=1}^{N} \frac{H_{v_n}^{(2)}(k\rho)}{[\mathrm{Ai}'(-\alpha_n)]^2}\left[e^{-jv_n(\pi/2-\phi)} + e^{-jv_n(\pi/2+\phi)}\right] \tag{2.3.27}$$

此级数的每一项都取决于式(2.3.15)和式(2.3.24)是否成立，即取决于 $|v| \approx z$ 是否成立。这样就使 N 值受到限制，因为只有最初的一些项才能使 $|v| = ka$ 成立。

当 v 趋近 Hankel 函数的自变量 x 但是仍然小于 x 时，可以用如下渐进式[见附录式(F.2.27)]：

$$H_{v_n}^{(2)'}(x) \sim \sqrt{\frac{2}{\pi(x^2 - v_n^2)^{1/2}}} \exp\left\{-j\left[(x^2 - v_n^2)^{1/2} - v_n \operatorname{arcsec}\left(\frac{x}{v_n}\right) - \frac{\pi}{4}\right]\right\}, \quad |v| < x$$

于是在远离圆柱的场点，即当 $k\rho > v_n$ 时，可取

$$H_{v_n}^{(2)'}(k\rho) \approx \sqrt{\frac{2}{\pi(k^2\rho^2 - v_n^2)^{1/2}}} \exp\left\{-j\left[(k^2\rho^2 - v_n^2)^{1/2} - v_n \operatorname{arcsec}\left(\frac{x}{v_n}\right) - \frac{\pi}{4}\right]\right\}, \quad |v| < x \tag{2.3.28}$$

对于留数的前几项来说，还可以进一步取 $v_n \approx ka$ 的近似，于是

$$\begin{cases} k^2\rho^2 - v_n^2 \approx k^2(\rho^2 - a^2) = k^2 s^2 \\ \operatorname{arcsec}(k\rho/v_n) \approx \arccos(a/\rho) \end{cases}$$

把这两项近似代入式(2.3.28)并保留其中指数第二项的 v_n，再将所得结果代入式(2.3.27)，最后得

$$\begin{aligned} E_z = &\left(\frac{ka}{2}\right)^{1/3} e^{-j\pi/12} \frac{e^{-jks}}{\sqrt{2\pi ks}} \sum_{n=1}^{N} \frac{1}{[\mathrm{Ai}'(-\alpha_n)]^2} \times \\ &\left\{\exp\left[-jv_n\left(\frac{\pi}{2} - \phi - \arccos\left(\frac{a}{\rho}\right)\right)\right] + \exp\left[-jv_n\left(\frac{\pi}{2} + \phi - \arccos\left(\frac{a}{\rho}\right)\right)\right]\right\} \end{aligned} \tag{2.3.29a}$$

为了便于分析对比，还可以把式(2.3.29a)改写为另一种形式，令

$$\begin{cases} M = \left(\dfrac{ka}{2}\right)^{1/3} \\ \theta_1 = \dfrac{\pi}{2} - \phi - \arccos\left(\dfrac{a}{\rho}\right) \\ \theta_2 = \dfrac{\pi}{2} + \phi - \arccos\left(\dfrac{a}{\rho}\right) \\ t_{1,2} = a\theta_{1,2} \end{cases}$$

则式(2.3.29a)变为

$$\begin{aligned} E_z = &\frac{M\exp(-j\pi/12)}{\sqrt{2\pi ks}} \sum_{n=1}^{N} \frac{1}{[\mathrm{Ai}'(-\alpha_n)]^2} \times \\ &\left\{\exp\left[-\frac{\alpha_n}{a} M e^{j\pi/6} t_1 - jkt_1\right] + \exp\left[-\frac{\alpha_n}{a} M e^{j\pi/6} t_2 - jkt_2\right]\right\} \end{aligned} \tag{2.3.29b}$$

因为 v_n 有虚部，所以式(2.3.29a)最后两个指数项中 $-jv_n$ 的乘数，也就是式(2.3.29b)中的 θ_1 和 θ_2，应当保持为正值才能使级数很快收敛，由此可以确定使级数收敛的 ϕ 角范围：

(1)由 $\theta_1=\frac{\pi}{2}-\phi-\arccos\left(\frac{a}{\rho}\right)>0$,得到 $\phi<\frac{\pi}{2}-\arccos\left(\frac{a}{\rho}\right)$;

(2)由 $\theta_2=\frac{\pi}{2}+\phi-\arccos\left(\frac{a}{\rho}\right)>0$,得到 $\phi>-\frac{\pi}{2}+\arccos\left(\frac{a}{\rho}\right)$。

故使级数快收敛的 ϕ 角范围为

$$-\frac{\pi}{2}+\arccos\left(\frac{a}{\rho}\right)<\phi<\frac{\pi}{2}-\arccos\left(\frac{a}{\rho}\right) \tag{2.3.30}$$

从图 2.3.5 中可以看到,由式(2.3.30)所确定的 ϕ 角范围对应几何光学阴影区。

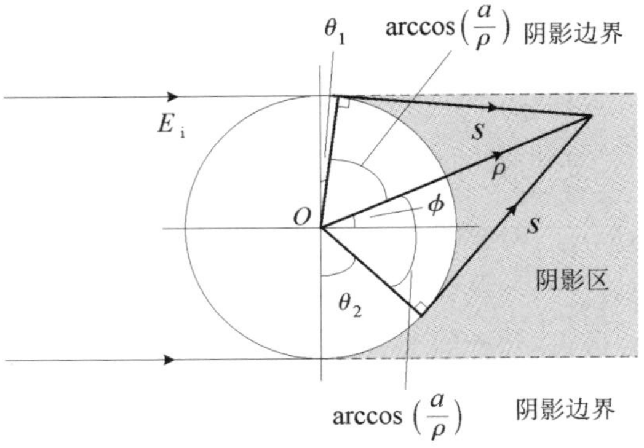

图 2.3.5　圆柱的散射

式(2.3.29)说明,当 ϕ 满足式(2.3.30)时,由于 v_n 有负虚部,所以绕射场 E_z 除了具有随$\sqrt{s}$的增大而扩散减弱的柱面波特性外,还按指数规律衰减,衰减的速度与 $M=(ka/2)^{1/3}$ 成正比。这种传播特性与照明区的场完全不同。在照明区内,因为$[\pi/2\mp\phi-\arccos(a/\rho)]<0$,场只随距离的增大而扩散,并不具有按指数衰减的特性,基本上还是几何光学射线场。弗朗茨把阴影区内以这种传播特性在曲面上传播的波称为爬行波。

由式(2.3.29)还可以看出,阴影区的绕射场包括两项,它们分别对应于沿相反方向绕圆柱传播 θ_1 和 θ_2 弧角,然后沿圆柱面的切线方向传播到场点的绕射场,如图 2.3.5 所示。

式(2.3.29)的留数级数在阴影区收敛得很快,因此用留数级数的前几项来计算阴影区的场是很精确的。这一留数级数在亮区则收敛得很慢,因此还需要寻求另一种场的解来计算亮区中的场。

2. 亮区场

如果仿照式(2.3.21)中的近似关系把式(2.3.11)中的 $\sin v\pi$ 近似地写为 $e^{jv\pi}/2j$,则式(2.3.11)变为

$$E_z=-\int_{\infty-j\sigma}^{-\infty-j\sigma} f(v)\left(e^{jv\phi}+e^{-jv\phi}\right)dv \tag{2.3.31}$$

由于沿积分路径 v 有大的负虚部,所以当 ϕ 为正值,即 $0<\phi<\pi$ 时,被积函数的第一项远大于第二项;当 ϕ 为负值,即 $-\pi<\phi<0$ 时,被积函数的第二项远大于第一项,因此可以将式(2.3.31)中的两项合并成一项写成

$$E_z=-\int_{\infty-j\sigma}^{-\infty-j\sigma} f(v)e^{jv|\phi|}dv,\quad 0<|\phi|<\pi$$

再把式(2.3.8)中的 $f(v)$ 代入上式并交换积分上、下限，可得

$$E_z = -\int_{\infty-j\sigma}^{-\infty-j\sigma}\left[H_v^{(1)}(k\rho) - \frac{H_v^{(1)}(ka)}{H_v^{(2)}(ka)}H_v^{(2)}(k\rho)\right]\exp[jv(|\phi| - \pi/2)]dv \tag{2.3.32}$$

因为沿积分路径，变量 $|v|$ 可能大于 ka，也可能小于 ka，所以对于 $|v|>ka$，应用Hankel函数的渐进式[见附录式(F.2.29)]得

$$\frac{H_v^{(1)}(ka)}{H_v^{(2)}(ka)} \approx -1 \tag{2.3.33}$$

对于 $|v|<ka$，则应用 Hankel 函数的另一个渐进式[见附录式(F.2.37)]得

$$\frac{H_v^{(1)}(ka)}{H_v^{(2)}(ka)} \approx \exp\left\{2j\left[(k^2a^2 - v^2)^{1/2} - v\arccos\left(\frac{v}{ka}\right) - \frac{\pi}{4}\right]\right\} \tag{2.3.34}$$

由于 v 有一个很大的负虚部，当 $k\rho\to\infty$ 时，在式(2.3.32)被积函数的两项中，含有 $H_v^{(2)}(k\rho)$ 的第二项要比含有 $H_v^{(1)}(k\rho)$ 的第一项大得多。这从它们在 $|v|<<k\rho$ 的大自变量渐进式[见附录式(F.2.26)]可以看出。这样可以略去式(2.3.32)被积函数中的第一项，使式(2.3.32)化简为如下形式的积分：

$$E_z = -\int_{\infty-j\sigma}^{-\infty-j\sigma} h(v)e^{jg(v)}dv,\ k\rho \to \infty \tag{2.3.35}$$

式中：$h(v)$ 和 $g(v)$ 为

对于 $|v|>ka$，利用附录式(F.2.27)和式(2.3.33)得

$$\begin{cases} h(v) = \dfrac{1}{\sqrt{2\pi\,(k^2\rho^2 - v^2)^{1/2}}} \\ g(v) = -\sqrt{k^2\rho^2 - v^2} + v\left[\arccos\left(\dfrac{v}{k\rho}\right) + |\phi| - \dfrac{\pi}{2}\right] + \dfrac{\pi}{4} \end{cases}$$

对于 $|v|<ka$，利用附录式(F.2.27)和式(2.3.34)得

$$\begin{cases} h(v) = -\dfrac{1}{\sqrt{2\pi\,(k^2\rho^2 - v^2)^{1/2}}} \\ g(v) = -\sqrt{k^2\rho^2 - v^2} + 2\sqrt{k^2a^2 - v^2} + v\left[\arccos\left(\dfrac{v}{k\rho}\right) - 2\arccos\left(\dfrac{v}{k\rho}\right) + |\phi| - \dfrac{\pi}{2}\right] - \dfrac{\pi}{4} \end{cases}$$

式(2.3.35)的积分可以用驻相法求解，为此要先求出相位函数 $g(v)$ 的一阶和二阶导数：

$$\begin{cases} g'(v) = \arccos\left(\dfrac{v}{k\rho}\right) + |\phi| - \dfrac{\pi}{2} \\ g''(v) = -\dfrac{1}{\sqrt{k^2\rho^2 - v^2}} \end{cases},\ v|>ka$$

$$\begin{cases} g'(v) = \arccos\left(\dfrac{v}{k\rho}\right) - 2\arccos\left(\dfrac{v}{ka}\right) + |\phi| - \dfrac{\pi}{2} \\ g''(v) = -\dfrac{1}{\sqrt{k^2\rho^2 - v^2}} + \dfrac{2}{\sqrt{k^2a^2 - v^2}} \end{cases},\ |v|<ka$$

驻相点 v_0 由 $g'(v_0)=0$ 确定：

对于 $|v|>ka$，有 $v_0^+ = k\rho\sin|\phi|$；

对于$|v|<ka$，考虑到当$k\rho\to\infty$时，$\arccos\left(\frac{v}{k\rho}\right)\to\frac{\pi}{2}$，得$v_0^-=ka\cos\frac{\phi}{2}$。

这两个驻相点都在实轴上。现在把积分路径变形以通过两个驻相点，如图2.3.6所示。

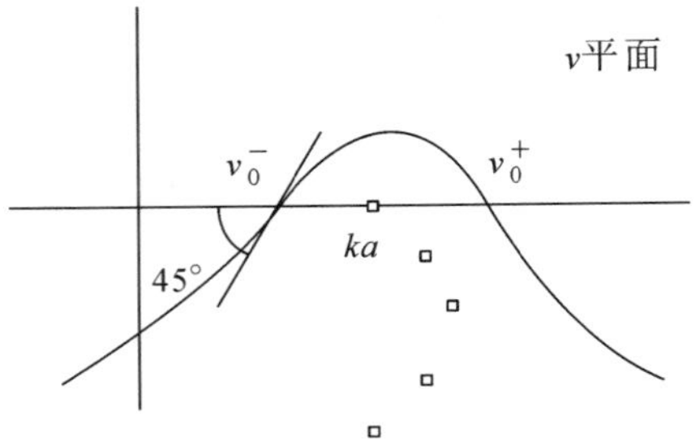

图2.3.6　把积分路径变形以通过两个驻相点

可以看到，此积分路径是远离复v平面上的任何奇点的，因此可以应用孤立一阶驻相点公式[见附录式(F.4.8)]计算v_0^+和v_0^-的贡献，于是式(2.3.35)的积分可以写为

$$E_z\approx\sum_{v_0}\sqrt{\frac{2\pi}{|g''(v_0)|}}h(v_0)\exp\left\{\mathrm{j}\left[g(v_0)\pm\frac{\pi}{4}\right]\right\},\quad g''(v)\neq 0$$

当把$|v|>ka$时的$v_0^+=k\rho\sin|\phi|$代入上式计算时，因为$g''(v_0^+)<0$，故上式取$-\frac{\pi}{4}$；当把$|v|<ka$时的$v_0^-=ka\cos\frac{\phi}{2}$代入上式计算时，因为$g''(v_0^-)>0$，故上式取$\frac{\pi}{4}$。最后得到

$$E_z\approx\mathrm{e}^{-\mathrm{j}k\rho\cos\phi}-\sqrt{\frac{a}{2\rho}\sin\frac{\phi}{2}}\,\mathrm{e}^{-\mathrm{j}k[\rho-2a\sin(\phi/2)]},\ k\rho\to\infty,0<|\phi|<\pi \tag{2.3.36}$$

由图2.3.7可以看出，式(2.3.36)的第一项是观察点$R_s(\rho,\phi)$处的入射场，即

$$E_z^{\mathrm{i}}=\mathrm{e}^{-\mathrm{j}k\rho\cos\phi}$$

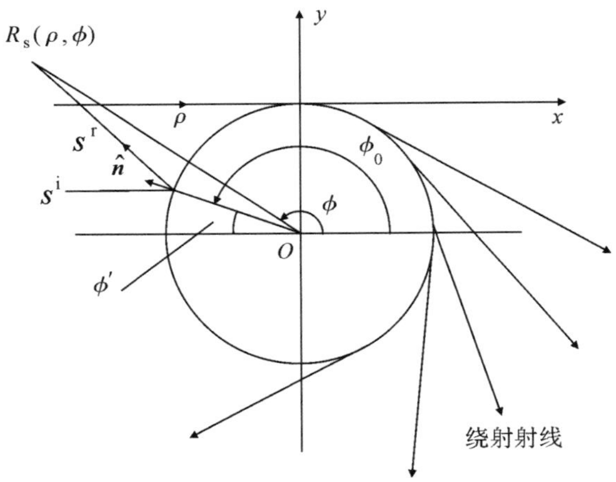

图2.3.7　圆柱上的反射和绕射

第二项则是在圆柱上(a,ϕ_0)点反射的几何光学场。可以证明如下：

对于电极化波，在(a,ϕ_0)点反射场为

$$E_z=-E_z^{\mathrm{i}}(a,\phi_0)\sqrt{\frac{\rho_1^{\mathrm{r}}\rho_2^{\mathrm{r}}}{(\rho_1^{\mathrm{r}}+s^{\mathrm{r}})(\rho_2^{\mathrm{r}}+s^{\mathrm{r}})}}\mathrm{e}^{-\mathrm{j}ks}$$

式中：ρ_1^r、ρ_2^r 为反射波前的主曲率半径，$E_z^i(a,\phi_0)$ 为反射点处 (a,ϕ_0) 的入射场。因为入射波为平面波，入射角 $\theta_i=\phi'=\pi-\phi_0$。圆柱的两个主曲率分别为 0 和 $\frac{1}{a}$，所以可以得到反射波前的两个主曲率半径 $\rho_1^r=\infty$，$\rho_2^r=(a/2)\cos\phi'$。

对于远离圆柱的场点，$\phi\approx\frac{1}{2}(\pi-\phi)$，因此

$$\begin{cases}\rho_2^r\approx\dfrac{a}{2}\sin\dfrac{\phi}{2}\\ E_z^i(a,\phi_0)=\mathrm{e}^{-\mathrm{j}ka\cos\phi_0}=\mathrm{e}^{\mathrm{j}ka\cos\phi'}=\mathrm{e}^{-\mathrm{j}ka\sin(\phi/2)}\\ s^r\approx\rho-a\cos(\pi-\phi-\phi')=\rho-a\sin(\phi/2)\end{cases}$$

于是

$$\begin{aligned}E_z^r&=-\mathrm{e}^{-\mathrm{j}ka\sin(\phi/2)}\sqrt{\frac{\rho_2^r}{\rho_2^r+s^r}}\,\mathrm{e}^{-\mathrm{j}k[\rho-a\sin(\phi/2)]}\\&=\sqrt{\frac{(a/2)\sin(\phi/2)}{\rho+(a/2)\sin(\phi/2)}}\,\mathrm{e}^{-\mathrm{j}k[\rho-2a\sin(\phi/2)]}\\&\approx\sqrt{\frac{a}{2\rho}\sin\frac{\phi}{2}}\,\mathrm{e}^{-\mathrm{j}k[\rho-a\sin(\phi/2)]}\end{aligned}\tag{2.3.37}$$

2.4　等效电磁流方法和尖顶绕射

UTD、GTD 和 GO 方法都是射线学理论，它们在射线的焦散区都失效。所谓焦散也就是相邻众多的射线相交而形成的包络曲线或曲面，在焦散区场强变得无穷大，几何光学近似不成立。焦散可以是一个点、一条线或者一个面，以点为例，我们可以想象凸透镜聚焦的原理，因为射线法认为场随射线行进，那么聚焦的点上会有无数条射线通过，相应也就有无穷多的场值叠加。不过一般来说，对方向图等电磁兼容指标的分析都在远离焦散的远场区域。焦散区的场可以使用等效电磁流法（ECM）来计算，实际上，等效电磁流法在远离焦散区之处间接利用 GTD 求得劈边缘上的等效电流或等效磁流，然后通过辐射积分计算出这些等效电、磁流在焦散区内的辐射场。在焦散区外，ECM 的结果一般就转化为 GTD 的结果。ECM 还是寻求尖顶绕射场的求解基础，因为尖顶可以看成是由两对有限直边缘相交而成的。

2.4.1　ECM 方法

ECM 方法的基本思想是：如果用一个辐射积分来计算任何有限电流或磁流分布的远区绕射场，则所得的远区场是有限的。因此，只要能通过某种方法找到这种电流或磁流分布，就可以计算绕射射线焦散区的场。

虽然几何绕射理论在焦散区失效，但是它可以用来在远离焦散之处计算等效电流或磁流，然后把它们代入辐射积分中计算绕射射线焦散区的场。等效电磁流一般用于计算有限长直边缘的绕射场。应用等效电磁流概念的唯一条件就是边缘绕射场的空间性质必须和无

限长线源的远区场的空间性态 $1/\sqrt{s}$ 一样。为了计算焦散区附近的边缘绕射场，可以把一个等效电流或磁流放在这一边缘上，并把等效电、磁流看成是在有限长边缘所在位置的有限长线源。图 2.4.1 所示为被平面波照射的一个有限长劈，可以把它看成是无限长劈(二维劈)上的一段。

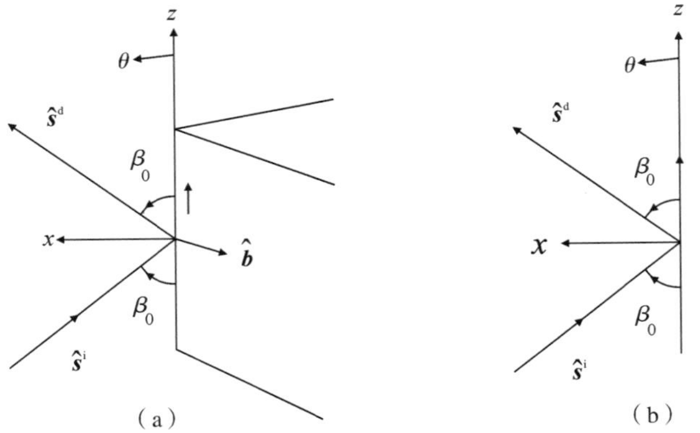

图 2.4.1 有限长劈和无限长等效线源的几何关系

(a)有限长边缘；(b)等效无限长线源

等效电、磁流的概念就是要确定位于二维劈位置上(劈不存在)并能产生和劈边缘绕射场相同的辐射场的电流或磁流强度。

已知无限长 z 向线电流源的远区电场为

$$E_\theta^s = Z_0 k_t I_z \frac{e^{j(\pi/4)}}{2\sqrt{2\pi k_t}} \frac{e^{-jk_t\rho}}{\sqrt{\rho}} e^{-jk_z\cos\beta_0} \tag{2.4.1}$$

无限长 z 向线磁流源的远区磁场为

$$H_\theta^s = Y_0 k_t M_z \frac{e^{j(\pi/4)}}{2\sqrt{2\pi k_t}} \frac{e^{-jk_t\rho}}{\sqrt{\rho}} e^{-jk_z\cos\beta_0} \tag{2.4.2}$$

式中：Z_0 是自由空间波阻抗；$Y_0=1/Z_0$；$k=2\pi/\lambda$，λ 是波长。

远场的 z 分量，即与线源平行的分量为

$$\begin{aligned} E_z^s &= -E_\theta^s \sin\beta_0 \\ &= -Z_0 k_t I_z \frac{e^{j(\pi/4)}}{2\sqrt{2\pi k_t}} \sin\beta_0 \frac{e^{-jk_t\rho}}{\sqrt{\rho}} e^{-jk_z\cos\beta_0} \\ &= -Z_0 I_z \sqrt{\frac{jk}{8\pi}} \sin\beta_0 \frac{e^{-jk_t s}}{\sqrt{s}} \end{aligned} \tag{2.4.3}$$

$$\begin{aligned} H_z^s &= -H_\theta^s \sin\beta_0 \\ &= -Y_0 k_t M_z \frac{e^{j(\pi/4)}}{2\sqrt{2\pi k_t}} \sin\beta_0 \frac{e^{-jk_t\rho}}{\sqrt{\rho}} e^{-jk_z\cos\beta_0} \\ &= -Y_0 M_z \sqrt{\frac{jk}{8\pi}} \sin\beta_0 \frac{e^{-jk_t s}}{\sqrt{s}} \end{aligned} \tag{2.4.4}$$

无限长劈的绕射场为

$$E_z^s = E_z^i(Q_D) D_s(\phi, \phi'; \beta_0) \frac{e^{-jk_t s}}{\sqrt{s}} \tag{2.4.5}$$

$$H_z^s = H_z^i(Q_D) D_h(\phi, \phi'; \beta_0) \frac{e^{-jk_t s}}{\sqrt{s}} \tag{2.4.6}$$

其中的 $D_{s,h}$ 可以写为(见 2.2.3 节)

$$D_{s,h}(\phi, \phi'; \beta_0) = \frac{-e^{-j\pi/4}\sin\pi/n}{n\sqrt{2\pi k}\sin(\beta_0)} \cdot \left\{\frac{1}{\cos\pi/n - \cos[(\phi-\phi')/n]} \mp \frac{1}{\cos\pi/n - \cos[(\phi+\phi')/n]}\right\}$$

利用式(2.4.3)和式(2.4.5)以及式(2.4.4)和式(2.4.6)相等,可以得到

$$\left.\begin{aligned} I_z &= -\frac{1}{Z_0}\sqrt{\frac{8\pi}{jk}}\frac{E_z^i(Q_D)}{\sin\beta_0} D_s(\phi, \phi'; \beta_0) \\ M_z &= -\frac{1}{Y_0}\sqrt{\frac{8\pi}{jk}}\frac{H_z^i(Q_D)}{\sin\beta_0} D_h(\phi, \phi'; \beta_0) \end{aligned}\right\} \tag{2.4.7}$$

式(2.4.7)就是直劈边缘绕射场的等效电流和磁流公式,并且对于软边界条件下的劈绕射问题,应当采用等效电流 I_z,对于硬边界条件下的劈绕射问题,应当采用等效磁流 M_z。

根据高频场的局部性原理,可以把等效电、磁流源的概念推广到一般的曲边缘上,在 GTD 近似中可把曲劈的局部等效为直劈,这一直劈的两个面和构成曲劈的两个曲面在绕射点相切,且等效直边缘和曲边缘在绕射点相切。此时等效出的电磁流将会沿绕射点处曲边缘的切线方向放置。

如图 2.4.2 所示,设绕射点 Q_D 处曲边缘的单位切向矢量为 $\hat{\boldsymbol{e}}$,利用和边缘推倒类似的等式关系可以得到,等效边缘电流 $\widetilde{I}_t$ 和磁流 $\widetilde{M}_t$ 分别是

$$\left.\begin{aligned} \widetilde{I}_t(Q_D) &= \left(-\frac{1}{Z_0}\sqrt{\frac{8\pi}{k}} e^{-j\pi/4}\right)\frac{\hat{\boldsymbol{e}}\cdot\boldsymbol{E}^i(Q_D)}{\sqrt{\sin\beta\sin\beta_0}}\widetilde{D}_s(\phi, \phi'; \beta_0, \beta) \\ \widetilde{M}_t(Q_D) &= \left(-\frac{1}{Y_0}\sqrt{\frac{8\pi}{k}} e^{-j\pi/4}\right)\frac{\hat{\boldsymbol{e}}\cdot\boldsymbol{H}^i(Q_D)}{\sqrt{\sin\beta\sin\beta_0}}\widetilde{D}_h(\phi, \phi'; \beta_0, \beta) \end{aligned}\right\} \tag{2.4.8}$$

其中的修正绕射系数 $\widetilde{D}_{s,h}(\phi, \phi'; \beta_0, \beta)$ 为

$$\widetilde{D}_{s,h}(\phi, \phi'; \beta_0, \beta) = \frac{\sin\beta_0}{\sqrt{\sin\beta\sin\beta_0}} D_{s,h}(\phi, \phi'; \beta_0, \beta) \tag{2.4.9}$$

此外如果假设 $\boldsymbol{E}^i$ 是射线光学场,则有

$$\boldsymbol{H}^i(Q_D) = \hat{\boldsymbol{s}}^d \times \boldsymbol{E}^i(Q_D)$$

在绕射边缘的路径上对等效电流和等效磁流进行辐射积分就可以得到它们的辐射电场和辐射磁场,对于远区的场点,可以得到简化的 GTD 结果:

$$\left.\begin{aligned} \boldsymbol{E}^d(R_s) &\sim \sum_{P=1}^{N} \boldsymbol{E}^i(Q_D) \cdot \overline{\overline{D}}(Q_D) \sqrt{\frac{\rho_{CP}}{s_P(s_P + \rho_{CP})}} e^{-jks_P} \\ \boldsymbol{H}^d(R_s) &\sim Y_0 \sum_{P=1}^{N} \hat{\boldsymbol{s}}_P^d \times \left[\boldsymbol{E}^i(Q_D) \cdot \overline{\overline{D}}(Q_D) \sqrt{\frac{\rho_{CP}}{s_P(s_P + \rho_{CP})}} e^{-jks_P}\right] \end{aligned}\right\} \tag{2.4.10}$$

其中的下标 P 表示曲边缘上满足 $\beta = \beta_0$ 的第 P 个边缘绕射点,在远离焦散的方向上共有 N 个这样的点($P = 1, 2, 3, \cdots, N$),其中 N 是有限值,一般不大于 4。

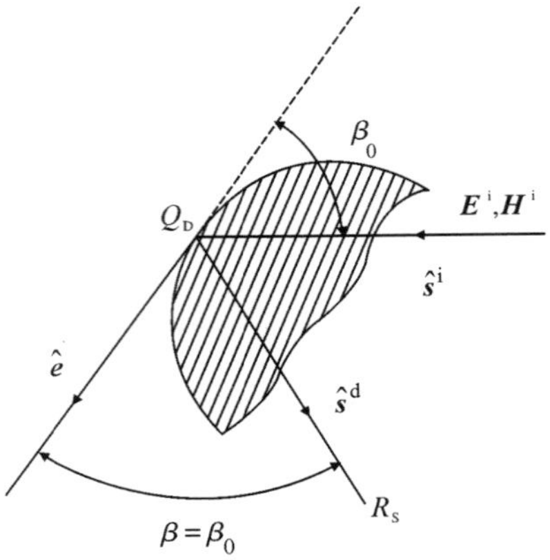

图 2.4.2　曲边缘上等效电磁流的说明

2.4.2　尖顶绕射

在 Keller 引入的绕射射线中，有一种是尖顶绕射射线，也称拐角绕射。拐角是由一对有限长直边缘相交形成的，如图 2.4.3 所示。

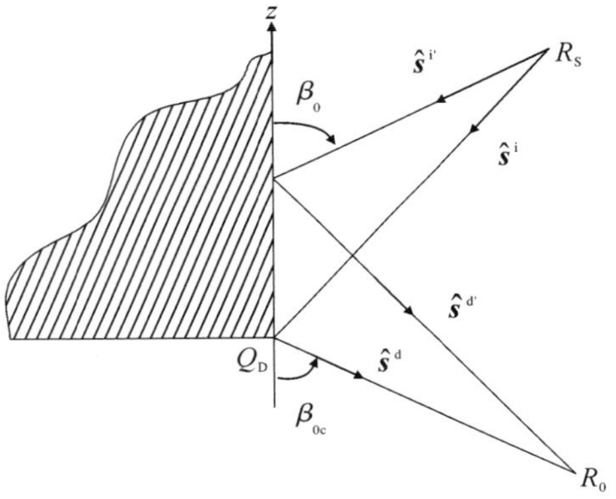

图 2.4.3　尖顶绕射问题的几何关系

在对利用了 ECM 的辐射积分进行渐进计算的基础上，Sikta 和 Burnside 提出了尖顶绕射系数的经验解。这一辐射积分的特点是在端点附近有一个鞍点，他们在对辐射积分的渐进计算结果进行适当的经验性修正后，求得了尖顶绕射系数。

UTD 中的尖顶绕射总场是构成尖顶的每条边所产生的尖顶绕射场之和，例如立方体的每一个尖点都是由三条边缘汇聚而成的，因此每一个尖顶的绕射场为三条边缘中每条边缘产生的尖顶绕射场之和。

分析图 2.4.3 中理想导电平面的 90°拐角。当球面波入射（或点源照射）时，构成直角尖顶的每一个边缘产生的尖顶绕射场可以写为

$$\boldsymbol{E}^{d}=E_{\beta0}\hat{\boldsymbol{\beta}}_0+E_{\phi}\hat{\boldsymbol{\phi}} \tag{2.4.11}$$

其中

$$\begin{bmatrix}E_{\beta_0}\\E_{\phi}\end{bmatrix}=\begin{bmatrix}-D_s & 0\\0 & -D_h\end{bmatrix}\begin{bmatrix}E^{i}_{\beta'_0}\\E^{i}_{\phi'}\end{bmatrix}\sqrt{\frac{s^{i'}}{s^{d'}(s^{d'}+s^{i'})}}\sqrt{\frac{s^d(s^d+s^i)}{s^i}}\frac{e^{-jks^d}}{s^d} \tag{2.4.12}$$

其中的尖顶绕射系数为

$$D_{s,h}=\frac{e^{-j\pi/4}}{\sqrt{2\pi k}}C_{s,h}(Q_D)\frac{\sqrt{\sin\beta_0\sin\beta_{0c}}}{\cos\beta_{0c}-\cos\beta_c}F[kLa(\pi+\beta_{0c}-\beta_c)] \tag{2.4.13}$$

对于平面尖顶来说，$C_{s,h}$ 为

$$\begin{aligned}C_{s,h}=\frac{-e^{-j\pi/4}}{2\sqrt{2\pi k}\sin\beta_0}\Bigg\{&\frac{F[kLa(\beta^-)]}{\cos\left(\frac{\beta^-}{2}\right)}\left|F\left[\frac{\frac{kLa(\beta^-)}{2\pi}}{kL_ca(\pi+\beta_{0c}-\beta_c)}\right]\right|\mp\\&\frac{F[kLa(\beta^+)]}{\cos\left(\frac{\beta^+}{2}\right)}\left|F\left[\frac{\frac{kLa(\beta^+)}{2\pi}}{kL_ca(\pi+\beta_{0c}-\beta_c)}\right]\right|\Bigg\}\end{aligned} \tag{2.4.14}$$

式中：$F(X)$ 为过渡函数；$\beta^{\mp}=\phi\mp\phi'$；$a(\phi)\equiv 2\cos^2(\phi/2)$。

式(2.4.14)给出的 $C_{s,h}$ 是在半平面($n=2$)下的尖顶绕射系数的特殊形式。

修正因子 $\left|F\left[\frac{\frac{kLa(\beta)}{2\pi}}{kL_ca(\pi+\beta_{0c}-\beta_c)}\right]\right|$ 是一个经验性的函数，它保证了绕射系数在通过边缘的阴影边界时不会突然改变符号，尖顶绕射场对于保证高频场在通过阴影边界时的连续性有一定的贡献。

此外，当球面波入射时，有

$$\left.\begin{aligned}L&=\frac{s^{i'}s^{d'}}{s^{d'}+s^{i'}}\sin\beta_0\\L_c&=\frac{s^ds^i}{s^d+s^i}\end{aligned}\right\} \tag{2.4.15}$$

应当注意，需要把组成尖顶的各个边缘对尖顶绕射场的贡献全部考虑进去，各边缘的尖顶绕射场都需要进行计算，并记入总场，从源点或场点看过去不可见也即被遮挡的边缘除外，见图 2.4.3 中的水平边。

2.5　UTD 方法的工程应用模块

本书已介绍了从 GO 到 GTD 再到 UTD 方法的演变过程，给出了理论的基础。本书主要着眼于在实际工程中对 UTD 方法的使用，将 UTD 方法分为目标建模、射线寻迹、遮挡判断、场值求解四个基本模块，完成四个基本模块即可使用 UTD 方法对电大目标的电场问题进行仿真计算。作为工程应用的延伸：针对复杂形式的天线，可以使用高低频混合方法；针对计算时间，可以使用并行计算。本书对 UTD 方法工程应用的模块及扩展如图 2.5.1 所示。

我们可以很容易理解 UTD 的四个基本模块：

首先要使用计算电磁学对目标环境进行计算和分析，这就需要将目标环境转化为算法可用的数学模型，可以说所有计算电磁学方法使用的第一步都是目标建模，有了程序代码可用的目标数据，才能进一步设计算法。

其次是射线寻迹，也即寻找电磁射线传播的轨迹。我们一直在强调 UTD 方法以射线

为基础，电磁场跟随电磁射线传播，有电磁射线的地方就有场，反之则没有。因此要使用UTD方法，就需要找到环境中传播的各种电磁射线轨迹，如反射射线、绕射射线等。

再次是遮挡判断，也即判断找到的电磁射线是否能够从发射点出发到达观察点。通常我们的目标模型比较复杂，在其中某些部分产生的射线可能被模型其他部分阻挡而不能成立，这样就需要在完成射线寻迹之后进行遮挡判断。遮挡判断在PO、SBR这样的射线基方法中也都是非常重要的步骤。

最后求解射线场。建模、射线寻迹、遮挡判断可以说都是前期的准备，我们最终的目标是要得到随射线行进的射线场，以便进行电磁分析。

作为计算电磁学的方法，UTD方法同样需要在计算效率和计算精度之间做出选择，这样就需要对UTD方法进行扩展，高低频混合方法可以提高计算精度，并行计算可以提高计算效率。

本书将对UTD的各个模块及工程延伸进行详细的介绍。

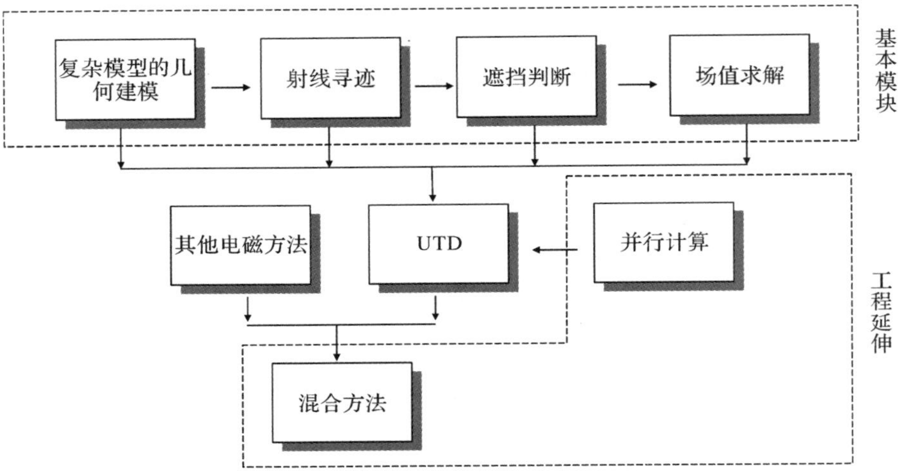

图 2.5.1　UTD **方法工程应用的模块及扩展**

第3章 计算模型的建立

现实中的电磁场景一般包括自然环境、建筑、船舶、飞行器、卫星以及各种运输工具等等，这些电磁场景本身的几何结构就比较复杂，其上还有各种各样的电磁设备，因此工业产品的电磁性能除了与电子设备本身的性能相关以外，还需要考虑产品以及所处环境的几何形态。

计算电磁学需要在建立目标的几何模型的基础上进行分析，而电磁仿真也就相应地需要解决几何建模以及电磁计算两个方面的问题。在电磁性能方面，产品的几何外形往往会对产品的电磁性能产生很大的影响，因此大部分的电磁仿真算法在使用时的第一步就是要建立目标的几何模型，换句话说，建模是电磁仿真算法的第一步。模型是整个方法的基础，不同的电磁分析方法使用不同的模型，而根据建立模型方法的不同，也会产生不同类型的工程方法，UTD也不例外。

本章介绍电磁计算方法中使用的建模方法，以及UTD方法可以使用的建模方法。

3.1 计算机辅助建模技术

在当今社会中，计算机已经得到了普及，绝大多数的工业产品都已经实现了计算机辅助设计和制造。随着计算机技术的发展，计算机辅助设计(Computer Aided Design，CAD)和计算机辅助制造(Computer Aided Manufacturing，CAM)已经在工业电子产品的设计和生产过程中起着举足轻重的作用。计算机辅助设计和计算机辅助制造系统的出现大大缩短了产品的设计和生产周期，提高了产品设计和生产的效率。

工业产品的设计需要考虑的因素有很多，其中比较常见和重要的包括外形设计、动力系统设计、电子系统设计等。需要说明的是，各个因素之间并不是相互孤立的，而是相互影响和制约的。在形状信息的计算机表示、分析与综合中，核心的问题是计算机表示，即要找到既适合计算机处理且能有效地满足形状表示与几何设计要求，又便于形状信息传递和产品数据交换的形状描述的数学方法。

计算机辅助几何设计(Computer Aided Geometric Design，CAGD)这一术语是1974年

由 Barnhill 和 Riesenfeld 在美国犹他大学的一次国际会议上提出的，自此以后，计算机辅助几何设计开始以一门独立的学科出现。CAGD 是随着航空、汽车等现代工业的发展与计算机的出现而产生和发展起来的一门新兴学科，其核心问题是要解决工业产品几何形状的数学描述。CAGD 的出现和发展既是现代工业发展的要求，又对现代工业的发展起到了巨大作用。它使几何学从传统时代进入数字化定义的信息时代，焕发出勃勃生机。

工业产品的外形从几何上基本可以分为两类：第一类仅由初等解析曲面（如平板、圆柱、圆锥、球面等）组成，大多数机械零件属于这一类；第二类不能由初等解析曲面组成，而由自由变化的曲线和曲面即所谓自由型曲线曲面组成，如飞机、汽车、船舶的外形零件。显然，后一类形状单纯用画法几何与机械制图是不能表达清楚的。利用计算机科学的发展，可以采用数学方法定义自由型曲线曲面方程即数学模型，并通过在计算机上执行计算和处理程序，计算曲面上大量点及其他信息。

自由型曲线曲面因不能由画法几何与机械制图方法表达清楚，成为工程师们首先要解决的问题。1963 年，美国波音飞机公司的 Ferguson（弗格森）首先提出将曲线和曲面表示成参数的矢量函数形式，而此前曲线的描述一直采用显式的标量函数 $y=f(x)$ 或者隐函数 $F(x,y)=0$ 的形式，曲面的描述相应采用 $z=z(x,y)$ 或 $F(x,y,z)=0$ 的形式，Ferguson 所采用的曲面的参数形式从此成为形状数学描述的标准形式。1964 年，美国麻省理工学院的 Coons（孔斯）发表了一个具有一般性的曲面描述方法并于 1967 年进一步推广，它与 Ferguson 的双三次曲面的区别仅仅在于将角点扭矢由零矢量改成非零矢量。法国雷诺汽车公司的 Bézier（贝齐尔）1971 年发表了一种采用控制多边形定义曲线的方法，设计人员只要移动控制顶点就可以方便地改变曲线的形状，而且形状的变化完全在预料之中。贝齐尔方法在 CAGD 学科中占有重要的地位，有趣的是，稍早于贝齐尔，在法国另外一家汽车公司——雪铁龙公司的 de Casteljau（德卡斯普里奥）也曾经独立研究和发展了同样的方法，只是结果从未公开发表。de Boor（德布尔）于 1972 年给出了关于 B 样条的一套标准算法，美国通用汽车公司的 Gordon（戈登）和 Risesenfeld（里森弗尔德）于 1974 年将 B 样条理论应用于形状描述，提出了 B 样条曲线曲面。它几乎继承了贝齐尔方法的一切优点，克服了贝齐尔方法存在的缺点，较成功地解决了连接问题。美国的 Syracuse（锡拉丘兹）大学的 Versprille（福斯普里尔，1975）在他的博士论文中首先提出了有理 B 样条方法，此后，主要得益于 Piegl（皮格尔）、Tiller（蒂勒）和 Farin（法林）等人的工作，至 20 世纪 80 年代后期，非均匀有理 B 样条（Non-Uniform Rational B-Spline，NURBS）方法成为用于曲线曲面描述的最广为流行的数学方法。非有理与有理贝齐尔曲线曲面和非有理 B 样条曲线曲面都被统一在 NURBS 标准形式之中，因此可以采用统一的数据库。国际标准化组织（International Standardization Organization）在 1991 年正式颁布了关于工业产品数据交换的 STEP（Standard for the Exchange of Product model data）国际标准，把 NURBS 方法作为定义产品形状的唯一数学方法。

尽管 CAGD 研究对象可以扩展到四维曲面的表示与显示等，但其主要研究对象仍是工业产品的几何形状，这与高频电磁计算中所研究的电大尺寸复杂目标是一致的。

3.2　计算电磁学中的建模方法

在计算电磁学中，对需要进行分析目标的建模方法通常有两种：面元分解法以及典型部件分解法。随着 CAGD 的发展，各种参数曲面，如 NURBS 曲面建模技术也加入其中。在实际应用中，可以根据使用的数值方法选择相应的建模方法。同一算法可以使用多种建模方法，例如：MoM 通常使用带限定条件（波长）的面元分解模型；PO 方法则可以使用全部三种建模方式，同样都是计算辐射积分问题，只是使用算式不同。

3.2.1　面元分解建模

顾名思义，面元分解建模即采用比较多的平面面元（常采用的是三角形或者四边形面元）来拟合计算目标的外形。这样得到的模型在 MoM、PO 等方法中有广泛的应用，由于金属表面感应电流始终是在表面流动的，所以只需将其表面离散化，即所谓的剖分，把任意曲面剖分成很多小三角形面元，对剖分的数据进一步处理，提取电磁计算中所需要的数据信息。面元分解模型中最常见的就是我们熟知的 MoM 中的三角形面片模型（见图 3.2.1）。

这种建模方法的优点是建模精度随着平面面元的增多而相应地提高，可以比较好地逼近目标模型。缺点是：①在电磁计算中，平面片数目越多，网格划得越密，剖分后的面元越贴近原来真实物体的表面，显然计算精度越高，但是这就意味着要使用更多的基函数生成更大的矩阵方程，求解更多的未知数；②在电磁计算中，剖分的面元尺寸受频率影响较大，如三角形面元的 MoM 要求边长一般在五分之一波长到十分之一波长，因此对于同一个计算目标，如果频率变化，面元尺寸也需要相应地变化，要重新进行剖分建模。另外，MoM 对使用的三角形面片有性态要求，最好是正三角形或直角三角形，如果是锐角或者钝角三角形，计算可能会出错。

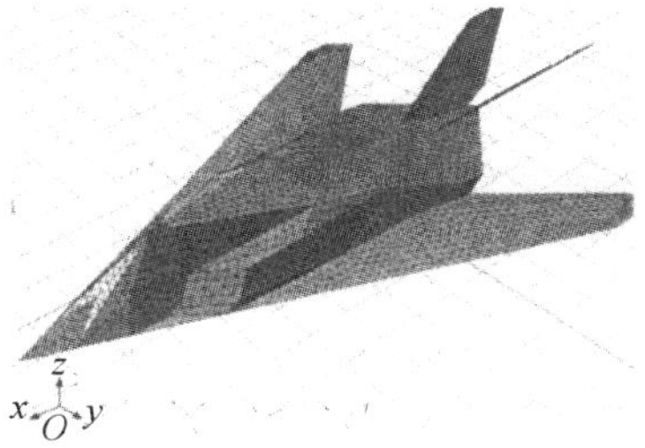

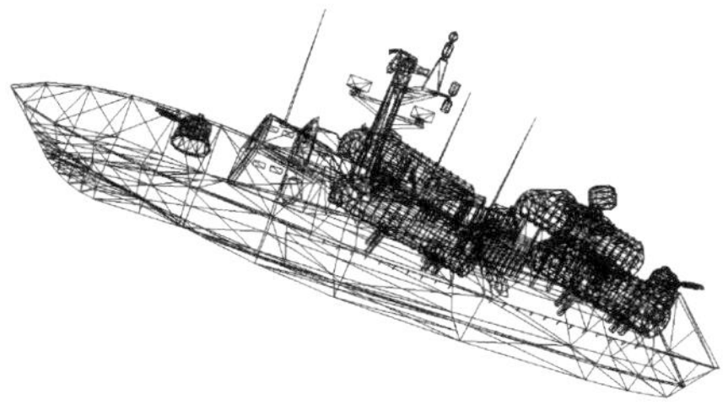

图 3.2.1　三角形面片分解建模

对于一个面片分解建模的模型，算法使用的数据就是剖分文件中的顶点或者边缘的数值信息。模型文件存储面元顶点（三角形、四边形）坐标，由面元顶点坐标可以获得相关的几何信息，并配合 CEM 算法设置电磁参数，最终完成计算。

3.2.2　典型部件分解建模

如图 3.2.2 所示，典型部件分解，即将计算模型分解为多个组成部分，每一部分使用平板、圆柱、圆锥等具有解析表达式的初等曲面进行组合，最终达到对原始模型的逼近，这样建立的模型在高频的 UTD 方法中得到了广泛的应用。因为平板、圆柱和圆锥拥有解析的表达式，使用简单的解析几何知识就可以得到和曲面相关的各种几何参数，这样使得数值方法中的计算公式可以大幅度地简化，这也是典型部件分解建模的最大优点。

对于一个板、柱、锥建模的模型，需要使用的数学模型包括：

(1)给定顶点坐标的(四边形)平板 $\begin{cases}(x_1,y_1,z_1)\\(x_2,y_2,z_2)\\(x_3,y_3,z_3)\\(x_4,y_4,z_4)\end{cases}$；

(2)给定半径和高度限制的圆柱 $x^2+y^2=R^2, z\subseteq[z_1,z_2]$；

(3)给定底面半径和高度限制的圆锥或锥台 $x^2+y^2=z, z\geqslant 0$。

对于一些复杂的模型，使用多个表达式的组合就可以进行数学描述，而模型上各种几何参数也可以很容易从各自表达式得到。

通过这种方法建立的模型直观、简单，有解析表达式，所有几何参数可以解析求出，数值计算比较稳定，并可以保证工程精度。如果是用于 UTD 方法中，解析部件模型不受频率高低的影响，对于变化的频率不需要重新进行建模。缺点是可用的解析几何体较少，因此只能够处理外形简单的场景，对于外形比较复杂的几何场景，逼近模型与真实模型相比会有一定的差距。

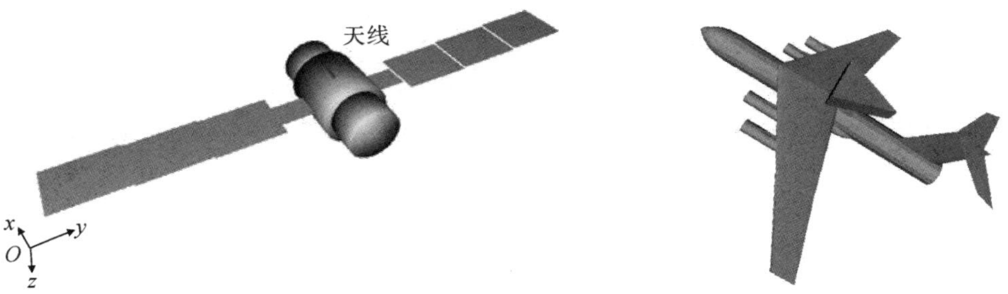

图 3.2.2　典型部件分解建模

对于一个典型部件建模的模型，模型文件记录解析图形的特征参数，由解析表达式计算相关的几何信息，并配合 CEM 算法设置电磁参数，最终完成计算。

3.2.3　参数曲面建模

随着 CAGD 的发展，很多自由型的参数曲面建模技术被引入计算电磁学的方法中，为电磁计算带来了另外一种可以使用的精确建模的方法。参数曲面建模(见图 3.2.3)可以通过一组参数曲面片组合逼近计算目标模型，这样得到的模型使用的单元少而模拟精度比较高，并且得到了目前大多数 CAD 软件的支持，使用起来也比较方便。本书主要介绍以非均匀有理 B 样条(NURBS)为基础的建模方法。

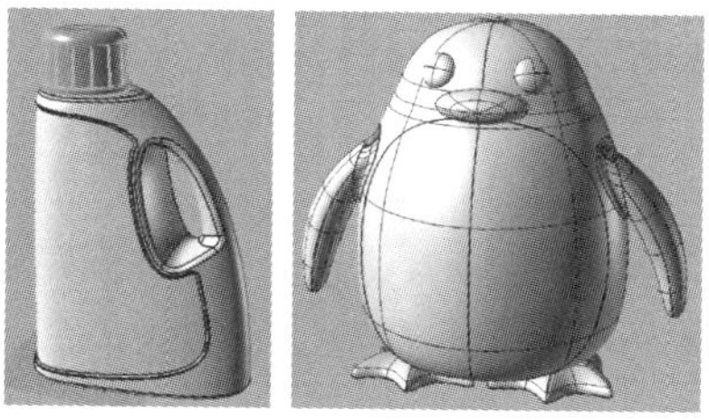

图 3.2.3　**参数曲面建模**

随着 CAGD 的发展,NURBS 建模技术的提出为电磁计算带来了另外一种可以使用的精确建模的方法。使用 NURBS 曲面建模(见图 3.2.4),可以通过一组参数曲面片组合逼近计算目标模型。这种建模方法在计算电磁学各种算法中都得到了一定的重视,从高频的 UTD、PO 方法到低频的 MoM 方法,国内外许多学者都已经展开了深入的研究。

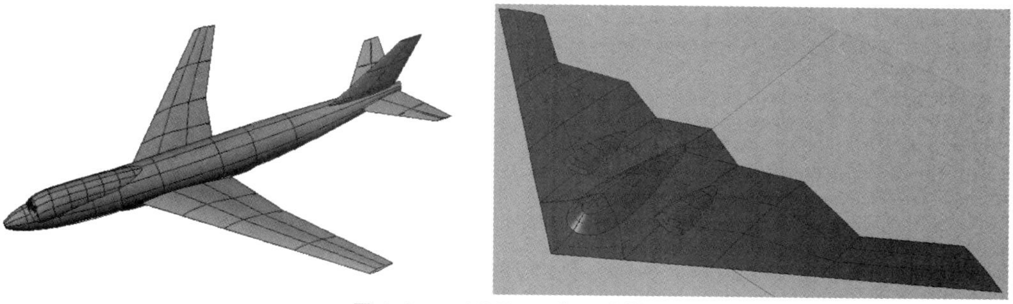

图 3.2.4　NURBS **曲面建模**

NURBS 曲面的数学表达式如下:

$$\boldsymbol{r}(u,v) = \frac{\sum_{i=0}^{n}\sum_{j=0}^{m}\alpha_{ij}\boldsymbol{P}_{ij}N_p^i(u)N_q^j(v)}{\sum_{i=0}^{n}\sum_{j=0}^{m}\alpha_{ij}N_p^i(u)N_q^j(v)} \longrightarrow \begin{cases} u \in [0,1] \\ v \in [0,1] \end{cases} \tag{3.2.1}$$

式中:$\boldsymbol{P}_{ij}$ 称为 NURBS 曲面的控制点;α_{ij} 是对应的权值。

$N_p^i(t)$、$N_q^j(t)$ 是规范化的 p、q 阶 B 样条基函数,递归定义如下,其中 t_i 称为节点:

$$\left.\begin{aligned} & N_0^i(t)=\begin{cases}1, & t_i \leqslant t \leqslant t_{i+1} \\ 0, & \text{其他}\end{cases} \\ & N_p^i(t)=\frac{t-t_i}{t_{i+p}-t_i}N_{p-1}^i(t)+\frac{t_{i+p+1}-t}{t_{i+p+1}-t_{i+1}}N_{p-1}^{i+1}(t) \\ & \text{规定}\ \frac{0}{0}=0 \end{aligned}\right\} \tag{3.2.2}$$

一般来说,在设计电磁算法的过程中需要将 NURBS 曲面转换为贝齐尔形式的曲面片,之所以要进行这样的转化,是因为在确定 NURBS 表达式的导数时缺少一种简单稳定的数值算法。NURBS 曲面可以很容易地转化为贝齐尔曲面片,使用的是 Cox-De Boor 算法,贝齐尔曲面可以看作 NURBS 曲面的特殊情况,如图 3.2.5 所示。

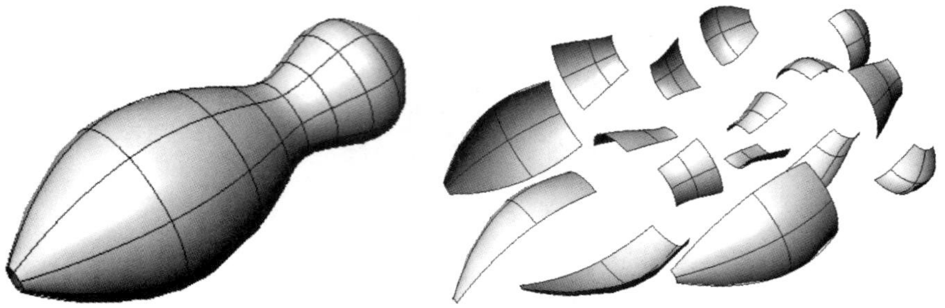

图 3.2.5 NURBS 曲面转换为贝齐尔曲面

贝齐尔曲面相应的定义如下：

$$\boldsymbol{r}(u,v)=\frac{\sum_{i=0}^{n}\sum_{j=0}^{m}\alpha_{ij}\boldsymbol{P}_{ij}B_n^i(u)B_m^j(v)}{\sum_{i=0}^{n}\sum_{j=0}^{m}\alpha_{ij}B_n^i(u)B_m^j(v)}\longrightarrow\begin{cases}u\in[0,1]\\v\in[0,1]\end{cases}\tag{3.2.3}$$

式中：$\boldsymbol{P}_{ij}$是贝齐尔曲面的控制点；α_{ij}是对应的权值；$B_n^i(u)$、$B_m^j(v)$是n、m阶伯恩斯坦基函数。

对于所有的整数$n(n\neq0)$的n阶伯恩斯坦基函数$B_n^i(t)$定义如下：

$$B_n^i(t)=\frac{n!}{i!\ (n-i)!}t^i\ (1-t)^{n-i}\tag{3.2.4}$$

通过 NURBS 建模方法得到的模型使用的单元少而模拟精度比较高。由于目前大多数 CAD 软件都支持使用 NURBS 曲面的建模，所以使用标准格式的 CAD 文件（如 step、stl、csv 等）可以实现导入和导出，有利于进行二次建模。解析几何体可以看作是 NURBS 曲面的特例，而使用 CAD 工具，可以很容易地将 NURBS 曲面进行剖分，转换为平面片模型，如图 3.2.6 所示。缺点是计算电磁学算法中所有参数都需要使用数值方法获得，数值计算的稳定性需要深入地进行考虑。

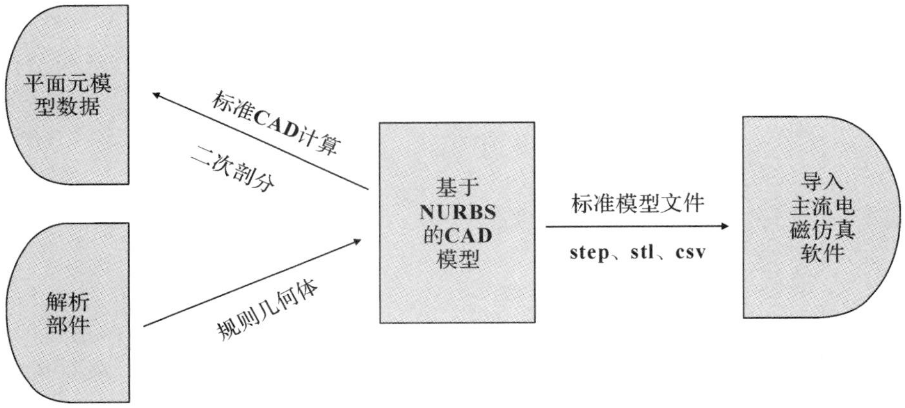

图 3.2.6 NURBS 建模的特点

使用 NURBS 建模的模型，模型文件记录曲面的控制点和权值等信息，通过参数域的微分几何方法计算相关的几何信息，并配合 CEM 算法设置电磁参数，最终完成计算。使用基于 NURBS 曲面建模技术的各种电磁计算方法还在深入的研究中，NURBS 有很多配套的高级技术，它们与电磁算法之间的关系还需要进行研究，而相同的目标可以使用多种曲面的组合获得，这也是值得考虑的方面。

3.3 UTD 方法中使用的建模方法

前面介绍的三种建模方式，原则上都可以在 UTD 方法中使用，但是由于面元分解法的单元小、数目多，不利于发挥 UTD 方法的射线传播特点，所以通常不会使用。UTD 方法中常用的是后两种建模方法，各自成为板、柱、锥 UTD 方法（解析的 UTD 方法）以及 NURBS 建模的 UTD 方法（NURBS - UTD 方法）。这两种方法解决的基本问题相同，只是数值手段不同，在工程中的应用各有优势，可以按照具体情况选取。

解析的 UTD 方法是工程上比较成熟的方法，利用板、柱、锥几何体的解析表达式可以快速高效地完成基本模块的设计。当然，解析 UTD 的缺点显而易见，即模型与实际目标有差距，如图 3.3.1 所示的飞行器，其头部通常要使用圆锥或圆锥台建模，当然对于曲率变换缓慢的机身等部分或者形状规则的目标场景，如图 3.3.2 所示的场景，针对电磁兼容等特性的快速分析，使用柱、锥、板进行近似在高频情况下完全可以满足工程要求。

图 3.3.1 使用解析部件建模的飞行器模型

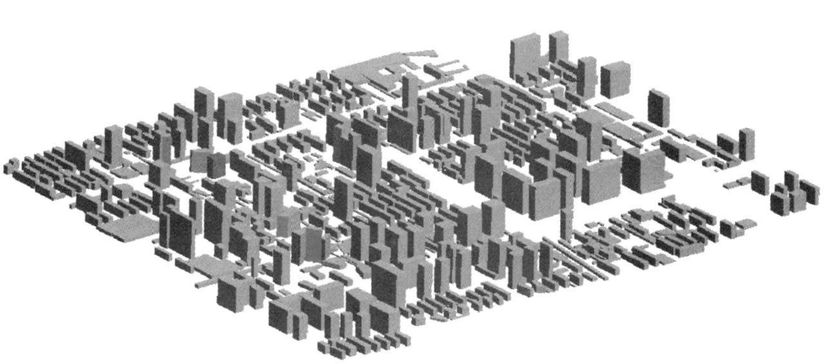

图 3.3.2 使用解析六面体建模的城市环境

NURBS－UTD 方法不会引入人为的边缘和结构突变，可以在更精细的部位上发挥作用，但是基本模块的设计需要使用各种数值手段解决，虽然建模精度较高，但是算法的稳定性和健壮性需要重点考虑。图 3.3.3 和图 3.3.4 给出了可用的 NURBS 模型。

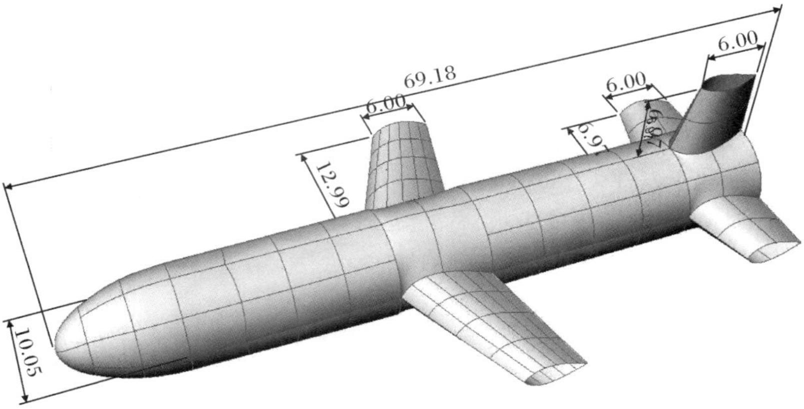

图 3.3.3　使用 NURBS 建模的飞行器

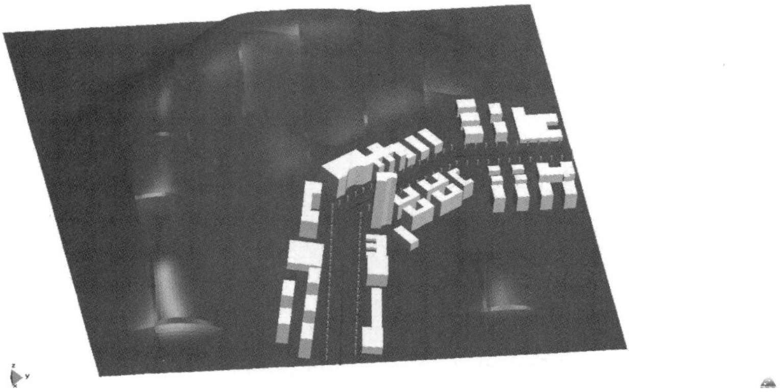

图 3.3.4　使用 NURBS 建模的起伏地形

第4章 UTD方法的射线寻迹

UTD方法是一种射线基方法，以各种几何电磁射线为基础，因此找到各种射线的行进轨迹是应用UTD方法必须解决的重要问题，这一过程不仅仅要找到射线行进的路径，而且要得到各种作用点(如反射点、绕射点)处散射体的各种几何信息，为电磁场的求解打好基础。本章我们对射线寻迹进行详细的介绍。

4.1 射线寻迹

在计算机图形学领域，Ray Tracing (射线寻迹、射线追踪)技术已经有了很长时间的发展，应用也比较多。其基本思想是用射线来对光进行建模，从观察者(摄像机)向场景射出一系列的射线，每个像素一根。这些射线遇到不同的材质会发生镜面反射、漫反射、折射等，最后通过一系列的递归计算得到这个像素的最终颜色，这很接近弹跳射线法的思路。

这样的射线追踪能够生成比较逼真的图像，但是它没有办法处理光的偏振、干涉和衍射。在用于计算机图形学的射线追踪里面，每根射线只有一个属性——颜色(通常表示为R、G、B三原色的强度)。目前图形学的射线追踪已经比较成熟，可以进行各种三维变换矩阵、向量运算、射线与几何元素求交点等操作，能够渲染出不错的效果。

射线寻迹(射线追踪)也应用于CEM中，在GO、PO、UTD、SBR这样的高频电磁计算方法中都起到了比较重要的作用，基础原理是认为电磁波在空间的传播是以直射、反射、折射和绕射等方式进行的。与计算机图形学中的射线追踪相比较，共同点是光也是电磁波，原理类似，区别是计算机图形学的射线携带三原色强度，计算电磁学的射线携带电磁场。

在UTD方法中，当电磁源照射一个复杂的散射体时，会有各种各样的射线产生，如反射射线和绕射射线等。此时的射线寻迹也就是确定从源点发出并与散射体作用之后到达场点的射线的传播路径。根据选择的建模方法不同，具体的寻迹实现方法有所不同，解析的UTD方法进行解析或半解析求解，NURBS-UTD方法使用数值求解。不论哪种方法，其必须遵循的基本规则是费马原理(见图4.1.1)。

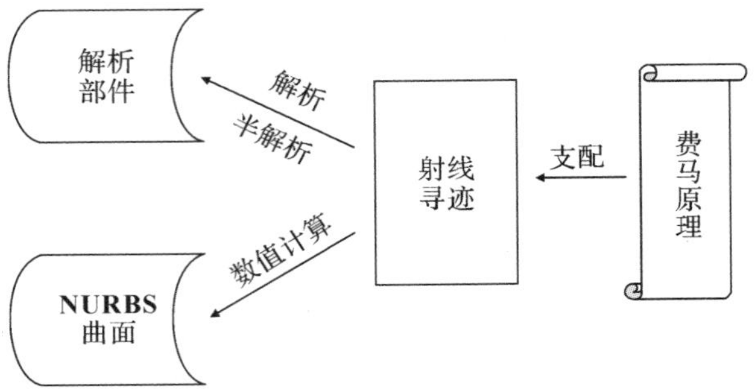

图 4.1.1 费马原理支配下的射线寻迹

4.2 费马原理

4.2.1 物理学中的费马原理

早在16世纪,荷兰物理学家斯涅尔就发现了折射定律,到了17世纪,法国数学家费马进一步提出了费马原理,当时他称之为“最小时间原理”,内容是:光总是选择耗时最少的路径传播。可以引申为以下两点。

(1)光走极值路径。

(2)在两点之间运行光线的轨迹就是对于微小的光程变化取驻定值的曲线,或者说两点间的射线是使得光程取极值的曲线。这里的极值一般是取极小值,但是有时也可以是极大值,甚至是函数的拐点。

费马原理更准确地应该称之为“平稳时间原理”,因为在某些特殊的场合,光可能会沿着时间最长或者时间拐点路径传播,也就是时间的一阶导数为零的路径。以此描述,光线沿其实际路径从一个点到另一个点的传播时间相对于该路径的微小变化是平稳的。这里的“平稳”可以理解为取一阶导数为0,它可以是极大值、极小值抑或是拐点。关于这个“时间平稳”的更严格表述,需要用到变分与泛函的知识,限于知识面这里就不展开讨论了。但对几何光学来说,能够理解极值的表述已经足够了。

费马原理虽然只适用于几何光学中,但是在其他领域同样起着指导作用,比如约翰·伯努利曾经借助这个思想,成功地解决了最速降线问题。有了费马原理的思想,再经过多位数学家和物理学家的推进,在18世纪发展出“最小作用量原理”。最小作用量原理的一个表述版本是:对于所有的自然现象,作用量总是趋向于最小值。

最小作用量原理是一个应用极其丰富的原理。我们在物理学的各个领域,都可以找到最小作用量原理的影子,比如:拉格朗日力学就是基于最小作用量原理建立的;费曼发明的路径积分,以优美的形式解释了量子力学的波动性和粒子性,其灵感正是来源于最小作用量原理。

(1)当最小作用量原理应用于机械系统时,就得到该系统的运动方程,比如一条两头悬挂的铁链,铁链的形状总是使得整条铁链的重力势能最低(见图4.2.1)。

图 4.2.1　**重力势能最低的铁链**

(2)当把最小作用量原理应用于能量系统时，就得到了能量最低原理，也就是一个系统的能量越低越稳定，该原理不仅在经典力学中成立，在量子力学和相对论力学中也有着重要的应用。量子力学的原子模型中，核外电子处于基态时原子最稳定(见图 4.2.2)，此时核外电子的能量最低。当原子核中的平均核子质量最低时，原子核最稳定，在所有原子中铁的平均核子质量最低，因此铁的原子核最稳定，所有聚变反应与裂变反应都是朝着铁进行的。

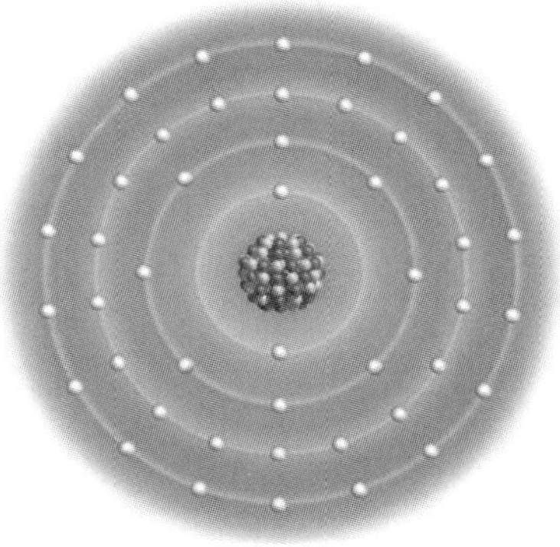

图 4.2.2　**处于基态的稳定原子**

(3)太阳系和银河系之所以都成扁平状，是因为在引力势能和动能的共同作用下，该形状的能量最低也最稳定(见图 4.2.3)。

图 4.2.3　**稳定的扁平状星系**

(4)在量子力学的双缝干涉(见图 4.2.4)实验中,用光的粒子性解释总有些违背常理的地方,而费曼积分解释到,光子会走所有的路径,但并不是所有路径的概率都相同,其中一些路径会相互叠加抵消,最终剩下的就是光子实际走的路径。

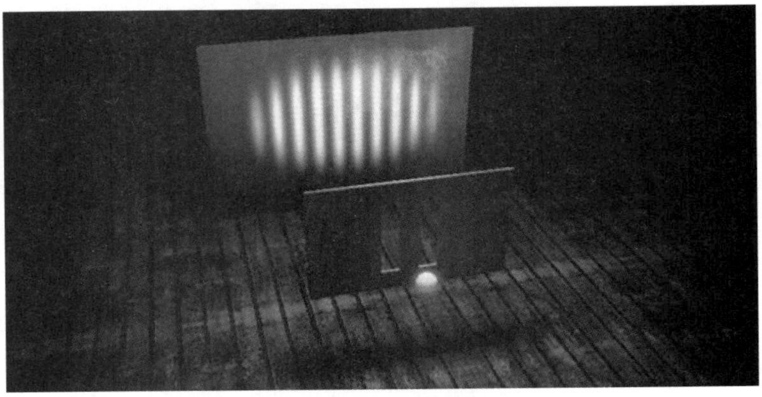

图 4.2.4　双缝干涉

(5) 生物学家通过对火蚁的行为进行研究,发现火蚁在通过两种不同介质的表面时,它们趋向于选择耗时最短的路径,而不是距离最短的路径;研究人员还解释到,火蚁依靠化学痕迹确定路线,在长期的进化过程中,火蚁会集中形成最佳路径(见图 4.2.5),以此节省爬行时间和能量。火蚁这种选择最短时间路线的现象,类似于物理学中光的折射,也就是光在斜着穿过两种透明介质的交界处时,其传播方向会发生变化,并满足折射定律。

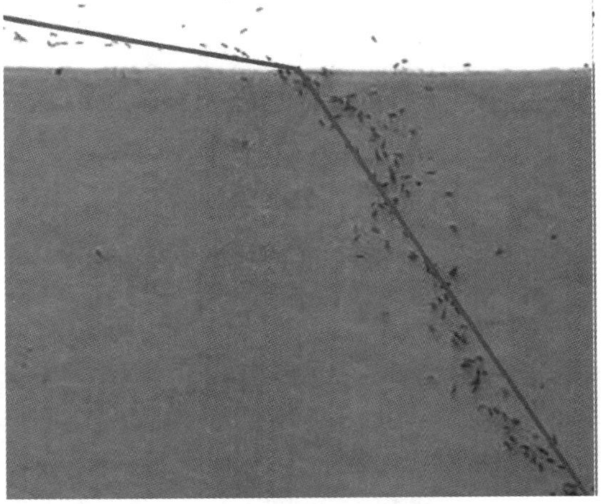

图 4.2.5　火蚁的最佳路径

4.2.2　UTD 方法中的费马原理

几何光学假设高频电磁场是沿着满足费马原理的射线路程传播的,要确定各种射线所携带的电磁场对某一观察点的总场的贡献,首先要根据费马原理或者广义费马原理确定各种射线的传播路程。

费马原理是几何光学的基本定理,用微分或变分法可以从费马原理导出以下三个光学定律：

(1)光线在均匀介质中的直线传播。

(2)光的反射定律。

(3)光的折射定律(斯涅尔定律)。

1. 光的直线传播

下面引入光程长度或光程的概念，所谓光程就是沿光路径 l 从出发点 P_0 到观察点 P 的积分 $\int_l n\mathrm{d}s$，其中 $n=n(x,y,z)$ 是媒质的折射率。光程一般与所选的路径 l 有关。如果 l 是一条射线，根据几何光学基本公式 $n=|\nabla\varphi|$，可得

$$\int n(x,y,z)\mathrm{d}s=\varphi(P)-\varphi(P_0) \tag{4.2.1}$$

式(4.2.1)说明在两个波阵面之间沿着任何一条射线的光程都是相等的。费马原理指出：P_0 与 P 两点之间射线的实际轨迹就是对于微小的光程变化取驻定值的曲线，或者说两点之间的射线就是使光程 $\int_l n\mathrm{d}s$ 取极值的曲线。在均匀媒质中 $n(x,y,z)$ 是常数，因此光程和几何路程成正比：

$$\int_l n(x,y,z)\mathrm{d}s=n\int_l \mathrm{d}s=nL \tag{4.2.2}$$

而在两点之间直线是最短路程，因此光程必定由直线组成，也即光沿直线传播。

2. 光的反射定律

利用费马原理可以得到两种媒质界面上光线的反射和折射定律。

反射的情况如图 4.2.6 所示，在两种不同均匀媒质的界面 L 上存在一点 Q，使得从源点 R_s 到场点 R_0 的光程取极值，$\hat{\boldsymbol{n}}$ 是 Q 点的单位法向矢量，$\hat{\boldsymbol{t}}$ 是 Q 点的单位切向矢量。我们令 $\hat{\boldsymbol{r}}_1$、$\hat{\boldsymbol{r}}_2$ 为 R_sQ 和 QR_0 的单位矢量，则 R_sQ 和 QR_0 的矢量可以写成 $|\overrightarrow{R_sQ}|\hat{\boldsymbol{r}}_1$ 和 $|\overrightarrow{QR_0}|\hat{\boldsymbol{r}}_2$，根据假设可以知道光程 $|\overrightarrow{R_sQ}|+|\overrightarrow{QR_0}|$ 取极值。取 Q' 为相对 Q 的位置矢量为 $\hat{\boldsymbol{t}}\delta l$ 的点，如果 R_sQ' 和 QR'_0 的长度分别为 $|\overrightarrow{R_sQ}|+\delta s_1$ 和 $|\overrightarrow{QR_0}|+\delta s_2$，则光程长度的变化为 $\delta s_1+\delta s_2$，按照费马原理应该有

$$\delta s_1+\delta s_2=0 \tag{4.2.3}$$

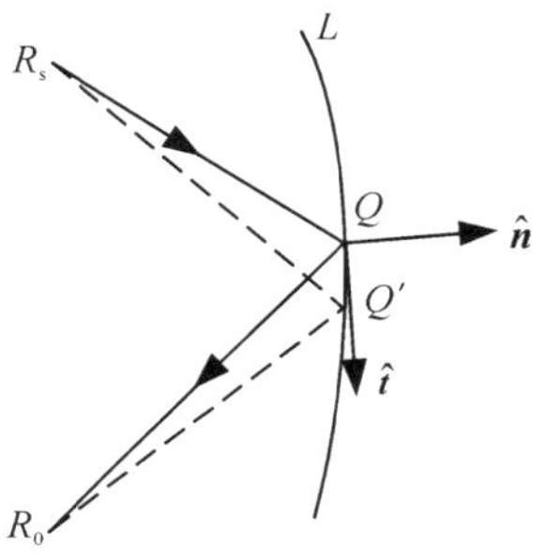

图 4.2.6　费马原理推导反射定律

另外设沿着 R_sQ' 和 QR'_0 的单位矢为 $\hat{\boldsymbol{r}}_1+\delta\hat{\boldsymbol{r}}_1$、$\hat{\boldsymbol{r}}_2+\delta\hat{\boldsymbol{r}}_2$，则有

$$\left.\begin{aligned}(|\overrightarrow{R_sQ}|+\delta s_1)(\hat{\boldsymbol{r}}_1+\delta\hat{\boldsymbol{r}}_1)=|\overrightarrow{R_sQ}|\hat{\boldsymbol{r}}_1+\hat{\boldsymbol{t}}\delta l\\(|\overrightarrow{QR_0}|+\delta s_2)(\hat{\boldsymbol{r}}_2+\delta\hat{\boldsymbol{r}}_2)=|\overrightarrow{QR_0}|\hat{\boldsymbol{r}}_2-\hat{\boldsymbol{t}}\delta l\end{aligned}\right\}\tag{4.2.4}$$

忽略二阶小量，则有

$$\left.\begin{aligned}|\overrightarrow{R_sQ}|\delta\hat{\boldsymbol{r}}_1+\delta s_1\hat{\boldsymbol{r}}_1=\hat{\boldsymbol{t}}\delta l\\|\overrightarrow{QR_0}|\delta\hat{\boldsymbol{r}}_2+\delta s_2\hat{\boldsymbol{r}}_2=-\hat{\boldsymbol{t}}\delta l\end{aligned}\right\}\tag{4.2.5}$$

分别用 $\hat{\boldsymbol{r}}_1$、$\hat{\boldsymbol{r}}_2$ 点乘式(4.2.5)，因为 $\hat{\boldsymbol{r}}\cdot\delta\hat{\boldsymbol{r}}=0$，可得

$$\left.\begin{aligned}\delta s_1=\hat{\boldsymbol{t}}\cdot\hat{\boldsymbol{r}}_1\delta l\\\delta s_2=-\hat{\boldsymbol{t}}\cdot\hat{\boldsymbol{r}}_2\delta l\end{aligned}\right\}\tag{4.2.6}$$

代入式(4.2.3)可得

$$(\hat{\boldsymbol{r}}_1-\hat{\boldsymbol{r}}_2)\cdot\hat{\boldsymbol{t}}=0\tag{4.2.7}$$

式(4.2.7)对于任意 $\hat{\boldsymbol{t}}$ 成立，因此由 $\hat{\boldsymbol{r}}_1$、$\hat{\boldsymbol{r}}_2$ 确定的平面与切平面垂直，也即入射射线、反射射线和面法线在同一平面内，并且入射射线和反射射线与法线之间的夹角相等，也就是反射定律。

3. 光的折射定律

折射定律也可以用类似的方法导出，如图 4.2.7 所示，此时源点 R_s 和场点 R_0 在界面两侧的不同媒质中。

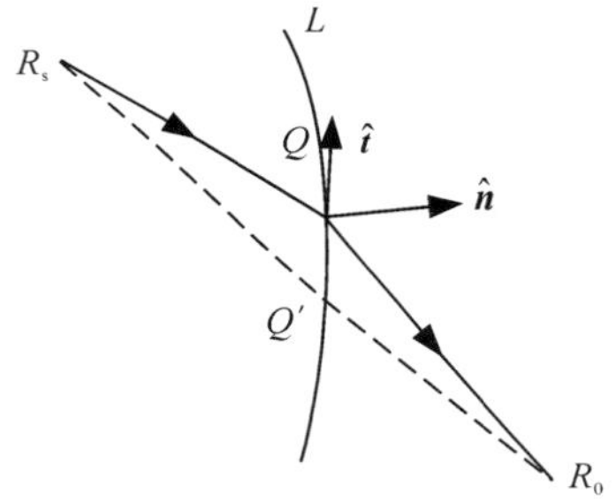

图 4.2.7　用费马原理求折射定律

在这种情况下，分别通过 Q 点和 Q' 点连接 R_s 和 R_0 的这两段光程的变化仍然可以用式(4.2.6)表示。但是由于两侧媒质的折射率不同，总光程长度的变化应该为

$$n_1\delta s_1+n_2\delta s_2=(n_1\hat{\boldsymbol{r}}_1-n_2\hat{\boldsymbol{r}}_2)\cdot\hat{\boldsymbol{t}}\delta l\tag{4.2.8}$$

由费马原理可知绕射射线路径取极值，因此 Q 点和 Q' 点的光程变化为 0，也即

$$(\hat{\boldsymbol{r}}_1-\hat{\boldsymbol{r}}_2)\cdot\hat{\boldsymbol{t}}=0\tag{4.2.9}$$

式(4.2.9)对于任意 $\hat{\boldsymbol{t}}$ 成立，因此入射射线、折射射线和面法线在同一平面内，并且

$$n_1\cos(\hat{\boldsymbol{r}}_1\cdot\hat{\boldsymbol{t}})=n_2\cos(\hat{\boldsymbol{r}}_2\cdot\hat{\boldsymbol{t}})$$

即

$$n_1\cos(\hat{\boldsymbol{n}}\cdot\hat{\boldsymbol{t}})=n_2\cos(\hat{\boldsymbol{n}}\cdot\hat{\boldsymbol{t}})\tag{4.2.10}$$

电磁波的反射和折射定律可以在平面波向平面边界入射的情况下由边界条件严格导出。在高频时，只要界面的曲率半径远大于波长，就可以把任意界面的局部视为局部的平面边界。同时由于射线上电磁场的运动规律和平面波一样，所以可以用几何光学的射线概念

得到同样的结果。

需要注意的是，由于界面两侧媒质的电参数突变，几何光学中关于媒质参数是缓慢变化的假设不再成立，所以上面的结果只能说明到达与离开界面的射线方向的规律，它不像严格解那样是研究界面附近场而得出的结果，不能用来说明界面附近的场。

4.3　点向寻迹与点对点寻迹

在 UTD 方法中，射线寻迹问题的提法是：给定发射点坐标、接收点坐标、目标环境的数学模型，找到从发射点出发在环境中行进，到达接收点电磁射线的几何路径。图 4.3.1 给出了常见的射线类型。

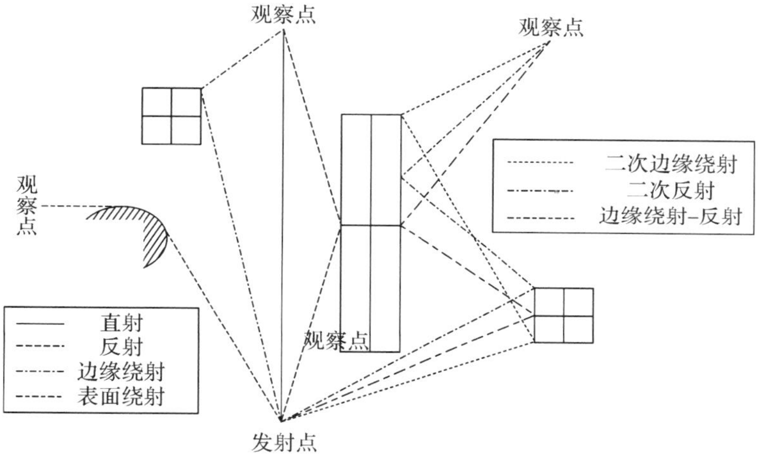

图 4.3.1　常见的射线类型

UTD 中可用的射线寻迹方法可以总结为两种，即点向寻迹方法与点对点寻迹方法。点向寻迹方法从发射点出发沿着固定方向寻找射线的轨迹，路径可能不直接通过接收点；点对点寻迹方法路径严格从发射点出发到接收点终止。

1. 点向寻迹

点向寻迹方法（也称为正向射线寻迹法）：令射线从发射点出发，沿着某一方向行进，如果遇到障碍物则按照几何光学的反射定律、透射定律、绕射定律改变方向，然后继续行进，并重复上述过程，直到满足停止条件。点向寻迹方法在设计算法时需要进行一些数值离散，优、缺点并存。

从发射点开始，首先将以发射点为中心的空间划分为许多大小相等、均匀的射线束，然后分别对每条射线束进行寻迹。由于射线沿着固定方向行进，所以散射体之后的传播方向也是固定的，所以射线不一定能够严格到达接收点。在接收点，需要建立接收球，即以接收点为球心、半径为 R 的球面。判断射线路径与接收球的相对关系，进入接收球半径范围内的射线束即认为是到达观察点的射线，所携带的射线场计入接收场点的总场，未进入接收球的射线束不计算。从发射点发出的射线管不能无限制地传播下去，因此需要设置一个场强值衰减的阈值，当该射线管携带的场强值衰减到小于这个阈值时，放弃对这条射线束的继续追踪。

点向寻迹方法的优点如下：

(1)每条射线管传播方向固定且已知，经过反射之后的射线管传播方向同样固定，射线寻迹算法设计相对容易。

(2)因为传播方向固定，所以射线传播的阶数可以做到很高，四次及以上的反射和透射都很容易设计。

(3)对于散射体数目多但光滑简单的电大环境，使用正向射线寻迹方法进行场强分布预测会比较有效率。正向射线寻迹方法在 SBR 方法中使用较多，也可以用于 UTD 方法。

点向寻迹方法的缺点是在算法设计中会引入比较多的数值离散。

数值离散 1：射线管生成数目。在发射点需要对空间进行离散以便生成射线管，如按照球坐标的经、纬度，如图 4.3.2 所示。

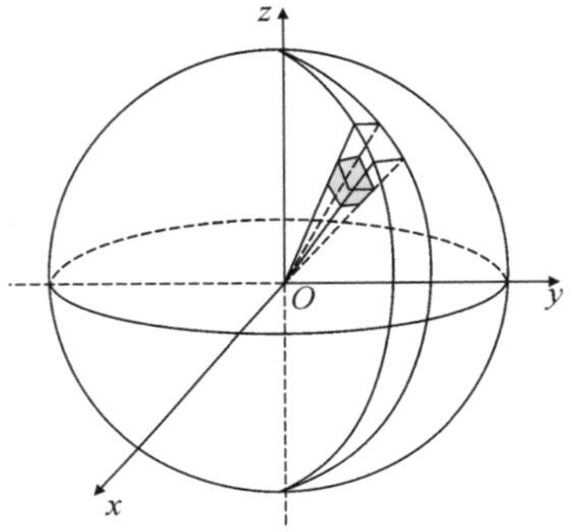

图 4.3.2　**生成球面的射线管**

缺点 1：生成的射线管数目越多，需要进行寻迹的射线路径越多，计算时间就会越长；生成的射线管数目少，可能会漏掉合理的射线路径，降低计算精度。

数值离散 2：接收球的大小。在接收点需要建立半径 R 的接收球，进入接收球范围的射线管轨迹应是对接收点有贡献的射线路径，否则舍弃，如图 4.3.3 所示。

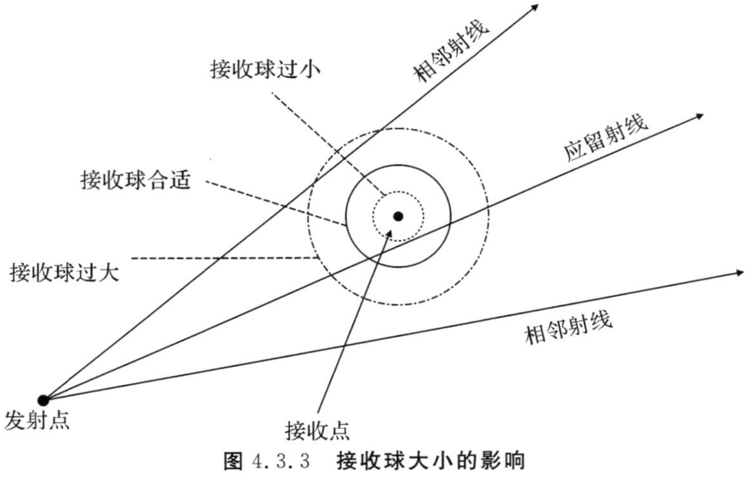

图 4.3.3　**接收球大小的影响**

缺点 2：接收球半径太大，进入接收球的射线数目多，可能会造成计算结果的跳变；接收球半径太小，则可能会因为没有射线使计算结果为零。

数值离散 3：阈值的选择。跟随射线传播的电磁场会随着距离衰减，随着反射、透射等与散射体的作用衰减，因此需要设置场强衰减的阈值，当场强衰减到阈值以下时，继续进行寻迹的意义就比较小。

缺点 3：阈值越高，计算效率越高，但是可能会降低计算精度；阈值越低，需要寻迹的射线次数越多，计算时间会比较长。

数值离散 4：射线管分裂数。根据凯勒的绕射理论，一条入射射线会激发出无数条绕射射线，与发射点处的射线管生成类似，对绕射射线需要重新生成射线管，即射线管分裂。

缺点 4 ：当射线管遇到绕射时会出现射线管分裂，分裂射线管的数量越多，需要继续进行寻迹的射线路径越多，计算时间就会越长，如果多次绕射，计算时间会急速增加。

2. 点对点寻迹

点对点寻迹方法(也称为反向射线寻迹法)：给定接收点和发射点的位置，根据费马原理寻找两点之间各种可能的射线轨迹。

相对于点向寻迹方法：点对点寻迹方法不需要在发射点生成射线管，在发射绕射时也不存在射线管的分裂；在接收点不需要设置接收球，射线严格到达接收点。缺点是射线的阶数比较难做到很高，遇到三次反射、三次绕射等射线类型，计算时间会比较长。

两种寻迹方法各有特色，本书主要介绍点对点的确定性射线寻迹方法。

4.4　点对点的直射射线

如图 4.4.1 所示，直射射线，顾名思义就是从源点发出直接到达观察点的射线，根据费马原理，在均匀媒质中它就是连接源点和观察点之间的线段，因此它的寻迹非常简单，只要保证源点和观察点之间没有受到障碍物即未被遮挡即可，直射射线场对整个 UTD 的亮区场做出了最主要的贡献。

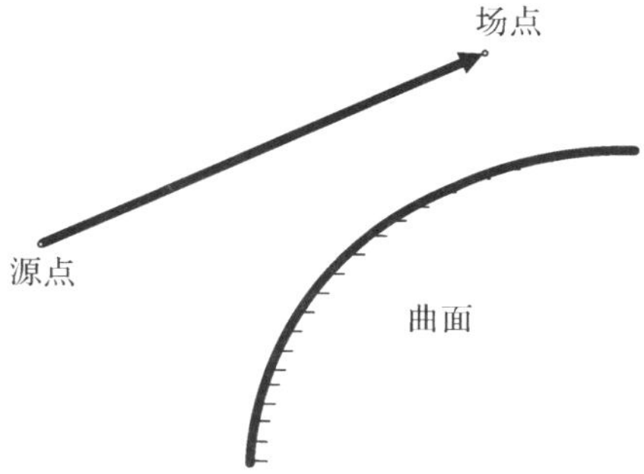

图 4.4.1　直射射线

4.5　点对点的反射射线

反射射线是从源点 R_s 发出经过几何体上某一点反射之后到达场点 R_0 的射线，它是在亮区起主要作用的射线之一，如图 4.5.1 所示，反射射线寻迹主要就是求解反射点 Q_r 的坐标。

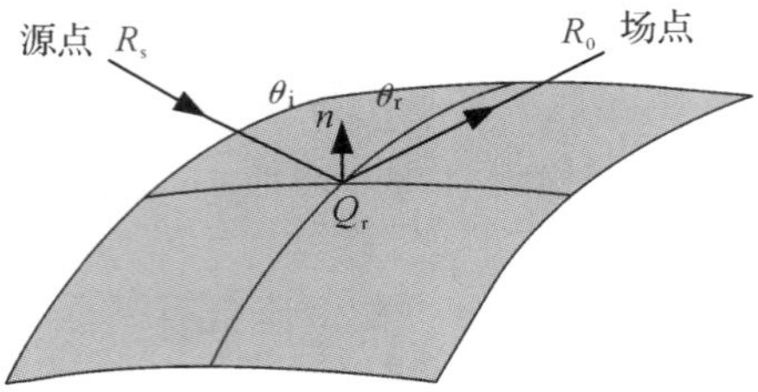

图 4.5.1 反射射线

4.5.1 解析的反射射线寻迹

1. 平板反射射线寻迹

平板反射射线寻迹使用镜像原理，源点的镜像与场点的连线与平板的交点就是反射点。如图 4.5.2 所示，已知平板顶点 A、B、C 以及源点 R_s 和场点 R_0，求解反射点 P_r。

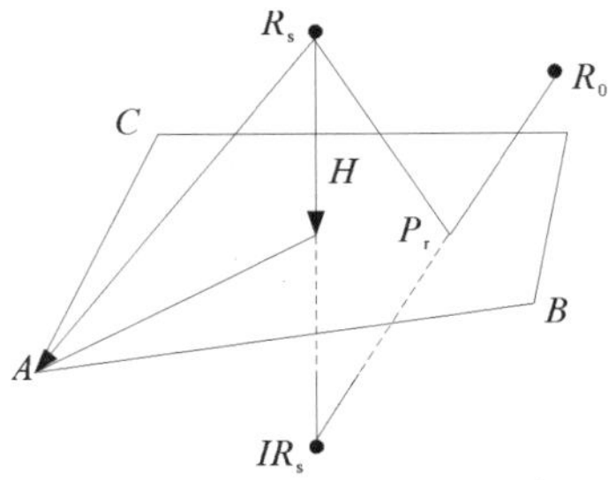

图 4.5.2 平板反射寻迹示意图

首先求出源的镜像点 IR_s，根据已知可得矢量$\overrightarrow{R_sA}$和单位矢量方向$\overrightarrow{R_sIR_s}$(面的法向矢量)，于是，$H=\overrightarrow{R_sA}\cdot\overrightarrow{R_sIR_s}$。

从而可得源点镜像点坐标的向量表示为

$$\overrightarrow{OIR_s}=\overrightarrow{OR_s}-2H\,\overrightarrow{R_sIR_s} \tag{4.5.1}$$

接下来求反射点 P_r，已知顶点 $A(x_0,y_0,z_0)$、源点镜像点 $IR_s(x_1,y_1,z_1)$和场点 $R_0(x_2,y_2,z_2)$及 A 点处平板法向矢 $\hat{\boldsymbol{n}}(a,b,c)$，于是由点法式可得平板方程：

$$a(x-x_0)+b(y-y_0)+c(z-z_0)=0 \tag{4.5.2}$$

而过源点和场点的直线方程可写为

$$\frac{x-x_1}{x_1-x_2}=\frac{y-y_1}{y_1-y_2}=\frac{z-z_1}{z_1-z_2}=t \tag{4.5.3}$$

由式(4.5.2)和式(4.5.3)可得

$$t=\frac{a(x_0-x_1)+b(y_0-y_1)+c(z_0-z_1)}{a(x_1-x_2)+b(y_1-y_2)+c(z_1-z_2)} \tag{4.5.4}$$

进而有

$$\left.\begin{aligned}x&=t(x_1-x_2)+x_1\\y&=t(y_1-y_2)+y_1\\z&=t(z_1-z_2)+z_1\end{aligned}\right\} \tag{4.5.5}$$

即得反射点坐标。

当直线与平面平行时，不存在交点。当过镜像点与场点的直线与平面垂直时，过镜像点与场点的直线方程无法写成式(4.5.3)的形式，因此我们也无法使用式(4.5.4)。当过镜像点与场点的直线与平面垂直时，若 $x_1=x_2$，则 $x=x_1$，若 $y_1=y_2$，则 $y=y_1$，若 $z_1=z_2$，则 $z=z_1$。

2. 圆柱反射射线寻迹

研究一无限圆柱（半径为 a），如图 4.5.3 所示（已假定存在反射），已知源点 R_s、场点 R_0，求解反射点 Z_r。

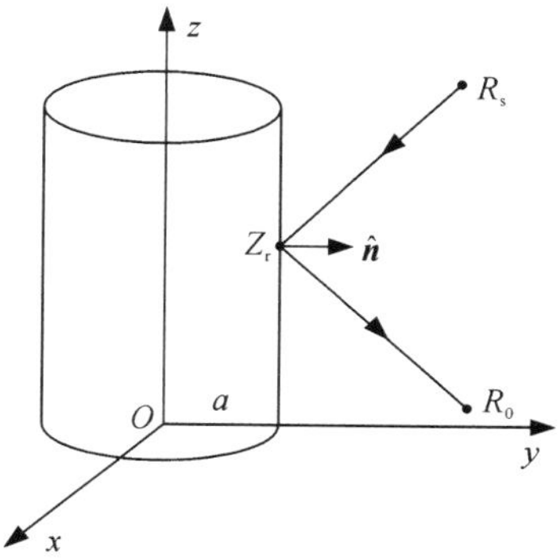

图 4.5.3　**圆柱面上的反射**

源点 R_s 和场点 R_0 使用柱坐标分别表示为 (r_1,φ_1,z_1) 和 (r_2,φ_2,z_2)，假设 Z_r 点为反射点，用柱坐标表示为待求的 (r,φ,z)，这样做的好处是可以去掉一个未知的参数，因为显然 $r=a$。

设反射射线的光程长度为 L，则有

$$L=|\overrightarrow{Z_rR_s}|+|\overrightarrow{Z_rR_0}| \tag{4.5.6}$$

其中

$$\left.\begin{aligned}\overrightarrow{Z_rR_s}&=(r_1\cos\varphi_1-a\cos\varphi)\hat{\boldsymbol{a}}_x+(r_1\sin\varphi_1-a\sin\varphi)\hat{\boldsymbol{a}}_y+(z_1-z)\hat{\boldsymbol{a}}_z\\ \overrightarrow{Z_rR_0}&=(r_2\cos\varphi_2-a\cos\varphi)\hat{\boldsymbol{a}}_x+(r_2\sin\varphi_2-a\sin\varphi)\hat{\boldsymbol{a}}_y+(z_2-z)\hat{\boldsymbol{a}}_z\end{aligned}\right\} \tag{4.5.7}$$

根据费马原理需要求解 L 的极值，有

$$\left.\begin{aligned}\frac{\partial L}{\partial\varphi}&=\frac{ar_1\sin(\varphi-\varphi_1)}{|\overrightarrow{Z_rR_s}|}-\frac{ar_2\sin(\varphi-\varphi_2)}{|\overrightarrow{Z_rR_0}|}=0\\ \frac{\partial L}{\partial z}&=\frac{(z-z_1)}{|\overrightarrow{Z_rR_s}|}-\frac{(z_2-z)}{|\overrightarrow{Z_rR_0}|}=0\end{aligned}\right\} \tag{4.5.8}$$

写出柱面上的单位法线 $\hat{\boldsymbol{n}}$，注意到它与 z 无关：

$$\hat{\boldsymbol{n}}=\cos\varphi\,\hat{\boldsymbol{a}}_x+\sin\varphi\,\hat{\boldsymbol{a}}_y \tag{4.5.9}$$

根据反射定律有

$$\frac{\overrightarrow{Z_rR_s}\cdot\hat{\boldsymbol{n}}}{|\overrightarrow{Z_rR_s}|}=\frac{\overrightarrow{Z_rR_0}\cdot\hat{\boldsymbol{n}}}{|\overrightarrow{Z_rR_0}|} \tag{4.5.10}$$

令 $\theta_1=\varphi-\varphi_1$，$\theta_2=\varphi_2-\varphi$，则有

$$\frac{r_1\cos\theta_1-a}{|\overrightarrow{Z_rR_s}|}=\frac{r_2\cos\theta_2-a}{|\overrightarrow{Z_rR_0}|} \tag{4.5.11}$$

引入归一化：

$$\bar{r}_1=\frac{r_1}{a},\ \bar{r}_2=\frac{r_2}{a},\bar{z}=\frac{z}{a},\bar{z}_1=\frac{z_1}{a},\bar{z}_2=\frac{z_2}{a} \tag{4.5.12}$$

联立可得

$$\frac{\bar{r}_1\cos\theta_1-1}{\bar{r}_1\sin\theta_1}=\frac{\bar{r}_2\cos\theta_2-1}{\bar{r}_2\sin\theta_2} \tag{4.5.13}$$

由于 $\theta_2=(\varphi_2-\varphi_1)-\theta_1$，于是有

$$\bar{r}_1\sin\theta_1-\bar{r}_2\sin[(\varphi_2-\varphi_1)-\theta_1]=\bar{r}_1\bar{r}_2\sin[2\theta_1-(\varphi_2-\varphi_1)] \tag{4.5.14}$$

化简归并得

$$\begin{aligned}&[\bar{r}_1+\bar{r}_2\cos(\varphi_2-\varphi_1)-2\bar{r}_1\bar{r}_2\cos(\varphi_2-\varphi_1)\cos\theta_1]\sin\theta_1\\=&\bar{r}_2\sin(\varphi_2-\varphi_1)\cos\theta_1-2\bar{r}_1\bar{r}_2\sin(\varphi_2-\varphi_1)\cos^2\theta_1+\bar{r}_1\bar{r}_2\sin(\varphi_2-\varphi_1)\end{aligned} \tag{4.5.15}$$

令

$$x=\cos\theta_1$$

则

$$\sin\theta_1=\sqrt{1-x^2}$$

于是得到

$$\begin{aligned}&4\bar{r}_1{}^2\bar{r}_2{}^2x^4-4\bar{r}_1\bar{r}_2[\bar{r}_1\cos(\varphi_2-\varphi_1)+\bar{r}_2]x^3+\\&[\bar{r}_1{}^2+\bar{r}_2{}^2+2\bar{r}_1\bar{r}_2\cos(\varphi_2-\varphi_1)-4\bar{r}_1{}^2\bar{r}_2{}^2]x^2+\\&2\bar{r}_1\bar{r}_2[2\bar{r}_1\cos(\varphi_2-\varphi_1)+\bar{r}_2+\bar{r}_2\cos^2(\varphi_2-\varphi_1)]x+\\&\{\bar{r}_1{}^2\bar{r}_2{}^2\sin^2(\varphi_2-\varphi_1)-[\bar{r}_1+\bar{r}_2\cos(\varphi_2-\varphi_1)]^2\}\\=&0\end{aligned} \tag{4.5.16}$$

由式(4.5.16)即可求出 θ_1、φ、θ_2。

根据式(4.5.11)和式(4.5.16)可得

$$z=\frac{[r_2\cos(\varphi_2-\varphi)-a]z_1+[r_1\cos(\varphi_1-\varphi)-a]z_2}{r_2\cos(\varphi_2-\varphi)+r_1\cos(\varphi_1-\varphi)-2a} \tag{4.5.17}$$

归结起来，式(4.5.16)和式(4.5.17)就构成了圆柱面上反射点的解析表示式。对于有限长圆柱，只需加入约束条件 $z\subseteq[z_{\text{up}},z_{\text{down}}]$即可。

上述公式利用函数极值的原理求得了光程函数的极点，还需要根据“最短路径”和“反射定律”这两个方面进行判断，做出取舍。

3. 圆锥反射射线寻迹

圆锥同样是二次的解析曲面，推导思路与圆柱相类似，如图 4.5.4 所示，研究半锥角为 θ_0、高度为 z_0、底面半径为 a 的圆锥(已假定存在反射)，需要指出的是 $a=z_0\tan\theta_0$，已知源点 R_s 和场点 R_0，求解反射点 Z_r。

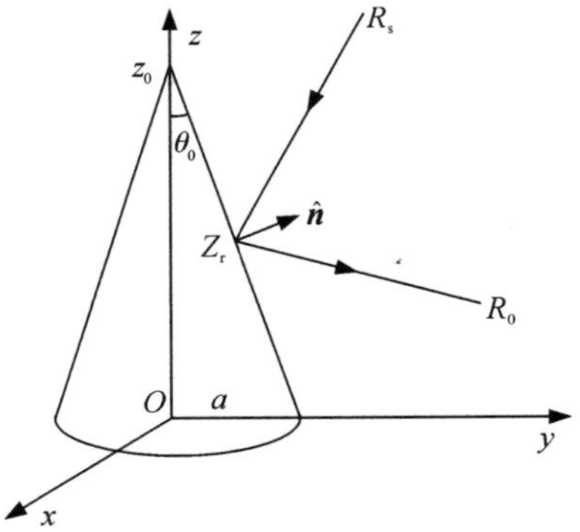

图 4.5.4　圆锥面上的反射

使用球坐标表示源点、场点为 $R_s(r_1,\theta_1,\varphi_1)$和 $R_0(r_2,\theta_2,\varphi_2)$，令反射点为 Z_r，使用柱坐标表示为待求的(ρ,φ,z)，这样做的好处是可以去掉一个未知的参数，因为显然 $\rho=(z_0-z)\tan\theta_0$。

设反射射线的光程长度为 L，即

$$L=|\overrightarrow{Z_rR_s}|+|\overrightarrow{Z_rR_0}| \tag{4.5.18}$$

其中

$$\left.\begin{aligned}\overrightarrow{Z_rR_s}=&[r_1\cos\varphi_1\sin\theta_1-(z_0-z)\tan\theta_0\cos\varphi]\hat{\boldsymbol{a}}_x+\\&[r_1\sin\varphi_1\sin\theta_1-(z_0-z)\tan\theta_0\sin\varphi]\hat{\boldsymbol{a}}_y+\\&[r_1\cos\theta_1-z]\hat{\boldsymbol{a}}_z\\\overrightarrow{Z_rR_0}=&[r_2\cos\varphi_2\sin\theta_2-(z_0-z)\tan\theta_0\cos\varphi]\hat{\boldsymbol{a}}_x+\\&[r_2\sin\varphi_2\sin\theta_2-(z_0-z)\tan\theta_0\sin\varphi]\hat{\boldsymbol{a}}_y+\\&[r_2\cos\theta_2-z]\hat{\boldsymbol{a}}_z\end{aligned}\right\} \tag{4.5.19}$$

应用费马原理可知需要求解 L 的极值，即

$$\left.\begin{aligned}\frac{\partial L}{\partial z}=0\\\frac{\partial L}{\partial\varphi}=0\end{aligned}\right\} \tag{4.5.20}$$

最终可以得到圆锥面上反射射线寻迹的解析公式为

$$\begin{aligned}&[2AE\cos(\varphi_1+\varphi_2)\cos\varphi+AF\cos\varphi_1+CD\cos\varphi_2]\sin\varphi\\=&2AE\cos^2\varphi\sin(\varphi_1+\varphi_2)+(AF\sin\varphi_1+CD\sin\varphi_2)\cos\varphi-AE\sin(\varphi_1+\varphi_2)\end{aligned} \tag{4.5.21}$$

其中

$$\left.\begin{aligned}A&=r_1\sin\theta_1\\B&=r_1\sin\theta_1\cos\theta_0\\C&=(r_1\cos\theta_1-z_0)\sin\theta_0\\D&=r_2\sin\theta_2\\E&=r_2\sin\theta_2\cos\theta_0\\F&=(r_2\cos\theta_2-z_0)\sin\theta_0\end{aligned}\right\} \tag{4.5.22}$$

如果令 $\cos\varphi=x$，则 $\sin\varphi=\sqrt{1-x^2}$，于是 x 的解析解为

$$\begin{aligned}&4(AE)^2x^4+4(AE)(AF\cos\varphi_2+CD\cos\varphi_1)x^3+\\&[(AF)^2+(CD)^2-4(AE)^2+2(AF)(CD)\cos(\varphi_1-\varphi_2)]x^2-\\&2(AE)[AF\cos\varphi_2+CD\cos\varphi_1+AF\cos\varphi_1\cos(\varphi_1+\varphi_2)+CD\cos\varphi_2\cos(\varphi_1+\varphi_2)]x+\\&[(AE)^2\sin^2(\varphi_1+\varphi_2)-(AF\cos\varphi_1+CD\cos\varphi_2)^2]=0\end{aligned} \tag{4.5.23}$$

而另外一个个坐标 z 的表达式为

$$z=-\cos^2\theta_0\cdot\left[\frac{\begin{aligned}&\{[r\tan\theta_0\sin\theta_1\cos(\varphi-\varphi_1)-z_0\tan^2\theta_0-r_1\cos\theta_1]\cdot\\&[r_2\sin\theta_2\cos\theta_0\cos(\varphi-\varphi_2)+(r_2\cos\theta_0-z_0)\sin\theta_0]+\\&[r_2\tan\theta_0\sin\theta_2\cos(\varphi-\varphi_2)-z_0\tan^2\theta_0-r_2\cos\theta_2]\cdot\\&[r_1\sin\theta_1\cos\theta_0\cos(\varphi-\varphi_1)+(r_1\cos\theta_1-z_0)\sin\theta_0]\}\end{aligned}}{\begin{aligned}&[r_1\sin\theta_1\cos\theta_0\cos(\varphi-\varphi_1)+(r_1\cos\theta_1-z_0)\sin\theta_0]+\\&[r_2\sin\theta_2\cos\theta_0\cos(\varphi-\varphi_2)+(r_2\cos\theta_2-z_0)\sin\theta_0]\end{aligned}}\right] \tag{4.5.24}$$

4.5.2 参数曲面的反射射线寻迹

采用参数曲面建模的 NURBS - UTD 方法，反射射线的寻迹采用数值优化的方法，将反射路径长度作为目标函数，已知控制点坐标和权值、源点坐标和场点坐标，求反射点坐标，如图 4.5.1 所示。反射射线的寻迹算法具体可以分为如下几个步骤：

(1)若一个曲面上可能存在反射，进入下一步，一般来说，只有从源点和场点看过去都可见的曲面才可能发生反射。

(2)对于一个可能发生反射的曲面 $\boldsymbol{r}(u,v)$，根据费马原理，需要将射线路径的总长度函数作为数值优化的目标函数。这里将所有的点坐标用对应的坐标矢量表示，所需要的目标函数可以写为如下形式：

$$d(u,v)=d_1(u,v)+d_2(u,v)=|\boldsymbol{r}(u,v)-\boldsymbol{R}_s|+|\boldsymbol{r}(u,v)-\boldsymbol{R}_0| \tag{4.5.25}$$

式中：第一项是从源点 R_s 到参数曲面上一点 $\boldsymbol{r}(u,v)$ 的距离；第二项是场点 R_0 到参数曲面上该点的距离。

对式(4.5.25)进行优化可以得到一组参数坐标(u_0,v_0)，相应可以得到一个三维坐标点 $\boldsymbol{r}(u_0,v_0)$ 作为反射点的候选，优化算法可以选用各种优化方法，如共轭梯度法。

(3)在上一步中得到一个优化结果之后，需要对其进行检验以判断其是否可以成为反射点，也即反射定律要求的两个方面：

1)入射射线与反射射线以及法线在同一平面上；

2)入射角等于反射角。

(4)进行遮挡情况的判断，确保射线路径能够成立，具体判断方法在后面给出。

4.6 点对点的边缘绕射射线寻迹

边缘绕射射线是从源点 R_s 发出经过边缘上某一点绕射之后到达场点 R_0 的射线，边缘可以是一条直边、一条平面曲边或一条非平面曲边。边缘绕射射线在亮区、暗区对总场都有较大的贡献。如图 4.6.1 所示，边缘绕射射线的寻迹主要就是求解绕射点 D_c。

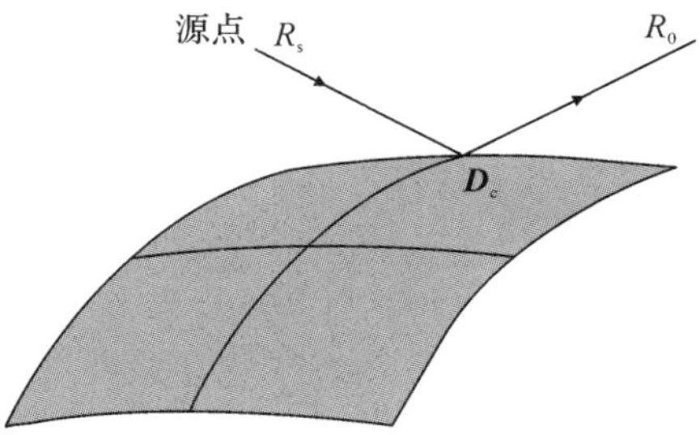

图 4.6.1 边缘绕射射线

4.6.1 解析的边缘绕射射线寻迹

能够进行解析寻迹的边缘绕射，主要指的是直的边缘，如六面体的棱边。如图 4.6.2 所示，已知平板顶点 A、B 以及源点和场点坐标，直边缘绕射射线的寻迹可以分为下面几步：

(1)利用矢量$\overrightarrow{AB}$、$\overrightarrow{AR_s}$ 可求得距离 S_p；

(2)利用矢量$\overrightarrow{AB}$、$\overrightarrow{AR_0}$ 可求得距离 S_0；

(3)利用角度 β 相等可得

$$\tan\beta=\frac{S_0}{S_1} \text{和} \tan\beta=\frac{S_p}{S_2} \tag{4.6.1}$$

$$S_{op}=S_1+S_2 \tag{4.6.2}$$

于是

$$S_2=\frac{S_{op}S_p}{S_0+S_p} \tag{4.6.3}$$

进而,绕射点的位置矢量表示为

$$\overrightarrow{OP_d}=\overrightarrow{OA}+(\overrightarrow{AS}\cdot\overrightarrow{AB}+S_2)\overrightarrow{AB} \tag{4.6.4}$$

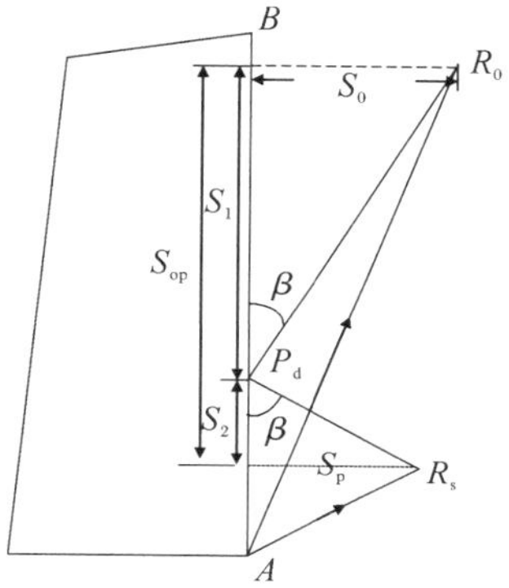

图 4.6.2　直边缘射射线示意图

4.6.2　参数曲面的边缘绕射射线寻迹

根据费马原理,使用简单的数值搜索就可以解决 NURBS - UTD 方法的边缘绕射射线寻迹算法。已知的是边缘曲线的控制点和权值以及边缘所在曲面的控制点和权值。

给定源点 R_s 和场点 R_0,以及边缘的参数曲线 $\boldsymbol{C}(t)$,如图 4.6.1 所示,根据费马原理,如果路径 $|\boldsymbol{R}_s-\boldsymbol{D}_c|$ 与 $|\boldsymbol{D}_c-\boldsymbol{R}_0|$ 的长度之和取极小值,则可以得到一个边缘绕射点 $D_c=C(t_0)$,其中 t_0 是贝齐尔曲线上的参数坐标,算法需要的目标函数为

$$d(t)=d_1(t)+d_2(t)=|\boldsymbol{C}(t)-\boldsymbol{R}_s|+|\boldsymbol{C}(t)-\boldsymbol{R}_0| \tag{4.6.5}$$

由于目标函数是参数 t 的一维函数,所以可以选用合适的一维最优化算法,如黄金分割法。

4.7　点对点的表面绕射射线寻迹

从源点发出的射线照射到光滑曲面上之后,首先会沿着射线的切平面入射,之后被限制在曲面上继续前进,并最终沿曲面切向出射到场点。这种情况下的射线就称作表面绕射射线,也称作爬行波射线(见图 4.7.1)。表面绕射射线通常出现在光滑的凸曲面上,一条表面绕射射线在入射点略入射到曲面并在曲面上沿测地线运行,最后在点沿切向出射。表面绕射射线的

射线寻迹主要是求解表面绕射射线路径上的入射点、出射点以及两点之间的测地线。

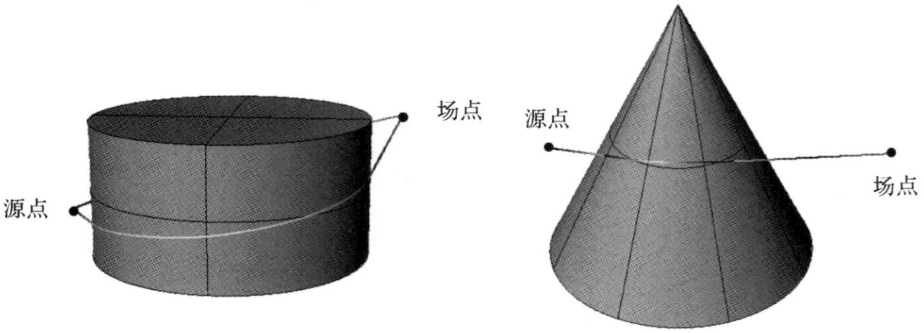

图 4.7.1 表面绕射射线或爬行波射线

测地线又称大地线或短程线，可以定义为空间中两点的局域最短或最长路径。测地线(Geodesic)的名字来自于对于地球尺寸与形状的大地测量学(Geodesy)。通俗地讲，测地线是局部最短的线，是最直的线。比如平面上直线是测地线，球面上大圆是测地线，对于可展曲面，展开平面上的测地线为直线，对于不可展曲面，展开平面上的测地线接近直线。测地线就是在一个三维物体的表面上找出两个点的最短距离。测地线的具体应用广泛，如飞机、船只的航道设计。

4.7.1 解析的表面绕射射线寻迹

解析的 UTD 方法之所以选取柱、锥等作为基本几何体，不仅因为它们的解析表达式，还因为它们在微分几何上都是可展曲面，展开后可以解决曲面上的很多几何问题。可以证明，在曲面展开后，可展曲面上的测地线(短程线)就变成一条直线，这样测地线的两个端点就可以由展开图求得，再将它们变换到实际曲面上。

1. 圆柱表面绕射射线

研究半径为 a 的圆柱，底面中心在原点，轴线在 z 轴，如图 4.7.2 所示，已知源点和场点坐标，求解绕射射线路径上的入射点 $S_{d1}(S_{g1})$ 和出射点 $S_{d2}(S_{g2})$ 。

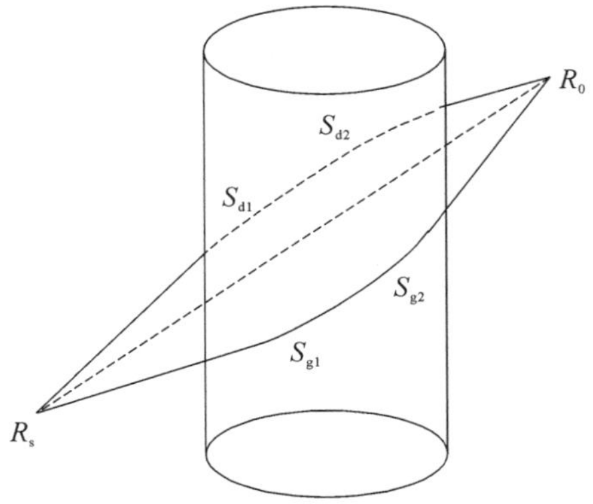

图 4.7.2 圆柱绕射射线

求绕射点使用柱坐标比较方便，将各点向 xOy 面投影，如图 4.7.3 所示。

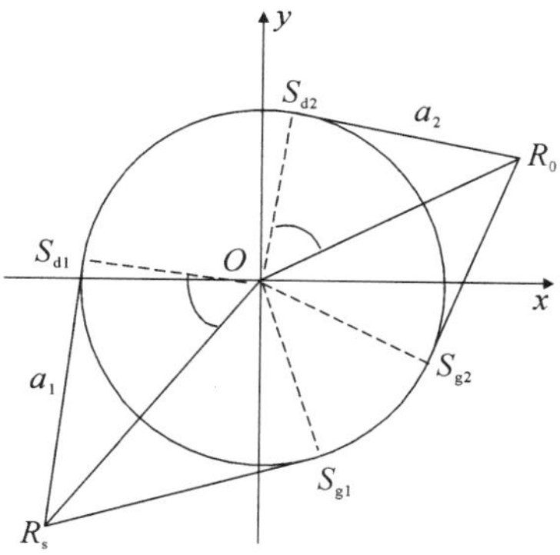

图 4.7.3　圆柱绕射点投影示意图

取柱坐标为 $R_s(\rho_1,\varphi_1,z_1)$、$R_0(\rho_2,\varphi_2,z_2)$，设绕射点分别为 $S_{d1}(\rho_3,\varphi_3,z_3)$、$S_{d2}(\rho_4,\varphi_4,z_4)$。

(1) 求 ρ。

$$\rho_3=\rho_4=a$$

(2) 求 φ(S_{d1}、S_{d2}对应的极坐标)。

顺时针绕射点 S_{d1}：

$$\varphi_3=\varphi_1-\arctan\left(\frac{a_1}{r}\right)$$

逆时针绕射点 S_{g1}：

$$\varphi_3=\varphi_1+\arctan\left(\frac{a_1}{r}\right)$$

顺时针绕射点 S_{d2}：

$$\varphi_4=\varphi_2+\arctan\left(\frac{a_2}{r}\right)$$

逆时针绕射点 S_{g2}：

$$\varphi_4=\varphi_2-\arctan\left(\frac{a_2}{r}\right)$$

(3) 求坐标 z。以顺时针绕射点为例，根据微分几何，圆柱面是典型的可展曲面，简单来讲就是沿圆柱的母线切开，圆柱面可以平铺为平面，如图 4.7.4 所示，曲面上各点随之展开。

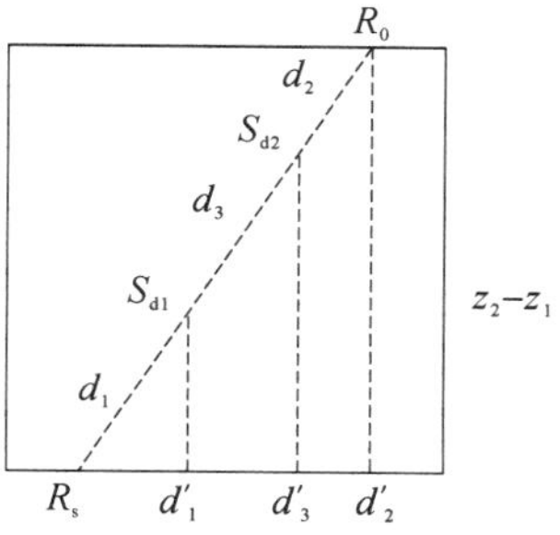

图 4.7.4　圆柱展开面

图中的 d 以及 d' 表示长度。

$$z_3 = z_1 + \frac{d_1'(z_2 - z_1)}{d_1' + d_2' + d_3'}$$

$$z_4 = z_1 + \frac{(d_1' + d_2')(z_2 - z_1)}{d_1' + d_2' + d_3'}$$

$R_s S_{d1}$ 射线长度：

$$d_1 = d_1' \sec\alpha$$

$S_{d1} S_{d2}$ 射线长度：

$$d_3 = d_3' \sec\alpha = \sqrt{(d_3')^2 + (z_4 - z_3)^2}$$

$S_{d2} R_0$ 射线长度：

$$d_2 = d_2' \sec\alpha$$

式中：$d_1' = \sqrt{{\rho_1}^2 - a^2}$；$d_2' = \sqrt{{\rho_2}^2 - a^2}$；$d_3' = a(\varphi_b - \varphi_a)$；$\alpha = \arctan\left(\frac{z_2 - z_1}{d_1' + d_2' + d_3'}\right)$。

由 S_{d1}、S_{d2} 点坐标可方便求得各点的切向矢量。

需要注意的是，如果 R_s 与 S_{d1}、R_0 与 S_{d2} 中有一对重合，那么相当于上述公式中 $d_1' = 0$ 或者 $d_2' = 0$ 的特殊情况。

圆柱另外一侧的绕射点 S_{g1}、S_{g2} 可以类似求出。需要指出的是，如果 R_s 与 P_1 或者 R_0 与 P_2 重合，则 R_s、P_1、S_{d1} 三点重合或者 R_0、P_2、S_{d2} 三点重合。

2. 圆锥(台)表面绕射射线

圆锥同样是二次的解析曲面，推导思路与圆柱相类似，取源点在圆锥外的一般情况进行讨论。如图 4.7.5 所示，设圆锥的半锥角为 θ_0，圆锥底面半径为 R，底面中心位于原点，轴线在 z 轴，注意圆锥的母线可以写为 $R/\sin\theta_0$，而锥高可以表示为 $R/\tan\theta_0$。

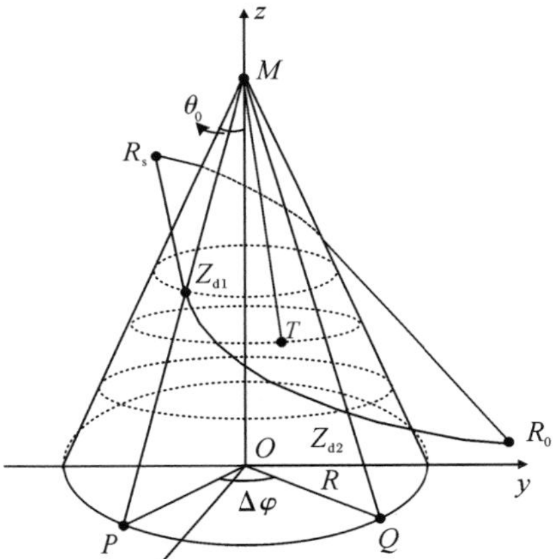

图 4.7.5 圆锥绕射

作为解析曲面，圆锥面上的任意一点 T 可以写成如下的形式：$(|\overrightarrow{MT}|\sin\theta_0\cos\varphi,\ |\overrightarrow{MT}|\sin\theta_0\sin\varphi,\ R/\tan\theta_0 - |\overrightarrow{MT}|\cos\theta_0)$，即锥面上任意一点只需要两个变量就可以表示，其中一个是该点到锥顶的距离，另一个就是该点的极角。

如果令 $l_3 = |\overrightarrow{MZ_{d1}}|$，$l_4 = |\overrightarrow{MZ_{d2}}|$，绕射路径上的入射点 Z_{d1} 和出射点 Z_{d2} 可以用上面的方法表示为

$$\left.\begin{array}{l}Z_{d1}(l_3\sin\theta_0\cos\varphi_3,\quad l_3\sin\theta_0\cos\varphi_3,\quad R/\tan\theta_0-l_3\cos\theta_0)\\ Z_{d2}(l_4\sin\theta_0\cos\varphi_4,\quad l_4\sin\theta_0\cos\varphi_4,\quad R/\tan\theta_0-l_4\cos\theta_0)\end{array}\right\}\tag{4.7.1}$$

源点和场点使用球坐标表示为 $R_s(r_1\cos\varphi_1\sin\theta_1,\ r_1\sin\varphi_1\sin\theta_1,\ r_1\cos\theta_1)$、$R_0(r_2\cos\varphi_2\sin\theta_2,\ r_2\sin\varphi_2\sin\theta_2,\ r_2\cos\theta_2)$。

对于绕射射线 $R_sZ_{d1}Z_{d2}R_0$ 来说，总光程为

$$L=|\overrightarrow{R_sZ_{d1}}|+|\overleftrightarrow{Z_{d1}Z_{d2}}|+|\overrightarrow{Z_{d1}R_0}|\tag{4.7.2}$$

其中

$$\left.\begin{array}{l}|\overrightarrow{R_sZ_{d1}}|=[(l_3\sin\theta_0\cos\varphi_{3_1}-r_1\sin\theta_1\cos\varphi_1)^2+(l_{3_1}\sin\theta_0\sin\varphi_3-r_1\sin\theta_1\sin\varphi_1)^2+\\ \qquad(R/\tan\theta_0-l_3\cos\theta_0-r_1\cos\theta_1)^2]^{\frac{1}{2}}\\ |\overrightarrow{Z_{d2}R_0}|=[(r_2\sin\theta_2\cos\varphi_2-l_4\sin\theta_0\cos\varphi_{4_1})^2+(r_2\sin\theta_2\sin\varphi_2-l_4\sin\theta_0\sin\varphi_{4_1})^2+\\ \qquad(r_2\cos\theta_2-R/\tan\theta_0+l_4\cos\theta_0)^2]^{\frac{1}{2}}\end{array}\right\}\tag{4.7.3}$$

$|\overleftrightarrow{Z_{d1}Z_{d2}}|$ 表示的是绕射路径在圆锥面上的测地线弧长，它可以在包含整个绕射线的展开面上进行求解。由于圆锥面是可展曲面，所以由源点和场点的两个切平面以及入射点和出射点之间的圆锥面组成的整个曲面是可展开的，如图 4.7.6 所示。

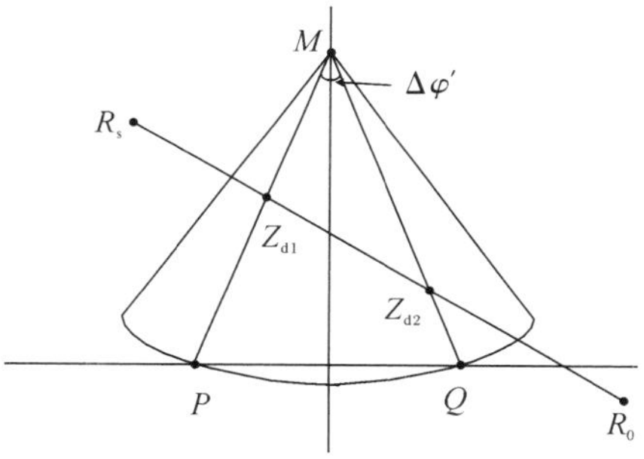

图 4.7.6　包含整条绕射射线的展开面

可以得到

$$\begin{aligned}|\overleftrightarrow{Z_{d1}Z_{d2}}|&=\sqrt{l_{1_1}{}^2+l_{2_1}{}^2-2l_{1_1}l_{2_1}\cos\Delta\varphi'}\\&=\sqrt{l_{1_1}{}^2+l_{2_1}{}^2-2l_{1_1}l_{2_1}\cos[(\varphi_{1_1}-\varphi_2)\sin\theta_0]}\end{aligned}\tag{4.7.4}$$

其中有四个变量为 l_3、l_4、φ_3、φ_4，首先看角度 φ，圆锥面上 Z_{d1}、Z_{d2} 点处的单位法线分别为

$$\left.\begin{array}{l}\hat{\boldsymbol{n}}_3=\cos\varphi_3\cos\theta_0\hat{\boldsymbol{a}}_x+\sin\varphi_3\cos\theta_0\hat{\boldsymbol{a}}_y+\sin\theta_0\hat{\boldsymbol{a}}_z\\ \hat{\boldsymbol{n}}_4=\cos\varphi_4\cos\theta_0\hat{\boldsymbol{a}}_x+\sin\varphi_4\cos\theta_0\hat{\boldsymbol{a}}_y+\sin\theta_0\hat{\boldsymbol{a}}_z\end{array}\right\}\tag{4.7.5}$$

显然 $\overrightarrow{R_sZ_{d1}}$ 和 $\overrightarrow{Z_{d2}R_0}$ 分别与圆锥面相切，所以有

$$\left.\begin{array}{l}\overrightarrow{R_sZ_{d1}}\cdot\hat{\boldsymbol{n}}_3=0\\ \overrightarrow{Z_{d2}R_0}\cdot\hat{\boldsymbol{n}}_4=0\end{array}\right\}\tag{4.7.6}$$

可以得到

$$\begin{cases}\varphi_3=\varphi_1-\arccos[(R/\tan\theta_0-r_1\cos\theta_1)\sin\theta_0/r_1\sin\theta_1\cos\theta_0]\\ \varphi_4=\varphi_2-\arccos[(R/\tan\theta_0-r_2\cos\theta_2)\sin\theta_0/r_2\sin\theta_2\cos\theta_0]\end{cases}$$

接下来，根据费马原理，需要求解 L 的极值，因此

$$\left.\begin{aligned}&\frac{\partial L}{\partial l_3}=0,\ \frac{\partial L}{\partial \varphi_3}=0\\&\frac{\partial L}{\partial l_4}=0,\ \frac{\partial L}{\partial \varphi_4}=0\end{aligned}\right\}\tag{4.7.7}$$

即

$$\left.\begin{aligned}
\frac{\partial L}{\partial l_3}=&\frac{1}{|\overrightarrow{R_sZ_{d1}}|}[l_{3_1}-r_1\sin\theta_1\sin\theta_0(\cos\varphi_1\cos\varphi_{3_1}+\sin\varphi_1\sin\varphi_{3_1})-\\
&(R/\tan\theta_0-r_1\cos\theta_1)\cos\theta_0]+\\
&\frac{1}{|\overleftrightarrow{Z_{d1}Z_{d2}}|}\{l_{3_1}-l_{4_1}\cos[(\varphi_{3_1}-\varphi_{4_1})\sin\theta_0]\}=0\\
\frac{\partial L}{\partial l_4}=&\frac{1}{|Z_{d1}R_0|}[l_4-r_2\sin\theta_2\sin\theta_0(\cos\varphi_2\cos\varphi_{B_1}+\sin\varphi_2\sin\varphi_{B_1})-\\
&(R/\tan\theta_0-r_2\cos\theta_2)\cos\theta_0]+\\
&\frac{1}{|Z_{d1}Z_{d2}|}[l_4-l_3\cos((\varphi_3-\varphi_4)\sin\theta_0)]=0\\
\frac{\partial L}{\partial \varphi_3}=&\frac{1}{|\overrightarrow{R_sZ_{d1}}|}[r_1l_3\sin\theta_1\sin\theta_0(\sin\varphi_3\cos\varphi_1-\cos\varphi_3\sin\varphi_1)]+\\
&\frac{1}{|\overleftrightarrow{Z_{d1}Z_{d2}}|}\{l_3l_4\sin\theta_0\sin[(\varphi_3-\varphi_4)\sin\theta_0]\}=0\\
\frac{\partial L}{\partial \varphi_4}=&\frac{1}{|Z_{d2}R_0|}[r_2l_4\sin\theta_2\sin\theta_0(\sin\varphi_4\cos\varphi_2-\cos\varphi_4\sin\varphi_2)]+\\
&\frac{1}{|Z_{d1}Z_{d2}|}[-l_3l_4\sin\theta_0\sin((\varphi_3-\varphi_4)\sin\theta_0)]=0
\end{aligned}\right\}\tag{4.7.8}$$

联立并进行化简可得

$$\left.\begin{aligned}l_3=\frac{(B+C)(E+F)-AD}{(A+E+F)\cos\theta_0\sin[(\varphi_3-\varphi_4)\sin\theta_0]}\\l_4=\frac{(B+C)(E+F)-AD}{(D+B+C)\cos\theta_0\sin[(\varphi_3-\varphi_4)\sin\theta_0]}\end{aligned}\right\}\tag{4.7.9}$$

其中

$$\left.\begin{aligned}
&A=r_1\sin\theta_1\cos\theta_0(\sin\varphi_1\cos\varphi_3-\cos\varphi_1\sin\varphi_3)\\
&B=r_1\sin\theta_1\cos\theta_0(\sin\varphi_1\cos\varphi_3-\cos\varphi_1\sin\varphi_3)\cos[(\varphi_3-\varphi_4)\sin\theta_0]\\
&C=(z_0-r_1\cos\theta_1)\sin[(\varphi_3-\varphi_4)\sin\theta_0]\\
&D=r_2\sin\theta_2\cos\theta_0(\sin\varphi_4\cos\varphi_2-\cos\varphi_4\sin\varphi_2)\\
&E=r_2\sin\theta_2\cos\theta_0(\sin\varphi_4\cos\varphi_2-\cos\varphi_4\sin\varphi_2)\cos[(\varphi_3-\varphi_4)\sin\theta_0]\\
&F=(z_0-r_2\cos\theta_2)\sin[(\varphi_3-\varphi_4)\sin\theta_0]
\end{aligned}\right\}\tag{4.7.10}$$

由式(4.7.7)～式(4.7.10)就可以得到入射点、出射点以及锥面上的测地线长度。对于源点在锥面上的情况只需将源点替换为入射点即可。

4.7.2　参数曲面的表面绕射射线寻迹

如果是使用 NURBS 参数曲面，凸曲面的表面射线寻迹需要采用数值计算的手段才能完成。如图 4.7.7 所示，一条爬行波绕射射线在 Q_1 点略入射到曲面并在曲面上沿测地线运行，最后在 Q_2 点沿切向出射，需要考虑的路径分为三段：第一段由源点到曲面阴影线上的一点 Q_1，第二段为曲面上从 Q_1 点到 Q_2 点的测地线，第三段是从 Q_2 点出射到场点。已知源点和场点坐标以及曲面控制点包括权值，求解 Q_1 和 Q_2 坐标，NURBS - UTD 爬行波射线的寻迹大致分为如下几个步骤：

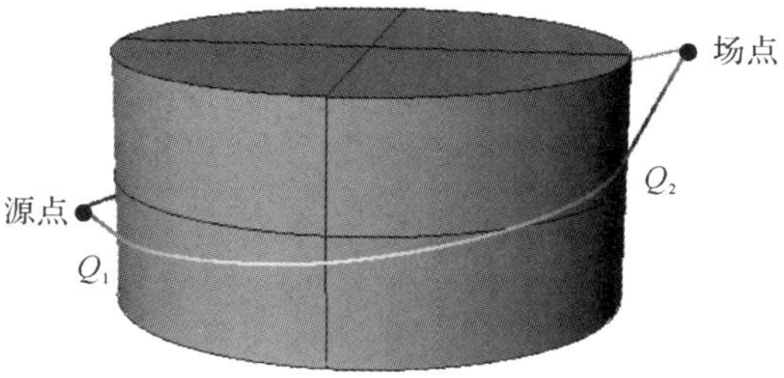

图 4.7.7　爬行波射线

(1)取目标几何体的切平面，要求切平面过源点，切平面与几何体的交线称为源点投射的阴影线，相应地可以定义场点投射的阴影线。第一步就是要确定将源点投射的阴影线上的一组离散的采样点作为接下来曲面上测地线的起始点。

对每一个初始点：

(2)根据入射方向确定曲面上相应的测地线。

(3)在有必要的情况下，确定跨越多个曲面的测地线。

(4)当测地线运行到曲面上由场点投射的阴影线处时，射线将沿切线方向离开曲面。进行必要的遮挡判断确保射线路径成立。

将步骤(2)和步骤(3)应用到步骤(1)得出的每一个起始点上，就会得到与初始点数目相同的测地线轨迹。当然，只有当其中的某一条轨迹在行进到场点投射的阴影线上可以沿切向出射时，它才是爬行射线的一部分。

1. 源点和入射点、场点与出射点都不重合

(1)算法首先需要在源点投射的阴影线上找到一组离散的点作为入射点的候选点(见图 4.7.8)，同时作为曲面上测地线的起始点，这些点在曲面上且满足下式：

$$\frac{(\boldsymbol{r}(u,v)-\boldsymbol{R}_s)}{|\boldsymbol{r}(u,v)-\boldsymbol{R}_s|}\cdot\hat{\boldsymbol{n}}(u,v)=0 \tag{4.7.11}$$

式中：u、v 是阴影线上采样点的参数坐标；$\boldsymbol{r}(u,v)$是曲面上与之相对应的位置矢量；$\boldsymbol{R}_s$ 是源点坐标矢量；$\hat{\boldsymbol{n}}(u,v)$是采样点的法向矢量。

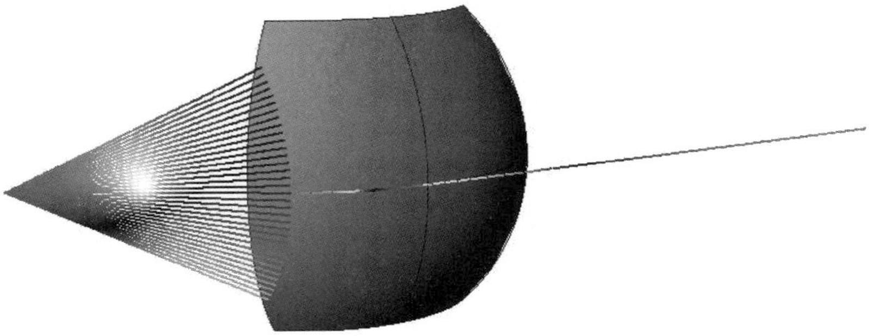

图 4.7.8 入射点的候选

这样可以得到一个目标函数 $d(u,v)$ 为

$$d(u,v)=[\boldsymbol{r}(u,v)-\boldsymbol{R}_{\mathrm{s}}]\cdot\hat{\boldsymbol{n}}(u,v) \tag{4.7.12}$$

如果这个目标函数的最小值为 0，就认为是合理的阴影点，一个合理的阴影点应该满足下面两条：

1)当 $v=$常数(constant)时，$d_{\min}(u_{\mathrm{sol}},v)=0$；

2)接下来当 $u=u_{\mathrm{sol}}$时，$d_{\min}(u_{\mathrm{sol}},v_{\mathrm{sol}})=0$。

这相当于对两个相似的一维目标函数进行优化，先要确定一个 $v=\text{constant}$ 的点，目标函数如下：

$$d(u,\text{constant})=[\boldsymbol{r}(u,\text{constant})-\boldsymbol{R}_{\mathrm{s}}]\cdot\hat{\boldsymbol{n}}(u,\text{constant}) \tag{4.7.13}$$

如果最优化得到的最小值结果 $d_{\min}(u_{\mathrm{sol}})=0$，则接下来对于 $u=u_{\mathrm{sol}}$，目标函数为

$$d(u_{\mathrm{sol}},v)=[\boldsymbol{r}(u_{\mathrm{sol}},v)-\boldsymbol{R}_{\mathrm{s}}]\cdot\hat{\boldsymbol{n}}(u_{\mathrm{sol}},v) \tag{4.7.14}$$

如果最优化得到的最小值结果 $d_{\min}(u_{\mathrm{sol}},v_{\mathrm{sol}})=0$，就可以得到阴影点$(u_{\mathrm{sol}},v_{\mathrm{sol}})$，根据采样点密度的选择可以得到阴影线上一组候选的入射点。

(2)对于上面一步得到的每一个候选的入射点，首先进行遮挡判断，确保该点与源点的连线没有被任何曲面遮挡，对于无遮挡的候选点才需要进一步考虑。

对于没有被遮挡的候选点，接下来将确定曲面上以此点为起始点沿入射方向的测地线。测地线是曲面上连接两个阴影点之间最短距离的路径，它的确定是一个微分几何问题。

图 4.7.9 曲面上的测地线

参数曲面 $\boldsymbol{r}(u,v)$ 上的测地线可以通过求解下面的非线性常微分方程得到：

$$\left.\begin{aligned}&\frac{\mathrm{d}^2u}{\mathrm{d}s^2}+R_{11}^1\left(\frac{\mathrm{d}u}{\mathrm{d}s}\right)^2+2R_{12}^1\left(\frac{\mathrm{d}u}{\mathrm{d}s}\frac{\mathrm{d}v}{\mathrm{d}s}\right)+R_{22}^1\left(\frac{\mathrm{d}v}{\mathrm{d}s}\right)^2=0\\&\frac{\mathrm{d}^2v}{\mathrm{d}s^2}+R_{11}^2\left(\frac{\mathrm{d}u}{\mathrm{d}s}\right)^2+2R_{12}^2\left(\frac{\mathrm{d}u}{\mathrm{d}s}\frac{\mathrm{d}v}{\mathrm{d}s}\right)+R_{22}^2\left(\frac{\mathrm{d}v}{\mathrm{d}s}\right)^2=0\end{aligned}\right\}\tag{4.7.15}$$

式中：s 为曲线弧长；R_{ij}^k 是第二类 Christoffel 符号，它们是 $\boldsymbol{r}$ 的各个偏导数的函数，表达式如下。

$$\left.\begin{aligned}&R_{11}^1=\frac{GE_u-2FF_u+FE_v}{\Delta},\ R_{12}^1=\frac{GE_v-FG_u}{\Delta},\ R_{22}^1=\frac{2GF_v-GG_u+FG_v}{\Delta}\\&R_{11}^2=\frac{2EF_u-EE_v-FE_u}{\Delta},\ R_{12}^2=\frac{EG_u-FE_v}{\Delta},\ R_{22}^2=\frac{EG_v-2FF_v+FG_u}{\Delta}\end{aligned}\right\}\tag{4.7.16}$$

E、F、G 是曲面的第一基本形式：

$$E=\boldsymbol{r}_u\cdot\boldsymbol{r}_u,\ F=\boldsymbol{r}_u\cdot\boldsymbol{r}_v,\ G=\boldsymbol{r}_v\cdot\boldsymbol{r}_v\tag{4.7.17}$$

E_u、E_v、F_u、F_v、G_u、G_v 是它们的导数：

$$\left.\begin{aligned}&E_u=2\boldsymbol{r}_u\cdot\boldsymbol{r}_{uu},\ E_v=2\boldsymbol{r}_u\cdot\boldsymbol{r}_{uv}\\&F_u=\boldsymbol{r}_u\cdot\boldsymbol{r}_{uv}+\boldsymbol{r}_v\cdot\boldsymbol{r}_{uu},\ F_v=\boldsymbol{r}_u\cdot\boldsymbol{r}_{vv}+\boldsymbol{r}_v\cdot\boldsymbol{r}_{uv}\\&G_u=2\boldsymbol{r}_v\cdot\boldsymbol{r}_{uv},\ G_v=2\boldsymbol{r}_v\cdot\boldsymbol{r}_{vv}\end{aligned}\right\}\tag{4.7.18}$$

并且 $\Delta=2(EG-F^2)$。

求解微分方程式(4.7.7)的过程，可以使用一阶差分近似，经过化简可以得到

$$\left.\begin{aligned}u_{j+2}&=u_j+\mathrm{temp}AA\\v_{j+2}&=v_j+\mathrm{temp}BB\end{aligned}\right\}\tag{4.7.19}$$

$$\left.\begin{aligned}\mathrm{temp}AA=&2(u_{j+1}+u_j)-R_{11}^1(u_{j+1}-u_j)^2-\\&2R_{12}^1(u_{j+1}-u_j)(v_{j+1}-v_j)-R_{22}^1(v_{j+1}-v_j)^2\\\mathrm{temp}BB=&2(v_{j+1}+v_j)-R_{11}^2(v_{j+1}-v_j)^2-\\&2R_{12}^2(u_{j+1}-u_j)(v_{j+1}-v_j)-R_{22}^2(u_{j+1}-v_j)^2\end{aligned}\right\}\tag{4.7.20}$$

利用式(4.7.15)～式(4.7.20)可以一步一步地得出测地曲线的上一系列点的参数坐标。

显然计算测地线轨迹中一个点(u_{j+2},v_{j+2})，就需要前面的两个点(u_{j+1},v_{j+1})和(u_j,v_j)，递推回去，算法就需要两个初始点，第一个初始点就是上一步得出的阴影点 $\boldsymbol{r}_0=\boldsymbol{r}(u_0,v_0)$；第二个初始点则在入射面(入射射线和法线组成的平面)与曲面的交线上任取一点即可。有了两个初始点，可以得到一条曲面上的测地曲线。

对于多曲面系统，显然射线需要在多个曲面上行进，因此如果当前曲面上的测地线行进到曲面边界而不能满足出射条件时，就需要考虑测地线要跨越到与之相邻的曲面上去，其实质也就是找到相邻曲面上的测地线的两个初始点，有了测地线的起始点，就可以继续进行测地线的递推，继续对射线路径进行寻迹，并进行出射判断。

(3) 当测地曲线到达场点投射的阴影线时，射线可以离开曲面，但是只有出射方向与测

地线运行趋势相符的才是合理的爬行波射线,即沿切向出射。在上面一步中,对于每条测地线的每次迭代,如果以下两个条件得以满足,那么就认为测地线到达了场点投射的阴影线并且与出射方向同趋势,得到一个出射点。

1)出射点与场点相互可见,即

$$\hat{\boldsymbol{n}} \cdot \boldsymbol{V} \geqslant 0 \tag{4.7.21}$$

式中:$\hat{\boldsymbol{n}}$ 是出射点处的法向矢量;$\boldsymbol{V}$ 是连接场点与出射点的单位矢量。

2)出射射线与测地线同趋势,因此 $\boldsymbol{V}$ 必须平行于测地线的切线方向,即

$$(\boldsymbol{r}_{i+1} - \boldsymbol{r}_i) \times \boldsymbol{V} = 0 \tag{4.7.22}$$

式中:$\boldsymbol{r}_{i+1}$ 是需要判断的点;$\boldsymbol{r}_i$ 是前一次迭代得到的点。

(4) 对满足出射条件的射线,还需要对出射射线进行遮挡判断,以确保射线能够成立,最终得到入射点、出射点以及整条爬行波射线。

可以看到,阴影线上采样点的数目在爬行波射线寻迹的算法中对算法的计算量以及计算速度会有一定的影响,虽然允许在计算精度和计算速度之间进行选择,但数值方法在精度控制上仍有不足。

2. 源点与入射点重合

此时有两种方法处理:

(1)始于场点的寻迹算法。利用简单的光路可逆原理,从场点开始对整条射线进行寻迹,方法和源点与入射点不重合的情况相同,不同的就是最后出射的判断,满足如下条件的测地曲线即可认为是合理的爬行射线:

$$|\boldsymbol{r}(u_2, v_2) - \boldsymbol{R}_s| < \text{Tol} \tag{4.7.23}$$

式中:$\boldsymbol{r}(u_2, v_2)$是测地曲线上递推得到的参数坐标;$\boldsymbol{R}_s$ 为源点矢量;Tol 为任意小。

(2)始于源点的寻迹算法。这个算法根据参数曲面的定义,在参数曲面上从源点开始对整条射线进行寻迹。作为参数曲面的一种,NURBS 曲面和 Bézier 曲面都存在着从参数空间到三维空间的映射关系,也就是二维参数曲面上的一点对应三维空间中的一点。

对于源点位于曲面上的情况,从源点 R_s 发出的射线沿曲面的测地线前进,最终沿切向出射,这样需要考虑的路径分为两段,也就是源点发出的测地线以及沿曲面切向的出射射线。首先需要确定从源点发出的测地线,根据前面有关测地线的内容可以知道,如果要确定测地线上的一个点(u_{j+2}, v_{j+2}),需要之前的两个点(u_{j+1}, v_{j+1})和(u_j, v_j),因此要想应用算法,需要两个初始点,射线从源点发出,那么显然第一个起始点就是源点 R_s,参数曲面上对应的参数坐标(u_s, v_s);对于第二个起始点,我们从参数平面上以坐标(u_s, v_s)为中心的圆周上取得,映射到三维空间,就能够得到第二个初始点。从式(4.7.7)~式(4.7.12)可以逐点得出测地线的上一系列点的参数坐标,进而可以得到一条确切由源点发出的测地曲线。在圆周上规律地取点就可以得到一组候选的表面波射线。

有了测地线的初始点之后就可以按照源点与入射点不重合的情况中步骤(3)和步骤(4)的方法完成寻迹。

4.8　点对点的高次射线寻迹

对于多散射体系统来说，几何体之间的相对位置随意且多样，电磁射线在传播过程中，还存在高次作用射线，即从发射点发出经过两次或者更多次与散射体作用之后到达观察点的射线。射线与目标散射体相互作用的次数越多，携带的场强衰减越快，因此高次射线主要在暗区起主要作用。

解析的 UTD 方法中，高次射线的寻迹方法通常以 4.5～4.7 节的一阶射线方法为基础，其中与反射相关的高次射线更容易进行解析；参数曲面的 UTD 方法设置相对简单，写出路径长度作为目标函数，根据费马原理取极值即可。

4.8.1　与反射有关的解析二次射线寻迹

二次作用射线包括二次反射、二次绕射、反射-绕射等形式，它们的寻迹以一次作用射线为基础加以解决。解析的 UTD 方法使用平面、圆柱、圆锥这样的模型，因此二次射线寻迹主要考虑这些几何体之间的情况。

与平面反射有关的二次射线，都可以使用镜像原理转化为镜像点的一次射线寻迹，如图 4.8.1～图 4.8.3 所示。

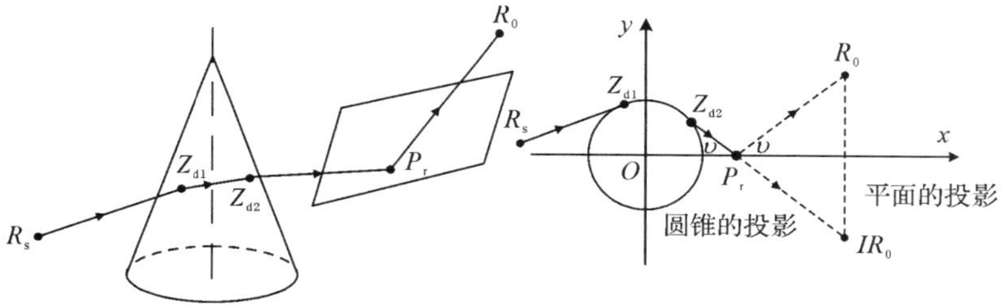

图 4.8.1　圆锥爬行-平板反射

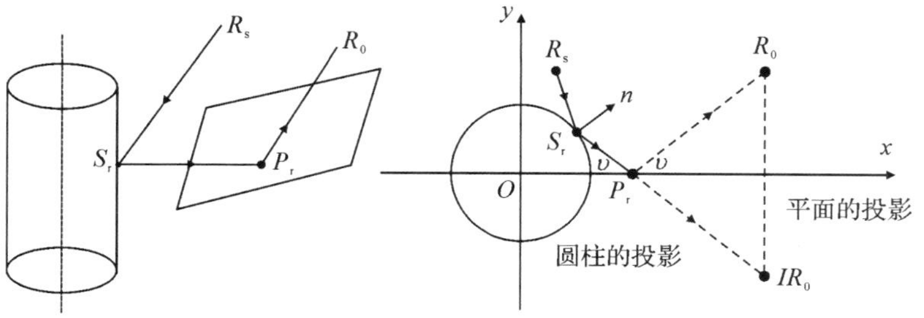

图 4.8.2　圆锥反射-平板反射

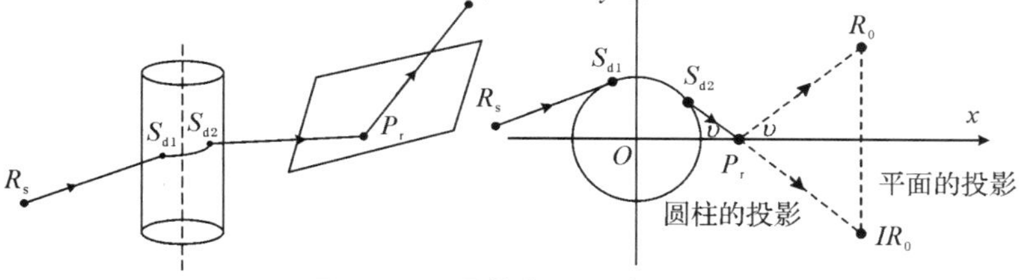

图 4.8.3　圆柱爬行-平板反射

其他解析几何体之间的二次射线以及与平面边缘绕射有关的二次射线，如图 4.8.4 和图 4.8.5 所示，这些射线的寻迹方法比较难于解析，通常需要用数值方法加以解决。

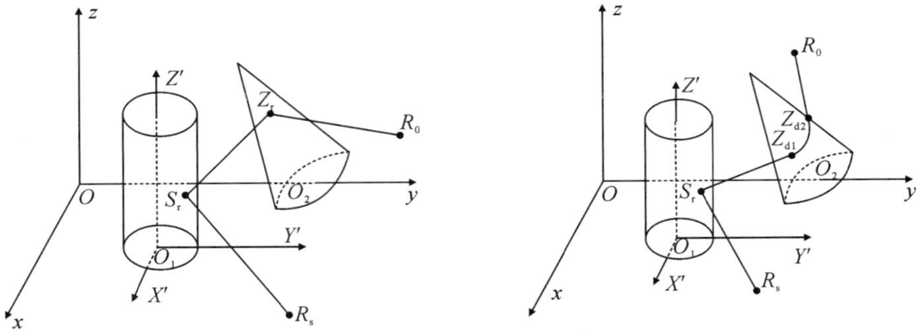

图 4.8.4 **圆柱-圆锥二次射线**

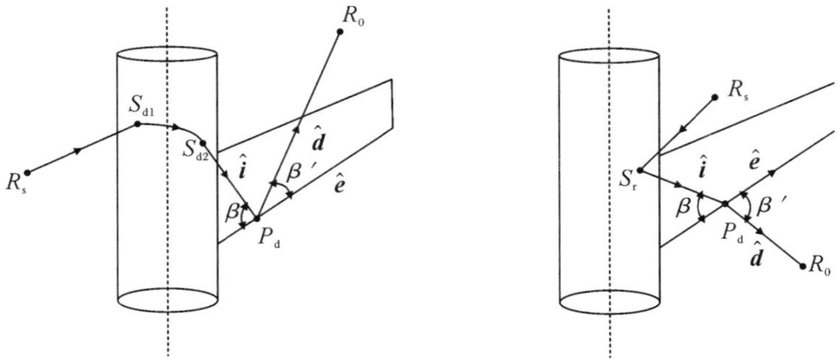

图 4.8.5 **圆柱-平板边缘绕射**

4.8.2 半解析的二次边缘绕射射线寻迹

在解析 UTD 方法中，平面片的模型比圆柱、圆锥有更广泛的应用，例如城市环境中的建筑物就可以使用六面体进行模拟，此时会有较多的直边缘出现。直边缘之间的二次射线通常包括图 4.8.6 中的几种，其中反射-绕射和绕射-反射可以使用镜像法转化为平面模型的一次射线寻迹。

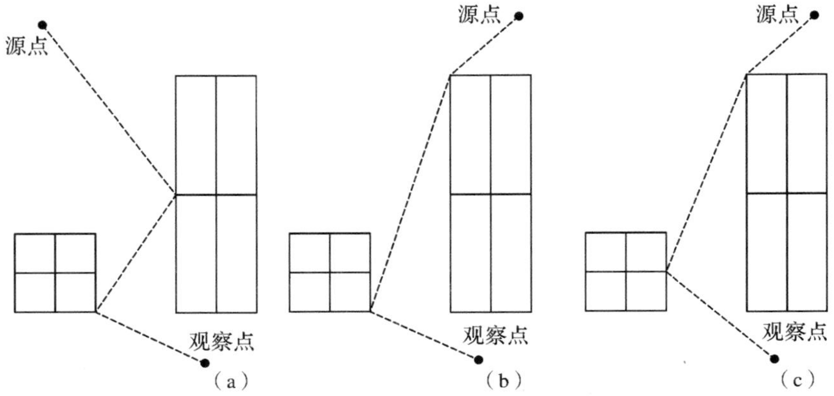

图 4.8.6 **平面模型中的二次射线**

(a)反射-绕射；(b) 二次绕射；(c) 绕射-反射

如图 4.8.7 所示，二次绕射射线可以分为平行直边缘 A 与 B 和非平行直边缘 A 与 C 两种情况讨论。

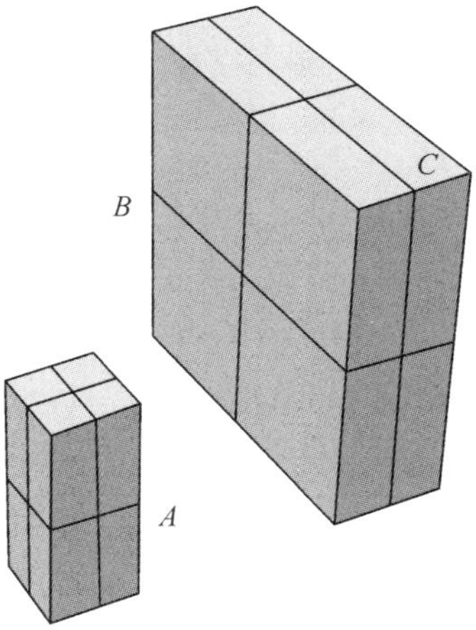

图 4.8.7　边缘关系

如果是平行直边缘，如图 4.8.8 所示，根据边缘绕射的要求可知

$$\left.\begin{aligned}\beta_1=\beta_2\\ \beta_3=\beta_4\end{aligned}\right\}\tag{4.8.1}$$

由于两个边缘平行可得

$$\beta_1=\beta_2=\beta_3=\beta_4\tag{4.8.2}$$

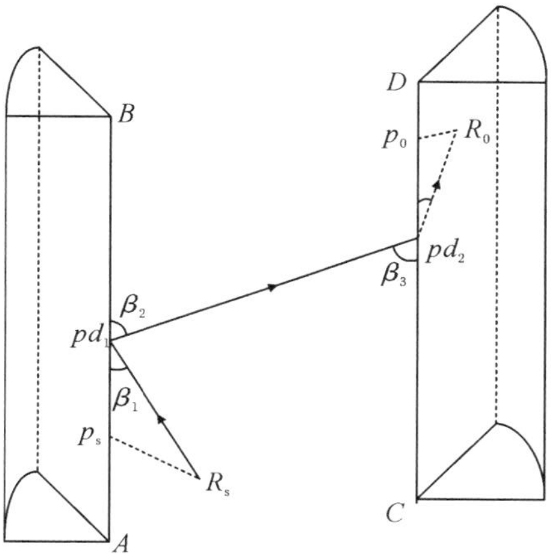

图 4.8.8　平行直边缘的射线轨迹

接下来，将整个射线路径展开为平面，如图 4.8.9 所示，可以看到射线路径与待求绕射点之间的几何关系为

$$\frac{d_1}{d_2}=\frac{r_1}{r_2},\quad \frac{d_1}{d_3}=\frac{r_1}{r_3}\tag{4.8.3}$$

$$\left.\begin{aligned}&d_1=|\boldsymbol{R}_s-\boldsymbol{p}_s|,\quad r_1=|z_1-z_s|\\ &d_2=D_e+d_1,\qquad d_2=|z_2-z_s|\\ &d_3=d_1+D_e+|\boldsymbol{R}_0-\boldsymbol{p}_0|,\quad d_3=|z_0-z_s|\end{aligned}\right\}\tag{4.8.4}$$

求解式(4.8.3)和式(4.8.4)即可完成平行直边缘的二次绕射寻迹。

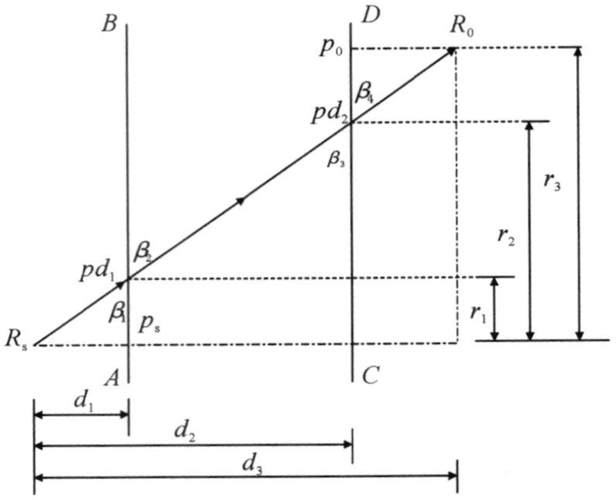

图 4.8.9 **路径展开平面**

如果边缘绕射发生在非平行的棱边上,绕射点比较难于使用解析方法求解,而需要使用数值方法,根据射线的传播距离建立目标函数如下:

$$d(t_1,t_2)=|\boldsymbol{R}_s-\boldsymbol{pd}_1|+|\boldsymbol{pd}_1-\boldsymbol{pd}_2|+|\boldsymbol{pd}_2-\boldsymbol{R}_0| \tag{4.8.5}$$

根据费马原理,射线按照极值路径传播,使用共轭梯度等优化算法求解 $d(t_1,t_2)$ 即可求得绕射点。

4.8.3 参数曲面的高次射线寻迹

NURBS - UTD 方法中的二次作用射线需要根据费马原理使用数值优化方法得到,理论上使用数值优化的方法可以计算更高次数的射线轨迹,只要给出射线路径的函数,并选择合适的数值优化算法。

1. 二次反射射线

如图 4.8.10 所示,射线首先入射到第一个曲面 $\boldsymbol{r}_1(u_1,v_1)$,然后经过第二个曲面 $\boldsymbol{r}_2(u_2,v_2)$ 的二次反射到达场点,可以得到射线路径的目标函数为

$$d(u_1,v_1,u_2,v_2)=|\boldsymbol{r}_1(u_1,v_1)-\boldsymbol{R}_s|+|\boldsymbol{r}_1(u_1,v_1)-\boldsymbol{r}_2(u_2,v_2)|+|\boldsymbol{r}_2(u_2,v_2)-\boldsymbol{R}_0| \tag{4.8.6}$$

所得的目标函数是一个四元函数,优化算法可以根据实际情况选择,如共轭梯度法。

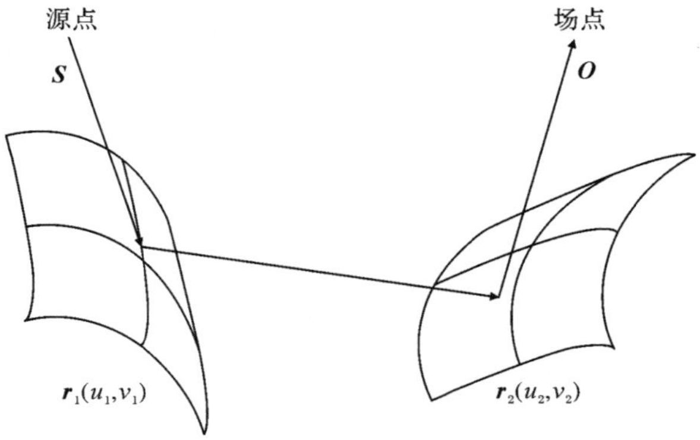

图 4.8.10 **相对曲面间的二次反射**

2. 二次边缘绕射射线

二次边缘绕射射线发生在两条边缘曲线之间，如图 4.8.11 所示，射线首先入射到第一条曲线 $\boldsymbol{C}_1(t_1)$，然后经过第二条曲线 $\boldsymbol{C}_2(t_2)$ 的二次绕射到达场点，可以得到射线路径的目标函数为

$$d(t_1,t_2)=|\boldsymbol{C}_1(t_1)-\boldsymbol{R}_s|+|\boldsymbol{C}_1(t_1)-\boldsymbol{C}_2(t_2)|+|\boldsymbol{C}_2(t_2)-\boldsymbol{R}_0| \tag{4.8.7}$$

所得的目标函数是一个二元函数，优化算法可以选择共轭梯度法。

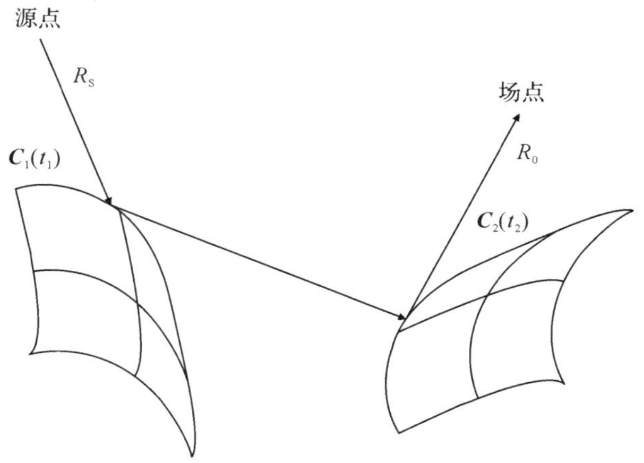

图 4.8.11　二次边缘绕射

3. 反射-边缘绕射射线

反射-边缘绕射射线发生在一个曲面和一条边缘曲线之间，如图 4.8.12 所示，射线首先入射到第一个曲面 $\boldsymbol{r}(u,v)$，然后经过第二条曲线 $\boldsymbol{C}(t)$ 的二次绕射到达场点。

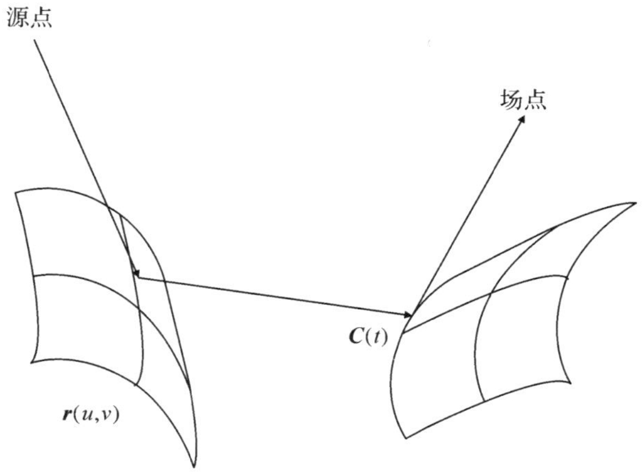

图 4.8.12　反射-边缘绕射

可以得到射线路径的目标函数为

$$d(u,v,t)=|\boldsymbol{r}(u,v)-\boldsymbol{R}_s|+|\boldsymbol{r}(u,v)-\boldsymbol{C}(t)|+|\boldsymbol{C}(t)-\boldsymbol{R}_0| \tag{4.8.8}$$

所得的目标函数是一个三元函数，优化算法可以根据实际情况选择，如共轭梯度法。给出几个二次作用的射线直观图形(见图 4.8.13)。

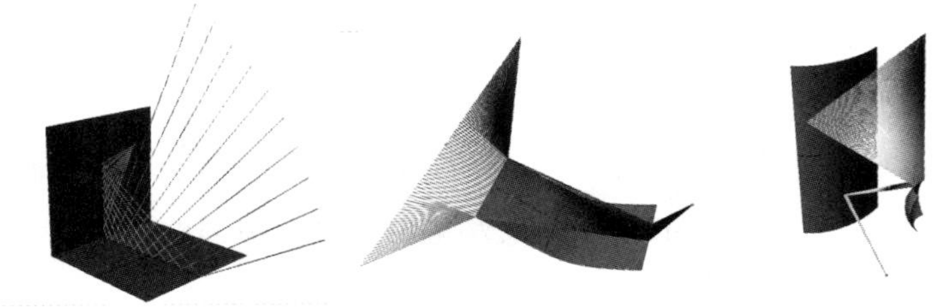

(a)　　　　(b)　　　　(c)

图 4.8.13　二次作用射线的寻迹

(a)反射-反射；(b)边缘-边缘；(c)反射-边缘

第5章 UTD方法的遮挡判断

在计算电磁学的高频方法中，遮挡判断都是必须要考虑的因素，例如在物理光学(PO)方法中，只有被照亮而没有任何遮挡的区域才需要进行计算，同时遮挡判断也对算法的计算速度有很大的影响。

在UTD方法中，射线寻迹是方法的基础，场值的求解是方法的目标，而对电磁射线遇到障碍物是否被遮挡的判断，则是方法正确的重要保证。前面论述的无论是亮区的直射、反射等类型的射线还是暗区的爬行波射线的寻迹都是基于整条射线都能够存在的情况下进行的，显然在实际的多曲面系统中，某一曲面的反射、绕射射线都可能被其他部分遮挡，因此非常有必要研究遮挡判断的算法。

PO方法中的目标模型使用的是三角形平面片面元建模，因此遮挡判断需要在三角形面片上进行，这种方法已经在很多的PO方法以及混合方法中使用，这时的方法强调的是源与平面片的照亮关系；板、柱、锥等曲面存在解析的表达式，使得解析的UTD方法得以使用解析方法解决，而作为UTD方法中重要一环的遮挡判断也可以使用解析方法解决。基于任意曲面建模的UTD方法，与射线相互作用的曲面使用NURBS曲面建模，遮挡判断使用数值的方法。

5.1 解析UTD方法的遮挡判断

解析的UTD方法使用平面片以及圆柱、圆锥等拥有解析表达式的几何体对目标进行建模，因此遮挡判断也要判断射线路径与这些几何体之间的关系。

5.1.1 针对解析平面片的遮挡判断

这里给出解析平面片的遮挡判断方法，包括PO方法可用的三角形面片和UTD常用的四边形平面片。

1. 三角形面片

三角形平面片的遮挡判断是物理光学方法中一个重要的步骤，可以看成计算速度提升的瓶颈之一。判断一个面片是否能被照亮分为两个方面:一是判断面片是否被自身遮挡;二是判断面片是否被其他面遮挡。

首先判断自遮挡,如图 5.1.1 所示,首先计算从源点指向三角形面片中心点的方向 $\hat{\boldsymbol{k}}$,然后判断面片法向 $\hat{\boldsymbol{n}}$ 和 $\hat{\boldsymbol{k}}$ 的夹角 α,若夹角 $\alpha>90°$,则面片被照亮,否则面片被遮挡。

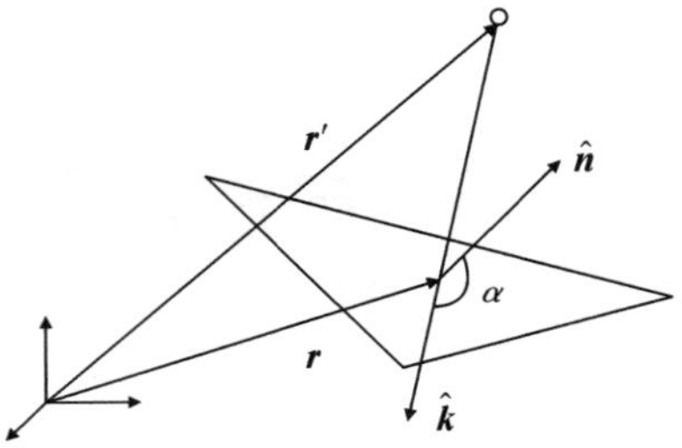

图 5.1.1　自遮挡示意图

然后判断互遮挡,如图 5.1.2 所示,判断下方的三角形面片有没有被其平面片三角形 ABC 遮挡。发射点为 P,观察点 Q 位于待判断面片上,考察直线 PQ 和遮挡面片 ABC 是否有交点,若存在交点,则认为当前面片被遮挡住了。

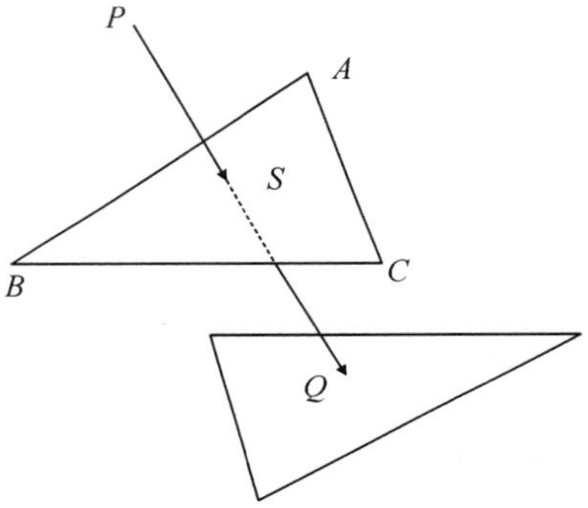

图 5.1.2　互遮挡示意图

采用参数方程,根据顶点坐标可以得到遮挡面片 ABC 上任意点坐标为

$$S=\xi A+\eta B+(1-\xi-\eta)C \tag{5.1.1}$$

式中:ξ、η、$\gamma=(1-\xi-\eta)$代表面积坐标,如果 ξ、η、$\gamma\in[0,1]$,说明点 S 在三角形 ABC 内。

直线 PQ 上任意一点的坐标为

$$S=\lambda P+(1-\lambda)Q \tag{5.1.2}$$

式中:λ 表示点 S 到点 Q 的距离,如果 $\lambda\in[0,1]$,说明点 S 在直线 PQ 之间。

联立式(5.1.1)和式(5.1.2),可得

$$\xi A+\eta B+(1-\xi-\eta)C=\lambda P+(1-\lambda)Q \tag{5.1.3}$$

进行整理,得到

$$\xi(A-C)+\eta(B-C)+\lambda(Q-P)=Q-C \tag{5.1.4}$$

最终可得

$$\xi(CA)+\eta(CB)+\lambda(PQ)=CQ \tag{5.1.5}$$

写成矩阵形式为

$$[CA \quad CB \quad PQ] \cdot \begin{bmatrix} \xi \\ \eta \\ \lambda \end{bmatrix} = [CQ] \tag{5.1.6}$$

根据矩阵原理可知：

(1)如果 $\det[CA \quad CB \quad PQ]=0$，则方程无解，说明线面无交点，没有遮挡；

(2)如果 $\det[CA \quad CB \quad PQ]\neq 0$，则方程有解，说明线面有交点，进一步判断：

1)ξ、η、γ、$\lambda\in[0,1]$，说明有遮挡；

2)ξ、η、γ、$\lambda\notin[0,1]$，说明无遮挡。

2. 四边形面片

如果是四边形的平面片，遮挡判断的思路与三角形面片思路类似，也是要求解直线与平面的交点，然后做出相应的判断，可以使用与三角形面片类似的参数化判断方法，也可以使用其他方法，这里给出其中一种。

如图5.1.3所示，已知四边形面片顶点 $ABCD$，可以很容易写出平面法向量 (α,β,γ)，根据法向量可以完成自遮挡的判断。进一步可以写出平面的点法式方程，例如在 B 点 (x_B, y_B, z_B)，有

$$\alpha(x-x_B)+\beta(y-y_B)+\gamma(z-z_B)=0 \tag{5.1.7}$$

已知发射点 (x_1, y_1, z_1) 和接收点 (x_2, y_2, z_2)，可以写出直线方程：

$$\frac{x-x_1}{x_2-x_1}=\frac{y-y_1}{y_2-y_1}=\frac{z-z_1}{z_2-z_1} \tag{5.1.8}$$

(1)如果 $(z_B-z_1)(z_B-z_2)>0$，则直线在平面同侧，无遮挡；

(2)如果 $(z_B-z_1)(z_B-z_2)<0$，则联立式(5.1.7)和式(5.1.8)，求解交点 (x_t, y_t, z_t)，进一步判断：

1)(x_t, y_t, z_t) 在 $ABCD$ 内，说明有遮挡；

2)(x_t, y_t, z_t) 在 $ABCD$ 外，说明无遮挡。

判断 (x_t, y_t, z_t) 是否在 $ABCD$ 范围内，也可以选择多种方法，例如利用内角和：分别连接交点和平面的顶点，计算相邻两条线段的夹角再求和，如图5.1.3所示，如果夹角和是 2π，则交点在平面内，射线被遮挡。

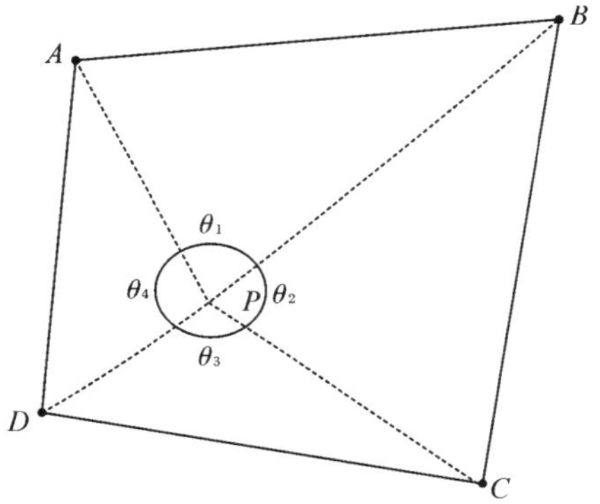

图5.1.3　四边形面片的遮挡判断

5.1.2　针对解析几何体的遮挡判断

1. 方法 1　二次解析几何体

这里试图抽象出一般情况，因此我们假设空间障碍物是一个二次曲面方程，即

$$F(x_0, y_0, z_0)=0 \tag{5.1.9}$$

式中：x_0、y_0 和 z_0 的最高次幂为 2。而(x_1, y_1, z_1)和(x_2, y_2, z_2)分别表示电磁射线的发射点和接收点。由空间解析几何可知，过上述两点的空间直线方程为

$$\frac{x-x_1}{x_2-x_1}=\frac{y-y_1}{y_2-y_1}=\frac{z-z_1}{z_2-z_1} \tag{5.1.10}$$

于是，问题的提法可以分解为 4 个层次：

(1)判断(x_1, y_1, z_1)和(x_2, y_2, z_2)两个点是否处于障碍物之外；

(2)判断过(x_1, y_1, z_1)和(x_2, y_2, z_2)的直线是否被障碍曲面遮挡；

(3)判断(x_1, y_1, z_1)和(x_2, y_2, z_2)两点是否处于障碍曲面的两侧；

(4)如果有限长柱或者有限长锥处于(z_{01}, z_{02})之间，判断线与曲面的交点是否处于这一范围之内。

在以上 4 个问题中，最重要的是问题(2)，即研究直线(无限长)与曲面的遮挡关系。如果

$$\left.\begin{aligned}F(x_1, y_1, z_1)>0\\F(x_2, y_2, z_2)>0\end{aligned}\right\} \tag{5.1.11}$$

表示(x_1, y_1, z_1)和(x_2, y_2, z_2)处于障碍曲面之外，式(5.1.11)即为问题提法中(1)的判断条件。

利用空间直线方程式(5.1.10)，可以写出

$$\left.\begin{aligned}x=g(z)=x_1+(x_2-x_1)\left(\frac{z-z_1}{z_2-z_1}\right)\\y=h(z)=y_1+(y_2-y_1)\left(\frac{z-z_1}{z_2-z_1}\right)\end{aligned}\right\} \tag{5.1.12}$$

直线遮挡判断模型如图 5.1.4 所示。

$$F[g(z_0), h(z_0), z_0]=0$$

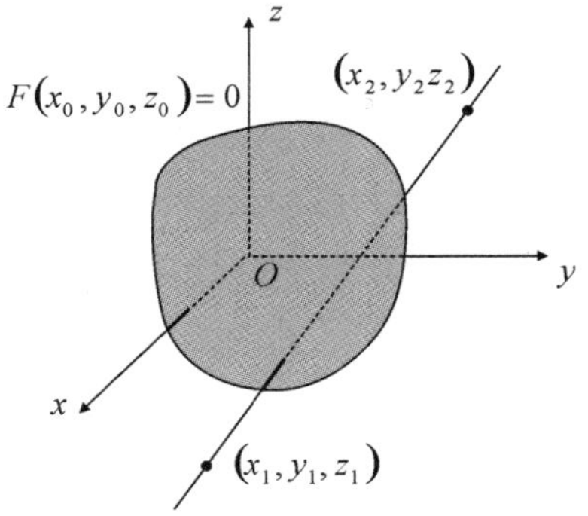

图 5.1.4　电磁射线遮挡判断的直线模型

把式(5.1.12)代入曲面方程得到

$$F[g(z_0),h(z_0),z_0]=0 \tag{5.1.13}$$

计及 F 是二次曲面,式(5.1.13)可以写成一元二次方程,即

$$Az_0^2+2Bz_0+C=0 \tag{5.1.14}$$

式中:A、B 和 C 是已知系数。式(5.1.14)表示直线和 F 曲面的交点方程。

$$\Delta=B^2-AC \tag{5.1.15}$$

是二次方程实根的判断因子:

$$\Delta=\begin{cases}\leqslant 0, & \text{无遮挡}\\ >0, & \text{有遮挡}\end{cases} \tag{5.1.16}$$

而交点的方程(假如有遮挡的话)为

$$z_0=\frac{1}{A}\{-B\pm\sqrt{B^2-AC}\} \tag{5.1.17}$$

容易知道

$$z_0=\begin{cases}\in[z_{01},z_{02}], & \text{有遮挡}\\ \notin[z_{01},z_{02}], & \text{无遮挡}\end{cases} \tag{5.1.18}$$

最后,关于(x_1,y_1,z_1)和(x_2,y_2,z_2)是否在曲面两侧,这一情况需要在具体问题中予以讨论。

2.方法 2　任意解析表达式几何体

如果不是二次曲面,我们同样可以设空间障碍物的曲面方程为

$$F(x_0,y_0,z_0)=0 \tag{5.1.19}$$

(x_1,y_1,z_1)和$(x_2,y_2 z_2)$分别表示电磁射线的发射点和接收点坐标,由空间解析几何可知,过上述两点的空间直线方程为

$$\frac{x-x_1}{x_2-x_1}=\frac{y-y_1}{y_2-y_1}=\frac{z-z_1}{z_2-z_1} \tag{5.1.20}$$

与前面不同的是,我们将 x,y 表示为 z 的函数:

$$\left.\begin{aligned}x=g(z)=x_1+(x_2-x_1)\left(\frac{z-z_1}{z_2-z_1}\right)\\ y=h(z)=y_1+(y_2-y_1)\left(\frac{z-z_1}{z_2-z_1}\right)\end{aligned}\right\} \tag{5.1.21}$$

然后根据解析几何体遮挡的具体情况,建立目标函数:

$$\varepsilon(z)=\varepsilon[g(z),h(z),z] \tag{5.1.22}$$

式中:ε 可以是距离的二次方,也可以是相应的其他合理的约束条件,针对目标函数进行优化求解,即可判断遮挡请情况。例如要求极小值,可以由

$$\frac{d\varepsilon}{dz}=0 \tag{5.1.23}$$

推导给出结果,从而得到遮挡判断的解析条件,要解决的关键问题是建立合适的目标函数,下面给出圆柱和圆锥的解析遮挡判断公式。

1. 解析圆柱体的遮挡判断

问题的提法是对于二维(无限长)圆柱方程:

$$x_0^2+y_0^2=R^2 \tag{5.1.24}$$

现有两点(x_1,y_1,z_1)和$(x_2,y_2 z_2)$连成直线,求是否被圆柱所遮挡,如图 5.1.5 所示。

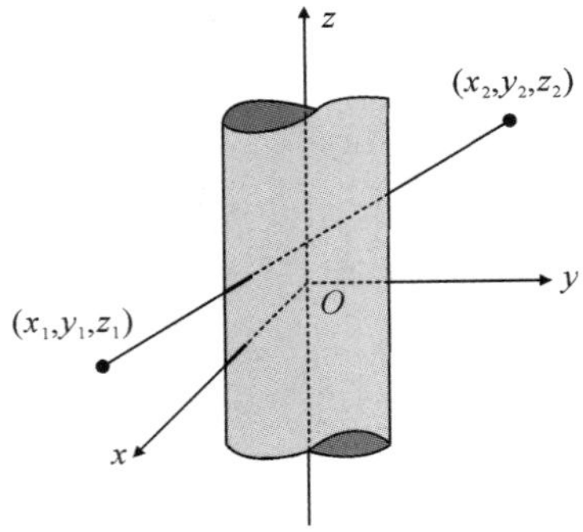

图 5.1.5　圆柱遮挡判断

这种情况下,可以把目标函数定义为 xOy 平面上距离的二次方差(见下式),请注意此处的目标函数求解的是距离的二次方差,而不是求解直线和圆柱的交点。

$$\varepsilon(x,y)=(x^2+y^2)-(x_0^2+y_0^2) \tag{5.1.25}$$

式中:(x,y)位于过 (x_1,y_1,z_1)和(x_2,y_2,z_2)的空间直线上;而(x_0,y_0)则位于圆柱表面上。于是,可进一步写出

$$\varepsilon[g(z),h(z)]=[g(z)]^2+[h(z)]^2-R^2 \tag{5.1.26}$$

具体有

$$\varepsilon(z)=\left[x_1+(x_2-x_1)\left(\frac{z-z_1}{z_2-z_1}\right)\right]^2+\left[y_1+(y_2-y_1)\left(\frac{z-z_1}{z_2-z_1}\right)\right]^2-R^2 \tag{5.1.27}$$

求解目标函数式(5.1.27)的极小值,即

$$\frac{d\varepsilon}{dz}=2\left[x_1+(x_2-x_1)\left(\frac{z-z_1}{z_2-z_1}\right)\right]\left(\frac{x_2-x_1}{z_2-z_1}\right)+$$

$$2\left[y_1+(y_2-y_1)\left(\frac{z-z_1}{z_2-z_1}\right)\right]\left(\frac{y_2-y_1}{z_2-z_1}\right)=0 \tag{5.1.28}$$

容易解出

$$z=z_1-\frac{(z_2-z_1)[x_1(x_2-x_1)+y_1(y_2-y_1)]}{(x_2-x_1)^2+(y_2-y_1)^2} \tag{5.1.29}$$

代入 $g(z)$和 $h(z)$分别有

$$\left.\begin{aligned}x&=x_1-\frac{(x_2-x_1)[x_1(x_2-x_1)+y_1(y_2-y_1)]}{(x_2-x_1)^2+(y_2-y_1)^2}\\ y&=y_1-\frac{(y_2-y_1)[x_1(x_2-x_1)+y_1(y_2-y_1)]}{(x_2-x_1)^2+(y_2-y_1)^2}\end{aligned}\right\} \tag{5.1.30}$$

代入目标函数 $\varepsilon(z)$,得

$$\varepsilon(z)=\left\{x_1-\frac{(x_2-x_1)[x_1(x_2-x_1)+y_1(y_2-y_1)]}{(x_2-x_1)^2+(y_2-y_1)^2}\right\}^2+$$

$$\left\{y_1-\frac{(y_2-y_1)[x_1(x_2-x_1)+y_1(y_2-y_1)]}{(x_2-x_1)^2+(y_2-y_1)^2}\right\}^2-R^2 \tag{5.1.31}$$

进一步简化,最后得到

$$\varepsilon(z)=\frac{(x_1y_2-x_2y_1)^2}{(x_2-x_1)^2+(y_2-y_1)^2}-R^2 \tag{5.1.32}$$

这样电磁射线被圆柱遮挡的判别条件为

$$\varepsilon(z)=\begin{cases}<0, & \text{被遮挡}\\ \geqslant 0, & \text{无遮挡}\end{cases} \tag{5.1.33}$$

从式(5.1.32)可以看出:这一遮挡条件只与(x_1,y_1)和(x_2,y_2)有关,而与 z_1 或 z_2 无关。因此,它是一个 xOy 平面最优化问题。

2. 圆锥的遮挡判断

问题的提法是对于三维圆锥方程:

$$x_0^2+y_0^2-k^2z_0^2=0 \tag{5.1.34}$$

这里考虑半圆锥不失一般性,即 $z_0\geqslant 0$,现有两点(x_1,y_1,z_1)和(x_2,y_2,z_2)连成空间直线,求是否被半圆锥所遮挡,如图 5.1.6 所示。

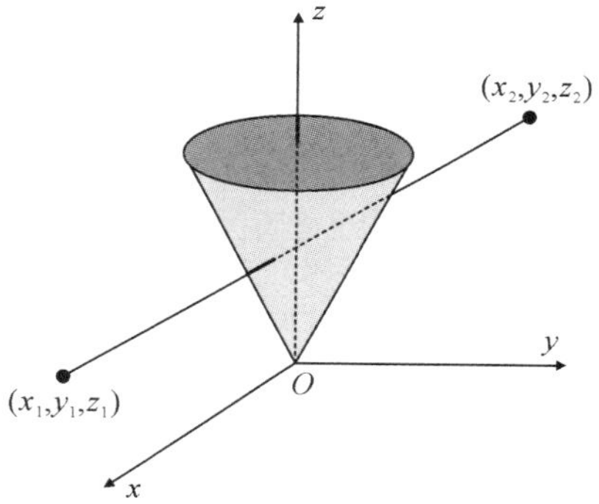

图 5.1.6　半圆锥的遮挡判断

这种情况下,我们把目标函数定义为当 z 为一定值(如 $z=z_0$)时 xOy 平面的距离二次方差,即

$$\varepsilon(x,y)=(x^2+y^2)-(x_0^2+y_0^2) \tag{5.1.35}$$

式中:(x,y)处于过 (x_1,y_1,z_1)和(x_2,y_2z_2)的空间直线上;而(x_0,y_0)则处于半圆锥表面上。于是,可进一步写出

$$\varepsilon[g(z),h(z)]=[g(z)]^2+[h(z)]^2-k^2z^2 \tag{5.1.36}$$

具体有

$$\varepsilon(z)=\left[x_1+(x_2-x_1)\left(\frac{z-z_1}{z_2-z_1}\right)\right]^2+\left[y_1+(y_2-y_1)\left(\frac{z-z_1}{z_2-z_1}\right)\right]^2-k^2z^2 \tag{5.1.37}$$

求解目标函数式(5.1.37)的极小值,即

$$\frac{\mathrm{d}\varepsilon}{\mathrm{d}z}=2\left[x_1+(x_2-x_1)\left(\frac{z-z_1}{z_2-z_1}\right)\right]\left(\frac{x_2-x_1}{z_2-z_1}\right)+2\left[y_1+(y_2-y_1)\left(\frac{z-z_1}{z_2-z_1}\right)\right]\left(\frac{y_2-y_1}{z_2-z_1}\right)-2k^2z=0 \tag{5.1.38}$$

由式(5.1.38)容易解出

$$z=z_1-\frac{(z_2-z_1)[x_1(x_2-x_1)+y_1(y_2-y_1)-k^2z_1(z_2-z_1)]}{(x_2-x_1)^2+(y_2-y_1)^2-k^2(z_2-z_1)^2} \tag{5.1.39}$$

式(5.1.39)等价于

$$\frac{z-z_1}{z_2-z_1}=-\frac{x_1(x_2-x_1)+y_1(y_2-y_1)-k^2z_1(z_2-z_1)}{(x_2-x_1)^2+(y_2-y_1)^2-k^2(z_2-z_1)^2} \tag{5.1.40}$$

于是进一步有

$$\left.\begin{aligned}x&=x_1-\frac{(x_2-x_1)[x_1(x_2-x_1)+y_1(y_2-y_1)-k^2z_1(z_2-z_1)]}{(x_2-x_1)^2+(y_2-y_1)^2-k^2(z_2-z_1)^2}\\y&=y_1-\frac{(y_2-y_1)[x_1(x_2-x_1)+y_1(y_2-y_1)-k^2z_1(z_2-z_1)]}{(x_2-x_1)^2+(y_2-y_1)^2-k^2(z_2-z_1)^2}\end{aligned}\right\} \tag{5.1.41}$$

代入 $\varepsilon(z)$ 为

$$\begin{aligned}\varepsilon(z)=&\left\{x_1-\frac{(x_2-x_1)[x_1(x_2-x_1)+y_1(y_2-y_1)-k^2z_1(z_2-z_1)]}{(x_2-x_1)^2+(y_2-y_1)^2-k^2(z_2-z_1)^2}\right\}^2+\\&\left\{y_1-\frac{(y_2-y_1)[x_1(x_2-x_1)+y_1(y_2-y_1)-k^2z_1(z_2-z_1)]}{(x_2-x_1)^2+(y_2-y_1)^2-k^2(z_2-z_1)^2}\right\}^2-\\&k^2\left\{z_1-\frac{(z_2-z_1)[x_1(x_2-x_1)+y_1(y_2-y_1)-k^2z_1(z_2-z_1)]}{(x_2-x_1)^2+(y_2-y_1)^2-k^2(z_2-z_1)^2}\right\}^2\end{aligned} \tag{5.1.42}$$

进一步简化,最后得到

$$\varepsilon(z)=\frac{(x_1y_2-x_2y_1)^2-k^2(y_1z_2-y_2z_1)^2-k^2(z_1x_2-z_2x_1)^2}{(x_2-x_1)^2+(y_2-y_1)^2-k^2(z_2-z_1)^2} \tag{5.1.43}$$

这样,电磁射线被半圆锥遮挡的判别条件为

$$\varepsilon(z)=\begin{cases}<0, & \text{被遮挡}\\ \geqslant 0, & \text{无遮挡}\end{cases} \tag{5.1.44}$$

且

$$z_1\geqslant\frac{(z_2-z_1)[x_1(x_2-x_1)+y_1(y_2-y_1)-k^2z_1(z_2-z_1)]}{(x_2-x_1)^2+(y_2-y_1)^2-k^2(z_2-z_1)^2} \tag{5.1.45}$$

5.2　NURBS - UTD 方法的遮挡判断

要建立 NURBS 建模的遮挡判断算法,采用的仍然是数值方法,可以应用于 NURBS 建模的遮挡判断方法有很多,如类似距离二次方方差的方法。本节给出的方法使用三角形几何原则,考虑遮挡判断可能出现的各种情况,包括射线的某个端点位于曲面上的情况以及射线处于曲面同一侧的情况。我们将射线看作是连接源点与场点之间的直线上始于源点终止于终点的有向线段,根据射线与曲面相对位置的不同而考虑不同的遮挡情况。

1. 自遮挡情况

如果射线的起点或终点位于曲面上,则需要考虑自遮挡(见图 5.2.1)的情况。根据

NURBS 曲面的定义可以很容易得到交点处的曲面的法矢量，那么如果下面的不等式成立，就认为射线被曲面自身遮挡：

$$(\mathbf{too}-\mathbf{from})\cdot\mathbf{normal}<0 \tag{5.2.1}$$

式中：**from** 表示起点坐标矢量；**too** 表示终点坐标矢量；**middle** 表示射线与曲面的交点坐标矢量；**normal** 表示曲面上 **middle** 处的法向量。

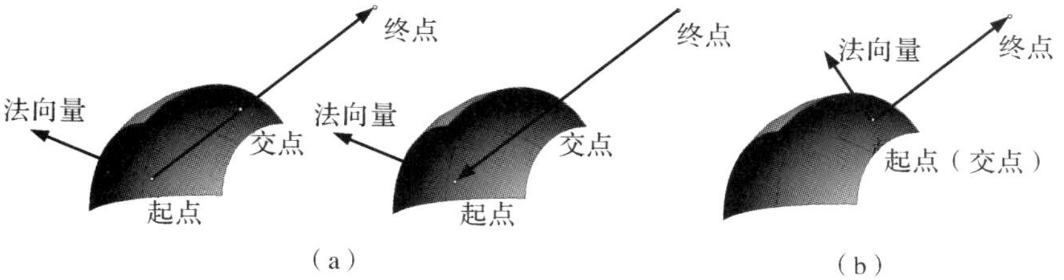

图 5.2.1　自遮挡

(a)被曲面自身遮挡的情况；(b)未被曲面自身遮挡的情况

2. 一般遮挡的情况

曲面是整个目标的一部分，那么它就可能成为一个遮挡物，对于射线端点不在曲面上的情况可以分为如图 5.2.2 所示的几类。

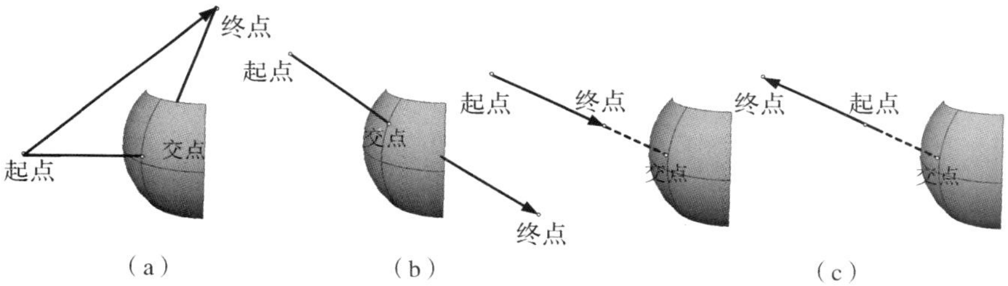

图 5.2.2　一般遮挡

(a)未遮挡的情况；(b)遮挡的情况；(c)起点、终点位于曲面同侧的情况

这里试图能够找到可以同时涵盖以上各种情况的解决方法，我们取起点、终点与交点之间的距离进行操作，这样可以给出算法需要的使用的目标函数：

$$\mathrm{fun}(u,v)=|\mathbf{middle}-\mathbf{from}|+|\mathbf{too}-\mathbf{middle}|-|\mathbf{too}-\mathbf{from}| \tag{5.2.2}$$

式中：第一项表示起点到曲面上一点的距离；第二项表示曲面上该点到终点的距离；最后一项表示起点到终点的距离。其中，**from** 表示起点坐标矢量，**too** 表示终点坐标矢量，**middle** 表示射线与曲面的交点坐标矢量，**normal** 表示曲面上 **middle** 处的法向量。由于 **middle** 位于曲面 $\boldsymbol{r}(u,v)$ 上，使得函数 $\mathrm{fun}(u,v)$ 成为参数坐标 u、v 的函数。在平面几何中三角形的两边之和大于第三边，因此接下来要做的就是求解函数 fun 的最小值。一旦得到了函数的最小值，就可以判断遮挡的情况：如果 $\mathrm{fun}_{\min}>\mathrm{tolerance}$（tolerance 为大于 0 的任意小），说明射线没有被曲面遮挡。

下面给出算法的一个实例，如图 5.2.3 所示，取一个大的平面作为背景，前面摆放两个曲面，射线从点源点发出，而终点在背景平面上变化。对整个系统应用算法可以看到前面两个曲面在背景平面上的投影，即曲面对射线的遮挡情况。

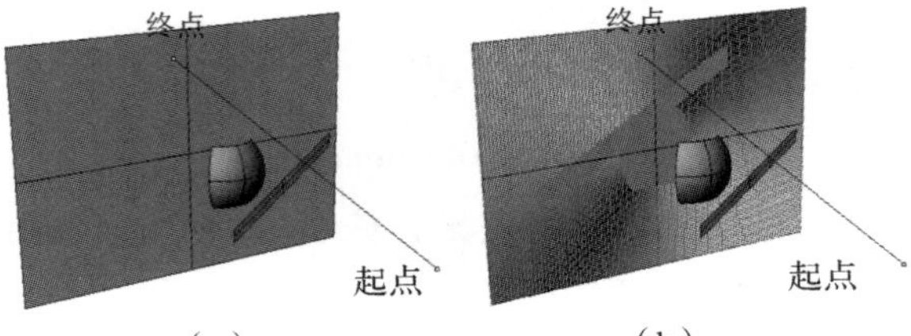

(a) (b)

图 5.2.3 按顺序排列的三个曲面及其遮挡情况

(a)按顺序排列的三个曲面;(b)前方两个曲面投射的阴影

3. 特殊情况的讨论

在算法的使用过程中,如果射线在曲面的切平面上,则会有一种特殊情况出现,如图 5.2.4 所示。称之为特殊情况是因为这样的射线同时满足直射、反射、爬行波射线的条件,很难确定射线是否被遮挡,因此需要根据具体情况来决定。这种情况需要判断的是$(\boldsymbol{t}-\boldsymbol{f})\cdot\hat{\boldsymbol{n}}=0$。

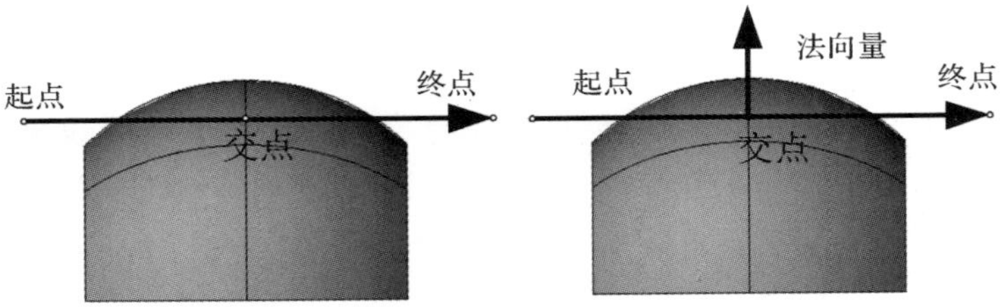

图 5.2.4 特殊情况

遮挡判断是 UTD 方法中的重要一环,它保证整条射线能够成立。遮挡判断的结果很难使用简单的实例验证,因为它和射线寻迹紧密结合。

第 6 章 UTD 方法的射线场求解

射线寻迹是基础,遮挡判断是保障,场值求解则是最终目标,任何电磁参数都要由场的作用来体现。根据射线类型的不同,射线场的求解公式也不尽相同,但是通过多年的实践总结,射线场存在一个一致性的表达形式:

$$\boldsymbol{E}(R_0)=\boldsymbol{E}(Q)\cdot\overline{\overline{D}}\cdot A(s)\mathrm{e}^{-\mathrm{j}ks}$$

式中:R_0 为观察点;Q 表示各种射线形式的作用点,如反射时的反射点、边缘绕射时的边缘绕射点等;$\overline{\overline{D}}$ 是一个并矢,表示各种射线形式的并矢作用系数,如反射时的并矢反射系数、边缘绕射时的并矢边缘绕射系数等;$A(s)$ 表示场沿射线的振幅衰减因子;$\mathrm{e}^{-\mathrm{j}ks}$ 则是相应的相位衰减因子。场值求解,主要解决的就是并矢作用系数 $\overline{\overline{D}}$ 的求解,它的表达式虽然根据不同的射线类型而不同,但具体参数则由曲面的几何信息以及射线寻迹得到的作用点提供,如果是解析的 UTD,可以使用解析几何求解,如果是 NURBS - UTD,可以使用微分几何进行数值求解。并矢作用系数也是目前 UTD 理论研究的热点之一,在公开发表的文献中可以找到适用于各种情况下的求解公式,感兴趣的读者可以自行查找。

6.1 直 射 场

6.1.1 辐射源不在几何体表面的直射场

如果入射波阵面的两个主曲率半径 $\rho_1{}^{\mathrm{i}}$、$\rho_2{}^{\mathrm{i}}$ 不相等,即入射波是像散波,则几何光学的直射场可表示为

$$\boldsymbol{E}^{\mathrm{i}}(R_0)=\boldsymbol{E}^{\mathrm{i}}(R_{\mathrm{S}})\sqrt{\left(\frac{\rho_1^{\mathrm{i}}}{\rho_1^{\mathrm{i}}+s^{\mathrm{i}}}\right)\left(\frac{\rho_2^{\mathrm{i}}}{\rho_2^{\mathrm{i}}+s^{\mathrm{i}}}\right)}\,\mathrm{e}^{-\mathrm{j}ks^{\mathrm{i}}} \tag{6.1.1}$$

式中:各符号的上标 i 是用来表示与入射线有关的量;s^{i} 代表沿入射射线的长度。在实际工程应用中,直射场也可以使用均匀平面波的定义。

6.1.2 辐射源位于几何体表面的直射场

源点在曲面上的射线场与源点在曲面外的情况有很大的不同,在亮区只有直射场,而在暗区则是始于曲面上的爬行波射线场。由于源点位于曲面上,所以初始的辐射场与源点处曲面的几何性质密切相关。

源点在曲面上的直射场几何光学路径如图 6.1.1 所示。

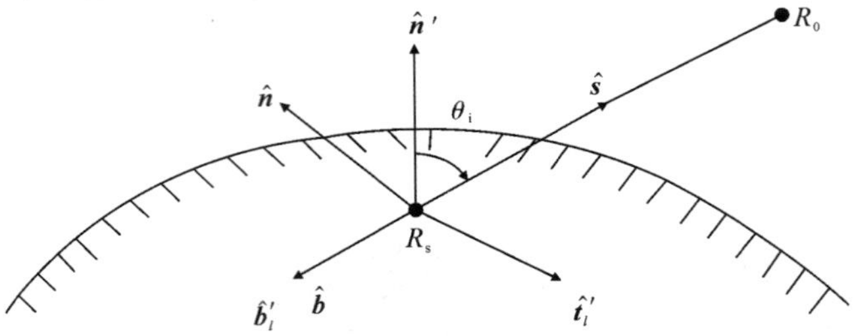

图 6.1.1 源在曲面上的直射场路径

源点 R_s 位于圆柱表面上，直射场的 UTD 公式可表示为

$$\mathrm{d}\boldsymbol{E}_e(R_0/R_s)=\mathrm{d}\boldsymbol{P}_e(R_s)\cdot\overline{\overline{T}}_e\cdot\frac{\mathrm{e}^{-\mathrm{j}ks}}{s}\tag{6.1.2}$$

$$\overline{\overline{T}}_e=\hat{\boldsymbol{n}}'\hat{\boldsymbol{n}}T_M+\hat{\boldsymbol{n}}'\hat{\boldsymbol{b}}T_N\tag{6.1.3}$$

此时场点 R_0 位于亮区。若暂时不考虑场的方向，其中各分量可写为

$$\mathrm{d}P_e(R_s)=C_0\frac{\mathrm{e}^{-\mathrm{j}ks_0}}{s_0}=F\tag{6.1.4}$$

此时场点 R_0 位于亮区。$\overline{\overline{T}}_e$ 为照明区直射场并矢系数：

$$\left.\begin{aligned}T_M&=-\frac{\mathrm{j}kZ_0}{4\pi}M\\T_N&=-\frac{\mathrm{j}kZ_0}{4\pi}N\end{aligned}\right\}\tag{6.1.5}$$

M、N 是从理想导电凸面上辐射的典型问题渐进解中导出的，其值见表 6.1.1。

表 6.1.1 参数

M	N	T_0	γ
$\sin\theta_i(H^l+T_0^2\gamma\cos\theta_i)$	$\sin(\theta_i)T_0\gamma$	$T(R_s)\rho_g(R_s)$	$\dfrac{S^l-H^l\cos\theta_i}{1+T_0^2\cos\theta_i}$

其中

$$\left.\begin{aligned}&H^l=g(\xi_l)\exp(-\mathrm{j}\xi_l^3/3)\\&S^l=[-\mathrm{j}/m_l(R_s)]\tilde{g}(\xi_l')\exp(-\mathrm{j}\xi_l^3/3)\\&\xi_l=-m_l(R_s)\cos(\theta_i)\\&m_l(R_s)=m(R_s)/[1+T_0^2\cos^2(\theta_i)]^{1/3}\\&m(l')=[k\rho_g(R_s)/2]^{1/3}\end{aligned}\right\}\tag{6.1.6}$$

$$\left.\begin{aligned}&T_0=T(R_s)\rho_g(R_s)\\&T=\frac{S^l-H^l\cos\theta_i}{1+T_0^2\cos\theta_i}\\&H^l=g(\xi_l)\exp\left(\frac{-\mathrm{j}\xi_l^3}{3}\right)\\&S^l=\frac{-\mathrm{j}}{m_l(R_s)}\tilde{g}(\xi_l)\exp\left(\frac{-\mathrm{j}\xi_l^3}{3}\right)\end{aligned}\right\}\tag{6.1.7}$$

式(6.1.7)中的硬型和软型福克函数 g 和 $\tilde{g}$ 为

$$\left.\begin{aligned}g(\xi)&=\frac{1}{\sqrt{\pi}}\int_{\exp(-j2\pi/3)}^{\infty}\frac{\exp(-j\tau\xi)}{W_2'(\tau)}d\tau\\ \tilde{g}(\xi)&=\frac{1}{\sqrt{\pi}}\int_{\exp(-j2\pi/3)}^{\infty}\frac{\exp(-j\tau\xi)}{W_2'(\tau)}d\tau\end{aligned}\right\}\tag{6.1.8}$$

式中：α'为曲面上点 R_s 处的切线矢量 $\hat{\boldsymbol{t}}_1'$与主方向 $\hat{\boldsymbol{\tau}}_2'$之间的夹角；$\theta_i$ 为曲面上点 R_s 处的法向单位矢量 $\hat{\boldsymbol{n}}'$与源点到场点的单位矢量 $\hat{\boldsymbol{s}}$ 之间的夹角；$\rho_g(R_s)$为源点处 R_s 的曲率半径；s 为源点 R_s 到场点 R_0 的距离；k 为传播常数。

其余参数(如曲率半径)的求法与源在面外相似。

6.2　反射射线场

6.2.1　散射体是理想导体的情况

当一簇射线从源投射到一个理想导电面上时，这些射线就会与表面作用激发出一簇反射射线。反射电场 $\boldsymbol{E}^r(R_0)$与直射场的表达式为

$$\boldsymbol{E}^r(R_0)=\boldsymbol{E}^i(Q_R)\cdot\overline{\overline{R}}\cdot\sqrt{\frac{\rho_1^r\rho_2^r}{(\rho_1^r+s^r)(\rho_2^r+s^r)}}e^{-jks^r}\tag{6.2.1}$$

式中：射线上的参考点选为曲面上的反射点 Q_R，如图 6.2.1 所示；ρ_1^r、ρ_2^r 是反射波阵面的两个主曲率半径；s^r 是沿反射射线从 Q_R 点到 R_0 点的距离。

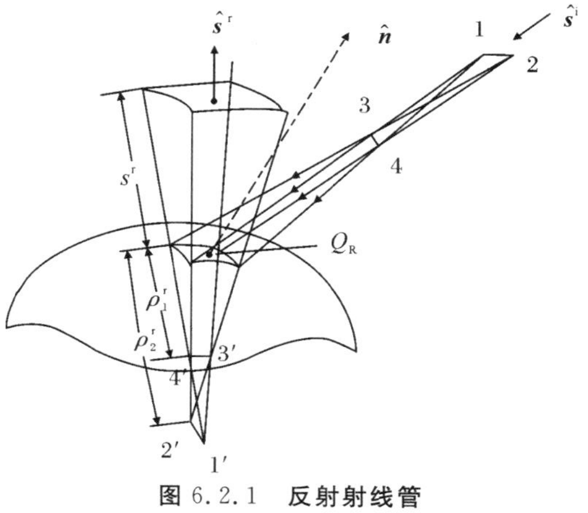

图 6.2.1　反射射线管

入射波比较常见的情况是球面波，此时可以证明

$$\frac{1}{\rho_{1,2}^r}=\frac{1}{s^i}+\frac{1}{\cos\theta^i}\left(\frac{\sin^2\theta_2}{R_1}+\frac{\sin^2\theta_1}{R_2}\right)\pm\sqrt{\frac{1}{\cos^2\theta^i}\left(\frac{\sin^2\theta_2}{R_1}+\frac{\sin^2\theta_1}{R_2}\right)^2-\frac{4}{R_1R_2}}\tag{6.2.2}$$

如果使用通常的直角坐标系，并矢 $\overline{\overline{R}}$ 应该有 9 个分量，但是如果使用分别固定在入射射线和反射射线上的一组单位矢量来表示场的分量，那么 $\overline{\overline{R}}$ 的表达式就简化了，这样的固定在入射射线和反射射线上的一组矢量就组成了反射的射线基坐标。

在由 $\hat{s}^{\mathrm{i}}$ 和 $\hat{n}$ 定义的入射面上，取单位矢量 $\hat{e}^{\mathrm{i}}_{/\!/}$ 垂直于 $\hat{s}^{\mathrm{i}}$，此时可知反射射线也在入射面上，因此同样在入射面上取单位矢量 $\hat{e}^{\mathrm{r}}_{/\!/}$ 垂直于 $\hat{s}^{\mathrm{r}}$，如图 6.2.2 所示，另外取单位矢量 $\hat{e}_{\perp}$ 垂直于入射面，则 $\hat{e}_{\perp}$ 自动分别垂直于入射方向和反射方向，这样 $\hat{e}^{\mathrm{i}}_{/\!/}$、$\hat{s}^{\mathrm{i}}$、$\hat{e}_{\perp}$、$\hat{s}^{\mathrm{i}}$、$\hat{s}^{\mathrm{r}}$、$\hat{e}_{\perp}$ 就构成了具体的反射的射线基坐标。

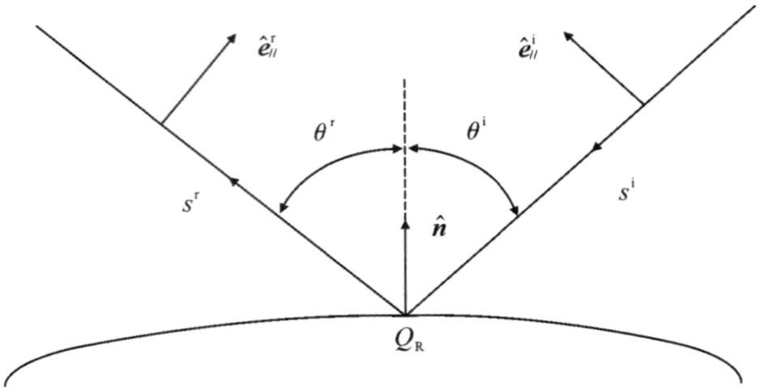

图 6.2.2 反射点处的射线基坐标

在射线基坐标下，有

$$\overline{\overline{R}}=\hat{e}^{\mathrm{i}}{}_{/\!/}\hat{e}^{\mathrm{r}}{}_{/\!/}R_{\mathrm{h}}+\hat{e}_{\perp}\hat{e}_{\perp}R_{\mathrm{s}} \tag{6.2.3}$$

式中：R_{s} 和 R_{h} 是声学当中的软、硬反射系数。

具体有

$$R_{\mathrm{s,h}}=-\sqrt{\frac{-4}{\xi^{L}}}\mathrm{e}^{-\mathrm{j}(\xi^{L})^{3}/12}\cdot\left\{\frac{\mathrm{e}^{-\mathrm{j}(\pi/4)}}{2\sqrt{\pi}\xi^{L}}[1-F(X^{L})]+\hat{P}_{\mathrm{s,h}}(\xi^{L})\right\} \tag{6.2.4}$$

其中

$F(X^{L})$表示福克函数，变量可以写为

$$\left.\begin{aligned}X^{L}&=kL\cdot2(\cos\theta^{\mathrm{i}})^{2}\\L&=\frac{s^{\mathrm{i}}s^{\mathrm{r}}}{s^{\mathrm{i}}+s^{\mathrm{r}}}\end{aligned}\right\} \tag{6.2.5}$$

$\hat{P}_{\mathrm{s,h}}(\xi^{L})$表示皮克里斯·卡略特函数，变量可以写为

$$\xi^{L}=-2M(Q_{\mathrm{R}})[f(Q_{\mathrm{R}})]\cos\theta^{\mathrm{i}} \tag{6.2.6}$$

$$M(Q_{\mathrm{R}})=\left[\frac{k\rho_{g}(Q_{\mathrm{R}})}{2}\right]^{1/3} \tag{6.2.7}$$

$$f(Q_{\mathrm{R}})=1+\left[\frac{\rho_{g}^{2}(Q_{\mathrm{R}})\cos^{2}\theta^{\mathrm{i}}}{\rho_{g}(Q_{\mathrm{R}})\rho_{t}(Q_{\mathrm{R}})}-\frac{\rho_{g}^{2}(Q_{\mathrm{R}})\cos^{2}\theta^{\mathrm{i}}}{R_{1}(Q_{\mathrm{R}})R_{2}(Q_{\mathrm{R}})}\right]\approx1 \tag{6.2.8}$$

6.2.2 散射体是导电媒质的情况

如果散射体的材质不是理想导体而是导电媒质，则常用的反射系数来自于电磁波向介质交界面斜入射的平行极化和垂直极化的反射系数。重新给出平行极化和垂直极化的反射系数：

$$\left.\begin{aligned}\Gamma_{\perp}&=\frac{\eta_{2}\cos\theta_{\mathrm{i}}-\eta_{1}\cos\theta_{\mathrm{t}}}{\eta_{2}\cos\theta_{\mathrm{i}}+\eta_{1}\cos\theta_{\mathrm{t}}}\\\Gamma_{/\!/}&=\frac{\eta_{1}\cos\theta_{\mathrm{i}}-\eta_{2}\cos\theta_{\mathrm{t}}}{\eta_{1}\cos\theta_{\mathrm{i}}+\eta_{2}\cos\theta_{\mathrm{t}}}\end{aligned}\right\} \tag{6.2.9}$$

考虑非磁性介质,即 $\mu_1=\mu_2=\mu_0$,式(6.2.9)可以简化为

$$\left.\begin{aligned}\Gamma_{\perp}&=\frac{\cos\theta_{\mathrm{i}}-\sqrt{\dfrac{\varepsilon_2}{\varepsilon_1}-\sin^2\theta_{\mathrm{i}}}}{\cos\theta_{\mathrm{i}}+\sqrt{\dfrac{\varepsilon_2}{\varepsilon_1}-\sin^2\theta_{\mathrm{i}}}}\\ \Gamma_{/\!/}&=\frac{\dfrac{\varepsilon_2}{\varepsilon_1}\cos\theta_{\mathrm{i}}-\sqrt{\dfrac{\varepsilon_2}{\varepsilon_1}-\sin^2\theta_{\mathrm{i}}}}{\dfrac{\varepsilon_2}{\varepsilon_1}\cos\theta_{\mathrm{i}}+\sqrt{\dfrac{\varepsilon_2}{\varepsilon_1}-\sin^2\theta_{\mathrm{i}}}}\end{aligned}\right\}\tag{6.2.10}$$

式(6.2.10)称为垂直极化波和平行极化波的菲涅尔公式。

再进一步考虑,媒质 1 为空气,媒质 2 为导电媒质,可知

$$\left.\begin{aligned}\varepsilon_1&=\varepsilon_0\\ \varepsilon_2&=\varepsilon_0\tilde{\varepsilon}_{\mathrm{r}}\end{aligned}\right\}\tag{6.2.11}$$

式中:$\tilde{\varepsilon}_{\mathrm{r}}$ 是等效相对复试介电常数。

$$\tilde{\varepsilon}_{\mathrm{r}}=\varepsilon_{\mathrm{r}}-\mathrm{j}\,\frac{\sigma}{\omega\varepsilon_0}\tag{6.2.12}$$

最终可得

$$\left.\begin{aligned}\Gamma_{\perp}&=\frac{\cos\theta_{\mathrm{i}}-\sqrt{\tilde{\varepsilon}_{\mathrm{r}}-\sin^2\theta_{\mathrm{i}}}}{\cos\theta_{\mathrm{i}}+\sqrt{\tilde{\varepsilon}_{\mathrm{r}}-\sin^2\theta_{\mathrm{i}}}}\\ \Gamma_{/\!/}&=\frac{\tilde{\varepsilon}_{\mathrm{r}}\cos\theta_{\mathrm{i}}-\sqrt{\tilde{\varepsilon}_{\mathrm{r}}-\sin^2\theta_{\mathrm{i}}}}{\tilde{\varepsilon}_{\mathrm{r}}\cos\theta_{\mathrm{i}}+\sqrt{\tilde{\varepsilon}_{\mathrm{r}}-\sin^2\theta_{\mathrm{i}}}}\end{aligned}\right\}\tag{6.2.13}$$

这样的反射系数在有耗导电劈的绕射系数中也有使用。

6.3　边缘绕射射线场

6.3.1　散射体是理想导体的情况

根据文献[6]和文献[12]中给出的结果,边缘绕射场最终可以写为

$$\boldsymbol{E}^{\mathrm{d}}(R_0)=\boldsymbol{E}^{\mathrm{i}}(Q_{\mathrm{D}})\cdot\overline{\overline{D}}\cdot A(s)\mathrm{e}^{-\mathrm{j}ks^{\mathrm{d}}}\tag{6.3.1}$$

式中:$A(s)$为扩散因子,它说明场沿绕射射线的振幅变化。

$$A(s)=\begin{cases}\dfrac{1}{\sqrt{s^{\mathrm{d}}}}, & \text{平面波、柱面波、锥面波入射（柱面波的情况下 } s \text{ 换成 } \rho=s\sin\beta_0\text{）}\\ \sqrt{\dfrac{s^0}{s^{\mathrm{d}}(s^0+s^{\mathrm{d}})}}, & \text{球面波入射}\end{cases}\tag{6.3.2}$$

如图 6.3.1 所示,如果使用直角坐标系,并矢 $\overline{\overline{D}}$ 应该有 9 个分量,因此引入射线基坐标,使用固定在入射射线和出射射线上的一组单位矢量来表示场的分量,构成边缘绕射的射线基坐标。边缘绕射的入射面包括入射射线、与边缘相切的单位矢量 $\hat{\boldsymbol{e}}$,出射面包括出射射

线和 $\hat{e}$，它们可以看成是以 $\hat{e}$ 为极轴的方位角面，这样它们的位置可以由角度 φ' 和 φ 确定，如图 6.3.2 所示。这样取单位矢量 $\hat{\boldsymbol{\varphi}}'$ 和 $\hat{\boldsymbol{\varphi}}$ 分别垂直于入射面和绕射面，令单位矢量 $\hat{\boldsymbol{\beta}}'_0$ 和 $\hat{\boldsymbol{\beta}}_0$ 分别平行于入射面和绕射面，并且有

$$\left.\begin{array}{l}\hat{\boldsymbol{\beta}}'_0=\hat{\boldsymbol{s}}'_0\times\hat{\boldsymbol{\varphi}}'_0\\ \hat{\boldsymbol{\beta}}_0=\hat{\boldsymbol{s}}_0\times\hat{\boldsymbol{\varphi}}_0\end{array}\right\} \tag{6.3.3}$$

这样($\hat{\boldsymbol{\beta}}'_0$　$\hat{\boldsymbol{s}}'_0$　$\hat{\boldsymbol{\varphi}}'_0$)和($\hat{\boldsymbol{\beta}}_0$　$\hat{\boldsymbol{s}}_0$　$\hat{\boldsymbol{\varphi}}_0$)就构成了具体的边缘绕射的射线基坐标。

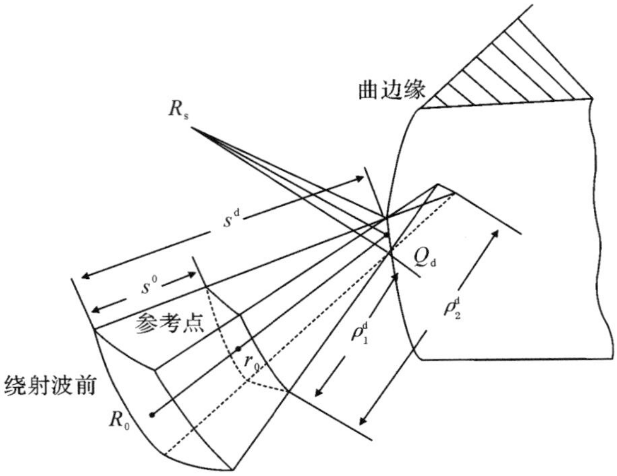

图 6.3.1　边缘绕射射线管

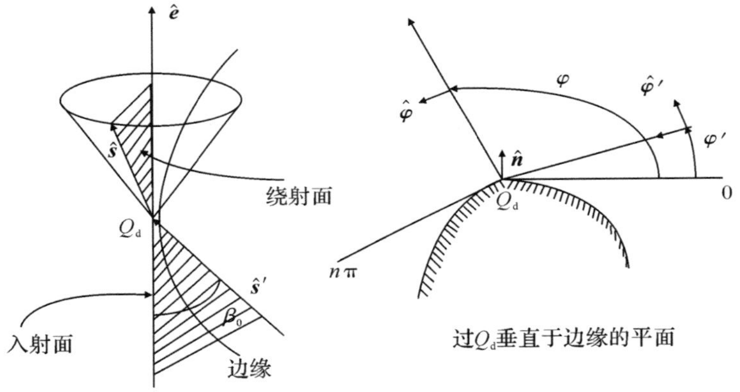

图 6.3.2　边缘绕射射线基坐标

在射线基坐标下，有

$$\overline{\overline{D}}=-\hat{\boldsymbol{\beta}}'_0\hat{\boldsymbol{\beta}}_0D_s-\hat{\boldsymbol{\varphi}}'\hat{\boldsymbol{\varphi}}D_h \tag{6.3.4}$$

并且有

$$D_{s,h}(\varphi,\varphi';\beta_0)=\frac{-e^{-j\pi/4}}{2n\sqrt{2\pi k}\sin\beta_0}\times$$
$$\left(\left\{\cot\left[\frac{\pi+(\varphi-\varphi')}{2n}\right]F[kLa^+(\varphi-\varphi')]+\right.\right.$$
$$\left.\cot\left[\frac{\pi-(\varphi-\varphi')}{2n}\right]F[kLa^-(\varphi-\varphi')]\right\}\mp$$

$$\left\{\cot\left[\frac{\pi+(\varphi+\varphi')}{2n}\right]F[kLa^{+}(\varphi+\varphi')]+\right.$$

$$\left.\cot\left[\frac{\pi-(\varphi+\varphi')}{2n}\right]F[kLa^{-}(\varphi+\varphi')]\right\}\Bigg) \quad (6.3.5)$$

式中：β_0 是入射线与绕射边的夹角；φ 和 φ' 如图 6.3.2 所示，边缘的两个切平面分别对应 $\varphi=0$ 和 $\varphi=n\pi$。

式中

$$a^{\pm}=\cos(2n\pi N^{\pm}-\beta)+1 \quad (6.3.6)$$

$N^{\pm}$ 是满足下列方程的最小整数：

$$\left.\begin{aligned}2\pi nN^{+}-\beta=\pi\\2\pi nN^{-}-\beta=-\pi\end{aligned}\right\} \quad (6.3.7)$$

$$\beta=\varphi\pm\varphi' \quad (6.3.8)$$

显然 N^{+}、N^{-} 各自都有两个值，对应绕射系数公式中的四项。

$a^{\pm}(\beta)$ 是场点和入射或反射边界之间的角间距，上标对应 $N^{\pm}$ 的上标。$N^{\pm}$ 是 n 和 $\beta=\varphi\pm\varphi'$ 的函数，对于外边缘绕射（内角小于 π 的边缘）来说，$N^{+}=0$ 或 1，$N^{-}=-1$、0 或 1，$N^{\pm}$ 随 n 和 $\beta=\varphi\pm\varphi'$ 变化的值如图 6.3.3 所示。

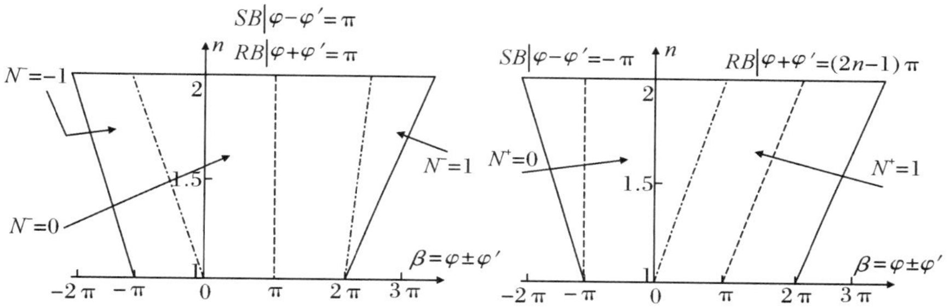

图 6.3.3　随 n 和 $\beta=\varphi\pm\varphi'$ 变化的 $N^{\pm}$

靠近入射和反射阴影边界的 $N^{\pm}$ 值特别重要，这两个边界在图中用虚线标出。点划线代表 $N^{\pm}$ 取值的分解，实线梯形区域代表 $0\leqslant\varphi,\varphi'\leqslant n\pi$，$1\leqslant n\leqslant 2$ 时 β 的容许值。在入射或反射阴影边界上，绕射系数中有一个余切函数变为无穷大，其他三个则为有限值，见表 6.3.1。

表 6.3.1　阴影边界上的值

	cot 函数变为无穷大的条件	阴影边界上的 $N^{\pm}$ 值
$\cot\left[\frac{\pi+(\varphi-\varphi')}{2\pi}\right]$	入射阴影边界，$\varphi-\varphi'=-\pi$，$\varphi=0$ 的劈面被遮挡	$N^{+}=0$
$\cot\left[\frac{\pi-(\varphi-\varphi')}{2\pi}\right]$	入射阴影边界，$\varphi-\varphi'=\pi$，$\varphi=n\pi$ 的劈面被遮挡	$N^{-}=0$
$\cot\left[\frac{\pi+(\varphi+\varphi')}{2\pi}\right]$	反射阴影边界，$\varphi+\varphi'=(2n-1)\pi$，在 $\varphi=n\pi$ 的面上反射	$N^{+}=1$
$\cot\left[\frac{\pi-(\varphi+\varphi')}{2\pi}\right]$	入射阴影边界，$\varphi+\varphi'=\pi$，在 $\varphi=0$ 的面上反射	$N^{-}=0$

$F(X)$表示过渡函数，L 是距离参数，它和扩散因子 $A(s)$一样与入射波的形式有关。

$$L=\left\{\begin{array}{ll} s^0\sin\beta_0, & \text{平面波入射} \\ \dfrac{rr'}{r+r'}, & \text{柱面波入射} \\ \dfrac{s^0 s^{\mathrm{d}}}{s^0+s^{\mathrm{d}}}\sin^2\beta_0, & \text{锥面波和球面波入射} \end{array}\right\} \tag{6.3.9}$$

$\varphi'=0$ 或 $\varphi'=n\pi$ 的掠入射需要单独进行考虑。在这种情况下，$D_{\mathrm{s}}=0$，D_{h} 需要乘以$\frac{1}{2}$，如果把掠入射看作是斜入射的极限情况就可以了解 D_{h} 乘以$\frac{1}{2}$的原因。因为在掠入射情况下，入射场和反射场融合在一起，因此沿劈面传播到边缘的总场一半是入射场，另一半是反射场，尽管如此，此时还是把总场看作是“入射”比较方便，因此在 $\varphi'=0$ 或 $\varphi'=n\pi$ 时应在硬绕射系数上乘以$\frac{1}{2}$。

如果 $n=1$ 或 $n=2$，此时式(6.3.6)简化为

$$a^{\pm}(\beta)=a(\beta)=2\cos^2(\beta/2) \tag{6.3.10}$$

于是

$$\begin{aligned} &\cot\left(\frac{\pi+\beta}{2n}\right)F[kLa^+(\beta)]+\cot\left(\frac{\pi-\beta}{2n}\right)F[kLa^-(\beta)] \\ &=\left[\cot\left(\frac{\pi+\beta}{2n}\right)+\cot\left(\frac{\pi-\beta}{2n}\right)\right]F[kLa(\beta)] \\ &=\frac{-2\sin\pi/n}{\cos\pi/n-\cos\beta/n}F[kLa(\beta)] \end{aligned} \tag{6.3.11}$$

当 $n=1$ 时没有边缘，边界面就是无穷大理想导电平面，此时绕射系数为零。当 $n=2$ 时劈面变为半平面，此时绕射系数为

$$D_{\mathrm{s,h}}(\varphi,\varphi';\beta_0)=\frac{-\mathrm{e}^{-\mathrm{j}\pi/4}}{2\sqrt{2\pi k}\sin\beta_0}\left\{\frac{F[kLa(\varphi-\varphi')]}{\cos[(\varphi-\varphi')/2]}\mp\frac{F[kLa(\varphi+\varphi')]}{\cos[(\varphi+\varphi')/2]}\right\} \tag{6.3.12}$$

6.3.2 散射体是导电媒质的情况

如果构成边缘的平面是有耗的导电媒质，那么边缘绕射系数需要做出相应的修正，这样的绕射系数在平面六边形建模的城市环境电磁问题计算中得到了应用。关于导电媒质构成的边缘，其绕射系数有较多的文献可以参考，它们分别适合不同的情况。本节主要介绍适合平面六面体直边缘的介质劈 UTD 绕射公式。

根据图 6.3.4，定义入射角参数 α：

$$\left.\begin{array}{l} \alpha_0=\min(\phi_{\mathrm{i}},\phi_{\mathrm{d}}) \\ \alpha_n=\min(n\pi-\phi_{\mathrm{i}},n\pi-\phi_{\mathrm{d}}) \end{array}\right\} \tag{6.3.13}$$

可以写出此时的劈绕射系数为

$$D^{\mathrm{s,h}}=K_n^{\mathrm{s,h}}(W_n^{\mathrm{s,h}}D_2+R_n^{\mathrm{s,h}}D_4)+K_0^{\mathrm{s,h}}(W_0^{\mathrm{s,h}}D_1+R_0^{\mathrm{s,h}}D_3) \tag{6.3.14}$$

其中 D_1、D_2、D_3 和 D_4 是式(6.3.5)中的分项：

$$\left.\begin{aligned}D_1&=\frac{-\mathrm{e}^{-\mathrm{j}\pi/4}}{2n\sqrt{2\pi k}\sin\beta_0}\cot\left[\frac{\pi-(\varphi-\varphi')}{2n}\right]F[kLa^-(\varphi-\varphi')]\\D_2&=\frac{-\mathrm{e}^{-\mathrm{j}\pi/4}}{2n\sqrt{2\pi k}\sin\beta_0}\cot\left[\frac{\pi+(\varphi-\varphi')}{2n}\right]F[kLa^+(\varphi-\varphi')]\\D_3&=\frac{-\mathrm{e}^{-\mathrm{j}\pi/4}}{2n\sqrt{2\pi k}\sin\beta_0}\cot\left[\frac{\pi-(\varphi+\varphi')}{2n}\right]F[kLa^-(\varphi+\varphi')]\\D_4&=\frac{-\mathrm{e}^{-\mathrm{j}\pi/4}}{2n\sqrt{2\pi k}\sin\beta_0}\cot\left[\frac{\pi+(\varphi+\varphi')}{2n}\right]F[kLa^+(\varphi+\varphi')]\end{aligned}\right\}\tag{6.3.15}$$

$$\left.\begin{aligned}W_0^{\mathrm{s,h}}&=\begin{cases}R_0^{\mathrm{s,h}}(\alpha_0)R_n^{\mathrm{s,h}}(\alpha_n), & \phi_\mathrm{i}\geqslant\phi_\mathrm{d}\\1, & \phi_\mathrm{i}<\phi_\mathrm{d}\end{cases}\\W_n^{\mathrm{s,h}}&=\begin{cases}1, & \phi_\mathrm{i}\geqslant\phi_\mathrm{d}\\R_0^{\mathrm{s,h}}(\alpha_0)R_n^{\mathrm{s,h}}(\alpha_n), & \phi_\mathrm{i}<\phi_\mathrm{d}\end{cases}\end{aligned}\right\}\tag{6.3.16}$$

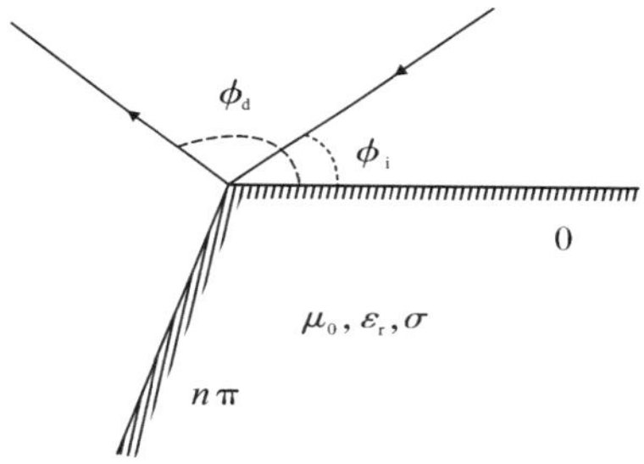

图 6.3.4　有耗导电劈的绕射

请注意，此处的入射角参数不是入射射线与法线的夹角，可以写出此时的菲涅尔反射系数：

$$\left.\begin{aligned}R^\mathrm{h}(\alpha)&=\frac{\tilde{\varepsilon}_\mathrm{r}\sin\alpha-\sqrt{\tilde{\varepsilon}_\mathrm{r}-\cos^2\alpha}}{\tilde{\varepsilon}_\mathrm{r}\sin\alpha+\sqrt{\tilde{\varepsilon}_\mathrm{r}-\cos^2\alpha}}\\R^\mathrm{s}(\alpha)&=\frac{\sin\alpha-\sqrt{\tilde{\varepsilon}_\mathrm{r}-\cos^2\alpha}}{\sin\alpha+\sqrt{\tilde{\varepsilon}_\mathrm{r}-\cos^2\alpha}}\end{aligned}\right\}\tag{6.3.17}$$

$$\left.\begin{aligned}&K_0^{\mathrm{s,h}}=K_n^{\mathrm{s,h}}=0.5, \quad \phi_\mathrm{i}=0\ \text{或}\ \phi_\mathrm{i}=n\\&K_0^{\mathrm{s,h}}=K_n^{\mathrm{s,h}}=1, \quad \phi_\mathrm{i},\phi_n\ \text{为其他值}\end{aligned}\right\}\tag{6.3.18}$$

6.4　表面绕射射线场

旁掠入射，或者在曲面切平面内入射的射线会激发出一组表面绕射射线，如图 6.4.1 所示，这样的射线沿着凸曲面上的测地线(或称短程线)传播，因此会携带能量进入暗区。由于表面绕射射线在曲面上传播时会持续不断地沿测地线的切线方向发出绕射射线，所以与其有关的射线场衰减得很快。

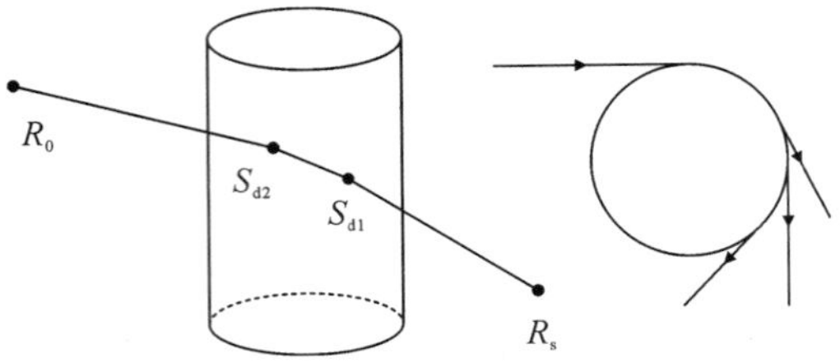

图 6.4.1　表面绕射射线

6.4.1　辐射源不在几何体表面的绕射场

表面绕射场可以写为

$$\boldsymbol{E}^{\mathrm{d}}(R_0)=\boldsymbol{E}^{\mathrm{d}}(S_{\mathrm{d2}})\cdot\sqrt{\frac{\rho_2^{\mathrm{d}}}{s^{\mathrm{d}}(\rho_2^{\mathrm{d}}+s^{\mathrm{d}})}}\,\mathrm{e}^{-\mathrm{j}ks^{\mathrm{d}}} \tag{6.4.1}$$

其中

$$\boldsymbol{E}^{\mathrm{d}}(S_{\mathrm{d2}})=\boldsymbol{E}^{\mathrm{i}}(S_{\mathrm{d1}})\cdot\overline{\overline{T}}(S_{\mathrm{d1}},S_{\mathrm{d2}}) \tag{6.4.2}$$

如图 6.4.2 所示，R_s、R_0 为源点和场点，参考点取在出射点 S_{d2} 处，因此 ρ_2^{d} 表示绕射射线管上出射点到焦散的距离，s^{d}、s^{i} 分别是绕射射线和入射射线的长度，$\boldsymbol{E}^{\mathrm{i}}(S_{\mathrm{d1}})$是入射点处的几何光学直射场。$\overline{\overline{T}}(S_{\mathrm{d1}},S_{\mathrm{d2}})$式中引入并矢绕射系数(又称并矢传输函数)$\overline{\overline{T}}(S_{\mathrm{d1}},S_{\mathrm{d2}})$用来说明 S_{d1} 点表面射线场的发射，S_{d1}、S_{d2}之间表面射线场的衰减以及 S_{d2}点表面射线场的绕射量。$\overline{\overline{T}}(Q_1,Q_2)$的具体形式也可以由典型问题的渐进解求得。

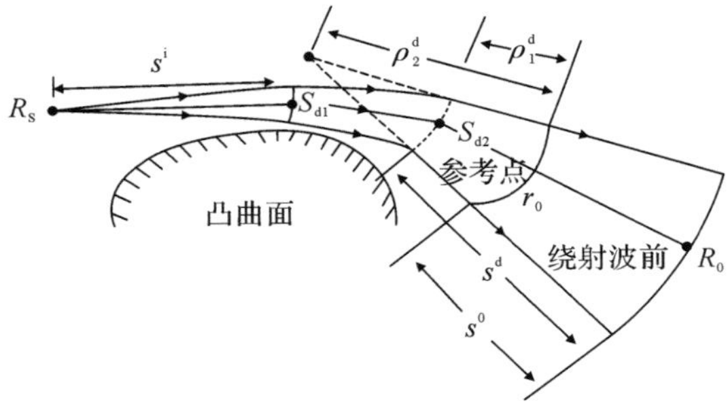

图 6.4.2　表面绕射射线的射线管

同样的，如果使用直角坐标系，并矢 $\overline{\overline{T}}$ 应该有 9 个分量，因此引入射线基坐标。使用固定在入射射线和出射射线上的一组单位矢量来表示场的分量，构成表面绕射的射线基坐标。令 $\hat{\boldsymbol{t}}_1$、$\hat{\boldsymbol{t}}_2$ 分别表示表面射线路径在 S_{d1}、S_{d2}点处的单位切向矢量，$\hat{\boldsymbol{n}}_1$、$\hat{\boldsymbol{n}}_2$ 表示曲面在 S_{d1}、S_{d2}点的单位法向矢量，如图 6.4.3 所示，就可以得到从法线矢量 $\hat{\boldsymbol{b}}_{1,2}=\hat{\boldsymbol{t}}_{1,2}\times\hat{\boldsymbol{n}}_{1,2}$。这样($\hat{\boldsymbol{t}}_1$　$\hat{\boldsymbol{n}}_1$　$\hat{\boldsymbol{b}}_1$)和($\hat{\boldsymbol{t}}_2$　$\hat{\boldsymbol{n}}_2$　$\hat{\boldsymbol{b}}_2$)就构成了具体的表面绕射的射线基坐标。

在射线基坐标下，有

$$\overline{\overline{T}}=T_{\mathrm{s}}\hat{\boldsymbol{b}}_1\hat{\boldsymbol{b}}_2+T_{\mathrm{h}}\hat{\boldsymbol{n}}_1\hat{\boldsymbol{n}}_2$$

其中

$$T_{\mathrm{s,h}}=-\left[\sqrt{m(S_{\mathrm{d1}})m(S_{\mathrm{d2}})}\sqrt{\frac{2}{k}}\left\{\frac{\mathrm{e}^{-\mathrm{j}(\pi/4)}}{2\xi^{\mathrm{d}}\sqrt{\pi}}[1-F(X^{\mathrm{d}})]+\hat{\boldsymbol{P}}_{\mathrm{s,h}}(\xi^{\mathrm{d}})\right\}\right]\sqrt{\frac{\mathrm{d}\eta(S_{\mathrm{d1}})}{\mathrm{d}\eta(S_{\mathrm{d2}})}}\,\mathrm{e}^{-\mathrm{j}kt}$$

(6.4.3)

其中

$$m(s)=\left[\frac{k\rho_g(s)}{2}\right]^{1/3}$$

$F(X^{\rm d})$表示过渡函数，自变量为

$$\left.\begin{aligned}X^{\rm d}&=kL\tilde{a}=\frac{kL^{\rm d}(\xi^{\rm d})^2}{2m(S_{\rm d1})m(S_{\rm d2})}\\L^{\rm d}&=s^{\rm i}\end{aligned}\right\}\tag{6.4.4}$$

$\hat{\boldsymbol{P}}_{\rm s,h}(\xi^{\rm d})$表示皮克里斯·卡略特函数，自变量为

$$\xi^{\rm d}=\int_{S_{\rm d1}}^{S_{\rm d2}}\frac{m(s)}{\rho_g(s)}{\rm d}s\tag{6.4.5}$$

式中：$\rho_g(s)$表示沿曲面绕射路径上任意点处的曲率半径；k 为传播常数。

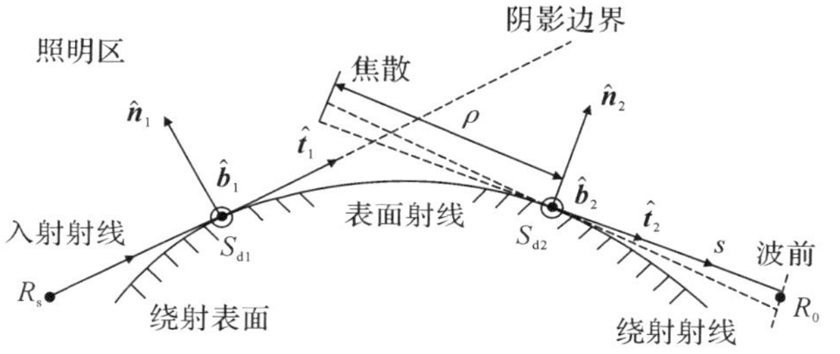

图 6.4.3　光滑凸曲面的绕射俯视图

从图 6.4.3 中可以看出，$d\eta(S_{\rm d1})$和 $d\eta(S_{\rm d2})$分别代表第一个绕射点 $S_{\rm d1}$ 和第二个绕射点 $S_{\rm d2}$ 的表面射线片(或管)的宽度。

有下关系式：

$$\sqrt{\frac{{\rm d}\eta(S_{\rm d1})}{{\rm d}\eta(S_{\rm d2})}}=\sqrt{\frac{s^{\rm i}}{s^{\rm i}+t}}\tag{6.4.6}$$

$$\rho_2^{\rm d}=s^{\rm i}+t\tag{6.4.7}$$

式中：t 表示绕射射线路径在曲面上的长度，即曲面上两个绕射点之间的测地线长度：

$$t=\int_{S_{\rm d1}}^{S_{\rm d2}}{\rm d}s\tag{6.4.8}$$

6.4.2　辐射源位于几何体表面的绕射场

接下来给出源点在曲面上的绕射场 UTD 公式，射线路径如图 6.4.4 所示。

源点 $R_{\rm s}$ 位于表面上，考虑阴影边界后的 UTD 公式可表示为

$$d\boldsymbol{E}_e(R_0\mid S_{\rm d1})={\rm d}\boldsymbol{P}_e(S_{\rm d1})\cdot\overline{\overline{T}}_e(S_{\rm d1}\mid S_{\rm d2})\sqrt{\frac{\rho_c}{s^{\rm d}(\rho_c+s^{\rm d})}}{\rm e}^{-{\rm j}ks^{\rm d}}\tag{6.4.9}$$

$$\overline{\overline{T}}_e=T_{\rm h}\hat{\boldsymbol{n}}'\hat{\boldsymbol{n}}+T_{\rm s}\hat{\boldsymbol{n}}'\hat{\boldsymbol{b}}\tag{6.4.10}$$

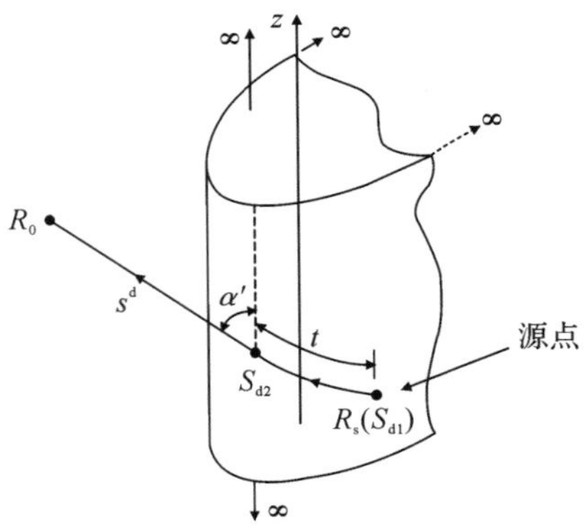

图 6.4.4　源点在圆柱曲面上的绕射路径

此时场点 R_0 位于阴影区。S_{d1} 和源点重合，S_{d2} 为第二个绕射点。若暂时不考虑场的方向，其中各分量可写为

$$dP_e(S_{d1})=C_0\ \frac{e^{-jks_0}}{s_0}=F \tag{6.4.11}$$

即相位迟延因子 s_0 为源点和第一个绕射点之间的实际距离，而振幅衰减因子 $s_0=1$。

$$\left.\begin{aligned} T_h&=\frac{-jkZ_0}{4\pi}T_5(S_{d1})He^{-jkt}\sqrt{\frac{d\varphi_0}{d\eta(S_{d2})}}\left[\frac{\rho_g(S_{d2})}{\rho_g(S_{d1})}\right]^{1/6} \\ T_s&=\frac{-jkZ_0}{4\pi}T_6(S_{d1})Se^{-jkt}\sqrt{\frac{d\varphi_0}{d\eta(S_{d2})}}\left[\frac{\rho_g(S_{d2})}{\rho_g(S_{d1})}\right]^{1/6}\end{aligned}\right\} \tag{6.4.12}$$

由图 6.4.5 可以看出，$d\eta(S_{d2})$代表 S_{d2} 点的表面射线片(或管)的宽度，可得如下关系式：

$$\sqrt{\frac{d\varphi_0}{d\eta(S_{d2})}}=\sqrt{\frac{d\varphi_0}{\rho_c d\varphi}}=\sqrt{\frac{1}{\rho_c}},\rho_c=t(\rho_c\ \text{为焦散矩}) \tag{6.4.13}$$

$$t=\int_{S_{d1}}^{S_{d2}}dt' \tag{6.4.14}$$

$$dE_e(R_0\,|\,S_{d1})=F\cdot\left[\frac{-jkZ_0}{4\pi}T_{5,6}(S_{d1})(H,S)e^{-jkt}\sqrt{\frac{1}{\rho_c}}\right]\cdot\sqrt{\frac{\rho_c}{s^d(\rho_c+s^d)}}\,e^{-jks^d} \tag{6.4.15}$$

其中

$$\left.\begin{aligned} T_5(S_{d1})&=1 \\ T_6(S_{d1})&=T(R_{d1})\rho_g(R_{d1})\end{aligned}\right\} \tag{6.4.16}$$

$$\left.\begin{aligned} H&=g(\xi) \\ S&=\frac{-j}{m(S_{d1})}\tilde{g}(\xi)\end{aligned}\right\} \tag{6.4.17}$$

这里 $g(\xi)$和 $\tilde{g}(\xi)$分别代表声学的硬和软型福克函数(或福克积分)。

$$\xi=\int_{S_{d1}}^{S_{d2}}\frac{m(t')}{\rho_g(t')}dt',m(t')=\left[\frac{k\rho_g(t')}{2}\right]^{1/3} \tag{6.4.18}$$

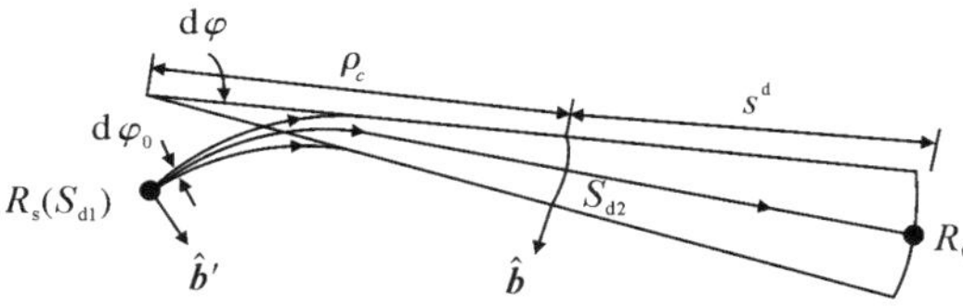

图 6.4.5　说明射线扩散的表面绕射射线管的顶视图

阴影区场的参数见表 6.4.1。

表 6.4.1　阴影区场的参数

凸曲面型式	缝隙或 dP_m 辐射			缝隙或 dP_e 辐射		
	$T_1(Q')$	$T_2(Q')$	$T_3(Q')$	$T_4(Q')$	$T_5(Q')$	$T_6(Q')$
球	1	1	0	0	1	0
圆柱	1	1	$\frac{\sin\alpha'}{2a}\cdot\frac{a}{\sin^2\alpha'}$	0	1	$\frac{\sin\alpha'}{2a}\cdot\frac{a}{\sin^2\alpha'}$
任意凸曲面	1	1	$T(Q')\rho_g(Q')$	0	1	$T(Q')\rho_g(Q')$

凸曲面型式	表面射线扭矩 $T(Q')$	$\hat{t}$ 方向的表面曲率半径 $\rho_g(Q')$	表面绕射射线焦散距离 ρ_c
球	0	a	$a\tan\left(\frac{t}{a}\right)$
圆柱	$\frac{\sin\alpha'}{2a}$	$\frac{a}{\sin^2\alpha'}$	t

式中：s^d 为绕射点 S_{d2} 到到场点 R_0 的距离；t 为曲面上$\overline{S_{d1}S_{d2}}$的弧长（测地线）；α' 为绕射点处射线的切线方向和主方向 $\hat{U}_2$ 的夹角；$\rho_g(t')$ 为绕射路径上任意一点处的曲率半径；k 为传播常数。

具体参数（如曲率半径等）的求法与源在面外相似。

6.5　尖顶绕射场以及二次作用射线场

6.5.1　尖顶绕射场

存在尖顶绕射射线就存在相应形式的尖顶绕射射线场，也称拐角绕射场。可以将拐角看作是由一对有限长直边缘相交形成的，如图 6.5.1 所示。

在利用 ECM 的辐射积分进行渐进计算的基础上，Sikta 和 Burnside 提出了尖顶绕射系数的经验解。UTD 中的尖顶绕射总场为构成尖顶的每条边所产生的尖顶绕射场之和，例如立方体的每一个尖点由三条边缘汇聚而成，因此每一个尖顶的绕射场为三条边缘中每条边缘产生的尖顶绕射场之和。

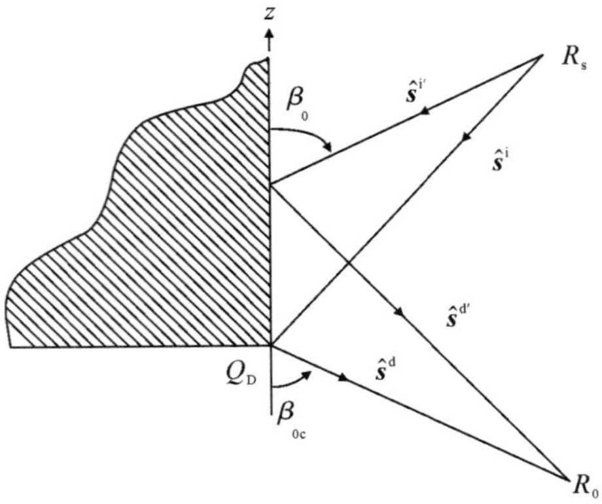

图 6.5.1　尖顶绕射问题的几何关系

分析图 6.5.1 中理想导电平面的 90°拐角。当球面波入射(或点源照射)时,构成直角尖顶的每一个边缘产生的尖顶绕射场可以写为

$$\boldsymbol{E}^{d}=E_{\beta_0}\hat{\boldsymbol{\beta}}_0+E_{\phi}\hat{\boldsymbol{\phi}} \tag{6.5.1}$$

其中

$$\begin{bmatrix}E_{\beta_0}\\E_{\phi}\end{bmatrix}=\begin{bmatrix}-D_s & 0\\0 & -D_h\end{bmatrix}\begin{bmatrix}E^{i}_{\beta'_0}\\E^{i}_{\phi'}\end{bmatrix}\sqrt{\frac{s^{i'}}{s^{d'}(s^{d'}+s^{i'})}}\sqrt{\frac{s^{d}(s^{d}+s^{i})}{s^{i}}}\frac{e^{-jks^{d}}}{s^{d}} \tag{6.5.2}$$

其中的尖顶绕射系数为

$$D_{s,h}=\frac{e^{-j\pi/4}}{\sqrt{2\pi k}}C_{s,h}(Q_D)\frac{\sqrt{\sin\beta_0\sin\beta_{0c}}}{\cos\beta_{0c}-\cos\beta_c}F[kLa(\pi+\beta_{0c}-\beta_c)] \tag{6.5.3}$$

对于平面尖顶来说,$C_{s,h}$为

$$C_{s,h}=\frac{-e^{-j\pi/4}}{2\sqrt{2\pi k}\sin\beta_0}\left\{\frac{F[kLa(\beta^-)]}{\cos\left(\frac{\beta^-}{2}\right)}\left|F\left[\frac{\frac{kLa(\beta^-)}{2\pi}}{kL_c a(\pi+\beta_{0c}-\beta_c)}\right]\right|\mp\right.$$
$$\left.\frac{F[kLa(\beta^+)]}{\cos\left(\frac{\beta^+}{2}\right)}\left|F\left[\frac{\frac{kLa(\beta^+)}{2\pi}}{kL_c a(\pi+\beta_{0c}-\beta_c)}\right]\right|\right\} \tag{6.5.4}$$

式中:$F(X)$为过渡函数;$\beta^{\mp}=\phi\mp\phi'$;$a(\phi)\equiv 2\cos^2(\phi/2)$。

此外,球面波入射时,有

$$\left.\begin{aligned}L&=\frac{s^{i'}s^{d'}}{s^{d'}+s^{i'}}\sin\beta_0\\L_c&=\frac{s^{d}s^{i}}{s^{d}+s^{i}}\end{aligned}\right\} \tag{6.5.5}$$

式(6.5.4)给出的 $C_{s,h}$是在半平面($n=2$)下的尖顶绕射系数的特殊形式。

修正因子$\left|F\left[\frac{\frac{kLa(\beta)}{2\pi}}{kL_c a(\pi+\beta_{0c}-\beta_c)}\right]\right|$是一个经验性的函数,它保证了绕射系数在通过边

缘的阴影边界时不会突然改变符号，尖顶绕射场对于保证高频场在通过阴影边界时的连续性有一定的贡献。

6.5.2 高次射线场

与高次作用射线一样，高次作用射线场的求解就是经过多次一阶射线场求解连接得到高次作用射线场，例如二次反射即在两个反射点处计算两次反射场。

需要指出的是，一般尖顶绕射场、三次及以上的高次作用射线场衰减得比较快，对总场的贡献有限，只有在一次作用射线无法到达的位置起主要作用，因此一般可以忽略不计。

6.6 NURBS - UTD 的场值求解

NURBS - UTD 方法作为 UTD 方法的新发展，同样以射线场的求解作为最终目标，解决的也是求解射线场的一致性表达形式：

$$\boldsymbol{E}(R_0)=\boldsymbol{E}(Q)\cdot\overline{\overline{D}}\cdot A(s)\mathrm{e}^{-\mathrm{j}ks}$$

(1)直射射线场：

$$\boldsymbol{E}^{\mathrm{i}}(R_0)=\boldsymbol{E}^{\mathrm{i}}(R_{\mathrm{S}})\sqrt{\left(\frac{\rho_1^{\mathrm{i}}}{\rho_1^{\mathrm{i}}+s^{\mathrm{i}}}\right)\left(\frac{\rho_2^{\mathrm{i}}}{\rho_2^{\mathrm{i}}+s^{\mathrm{i}}}\right)}\,\mathrm{e}^{-\mathrm{j}ks^{\mathrm{i}}}$$

(2)边缘绕射射线场：

$$\boldsymbol{E}^{\mathrm{d}}(R_0)=\boldsymbol{E}^{\mathrm{i}}(Q_{\mathrm{D}})\cdot\overline{\overline{D}}\cdot A(s)\mathrm{e}^{-\mathrm{j}ks^{\mathrm{d}}}$$

(3)反射射线场：

$$\boldsymbol{E}^{\mathrm{r}}(R_0)=\boldsymbol{E}^{\mathrm{i}}(Q_{\mathrm{R}})\cdot\overline{\overline{R}}\cdot\sqrt{\frac{\rho_1^{\mathrm{r}}\rho_2^{\mathrm{r}}}{(\rho_1^{\mathrm{r}}+s^{\mathrm{r}})(\rho_2^{\mathrm{r}}+s^{\mathrm{r}})}}\,\mathrm{e}^{-\mathrm{j}ks^{\mathrm{r}}}$$

(4)表面绕射射线场：

$$\boldsymbol{E}^{\mathrm{d}}(R_0)=\boldsymbol{E}^{\mathrm{d}}(S_{\mathrm{d2}})\cdot\sqrt{\frac{\rho_2^{\mathrm{d}}}{s^{\mathrm{d}}(\rho_2^{\mathrm{d}}+s^{\mathrm{d}})}}\,\mathrm{e}^{-\mathrm{j}ks^{\mathrm{d}}}$$

(5)二次作用射线场：表示为相连的两个一次作用场。

NURBS - UTD 方法中具体公式与参数意义与解析 UTD 方法相同，主要解决的同样是并矢作用系数 $\overline{\overline{D}}$ 的求解，它的表达式虽然根据不同的射线类型而不同，但是从 NURBS 表达式以及寻迹结果，依照微分几何的概念，可以通过数值计算得到所需的各个参数。

例如曲面的两个主曲率半径 R_1、R_2，参数曲面的主曲率满足的方程如下：

$$(EG-F^2)k^2-(EN+GL-2FM)k+(LN-M^2)=0 \tag{6.6.1}$$

其中 E、F、G 是曲面的第一基本形式，L、M、N 是曲面的第二基本形式：

$$\left.\begin{array}{lll} E=\boldsymbol{r}_u\cdot\boldsymbol{r}_u, & F=\boldsymbol{r}_u\cdot\boldsymbol{r}_v, & G=\boldsymbol{r}_v\cdot\boldsymbol{r}_v \\ L=-\boldsymbol{r}_u\cdot\hat{\boldsymbol{n}}_u, & M=-\boldsymbol{r}_u\cdot\hat{\boldsymbol{n}}_v, & N=-\boldsymbol{r}_v\cdot\hat{\boldsymbol{n}}_v \end{array}\right\} \tag{6.6.2}$$

求解方程式(6.6.1)可以得到曲面上的两个主曲率 k_1、k_2，进一步得到曲率半径 $R_{1,2}=1/k_{1,2}$。

又如表面绕射射线场需要计算的两个线积分，经过变换可以写为

$$\left.\begin{aligned} t &= \int_{S_{d1}}^{S_{d2}} ds = \int_{t_{d1}}^{t_{d2}} dt' \\ \xi &= \int_{S_{d1}}^{S_{d2}} dt' \frac{m(t')}{\rho_g(t')} = \left[\frac{k}{2}\right]^{\frac{1}{3}} \cdot \int_{S_{d1}}^{S_{d2}} \frac{1}{\rho_g\ (t')^{\frac{2}{3}}} dt' = \left[\frac{k}{2}\right]^{\frac{1}{3}} \cdot \int_{t_{d1}}^{t_{d2}} \frac{1}{\rho_g\ (t')^{\frac{2}{3}}} dt' \end{aligned}\right\} \tag{6.6.3}$$

这样,线积分的求解简化为对于形如 $\int_{t_{d1}}^{t_{d2}} f(t')dt'$ 的线积分求解(见图 6.6.1),由于 NURBS - UTD 对表面绕射射线的寻迹中已经得到了整条测地线上的离散点,考虑到这些离散点足够密,可以使用的数值求解方法如下:

$$\int_{t_{d1}}^{t_{d2}} f(t')dt' = \sum_{t_{d1}}^{t_{d2}-1} f(t')dt' \tag{6.6.4}$$

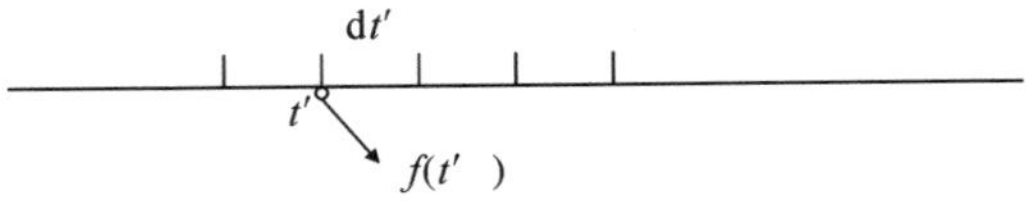

图 6.6.1 线积分的处理

式中:t'是积分路径上的任意点;$f(t')$是该点的被积函数值,对于式(6.6.3)分别对应$f(t')=1$ 和 $f(t')=\dfrac{1}{\rho_g\ (t')^{\frac{2}{3}}}$。

6.7 应用算例

到这里,不论是解析的 UTD 方法还是 NURBS - UTD 方法,基本模块完成后就可以进行电磁场的数值计算。本节给出一些实际的算例,其中包括解析几何体的计算,也包括任意曲面几何体的计算。如果没有特殊说明,模型尺寸的单位是 m。

【例 6.7.1】 分析一个平板,它的中心位于原点,边长为 30。顶点坐标如图 6.7.1 所示,如果使用 NURBS 建模,它们就是控制点坐标,权值为 1。在平板上方的(0.0,0.0,2.5)处设置一个工作频率为 300 MHz 的半波振子,沿 z 轴放置。图 6.7.2 给出了 xOy 面射线寻迹直观图形。图 6.7.3 给出了 yOz 面方向图,分别使用解析 UTD、NURBS - UTD 和快速多极子(MLFMA)进行计算和对比,可以看到解析 UTD 和 NURBS - UTD 的计算结果几乎完全一致,与 MLFMA 对比吻合良好。

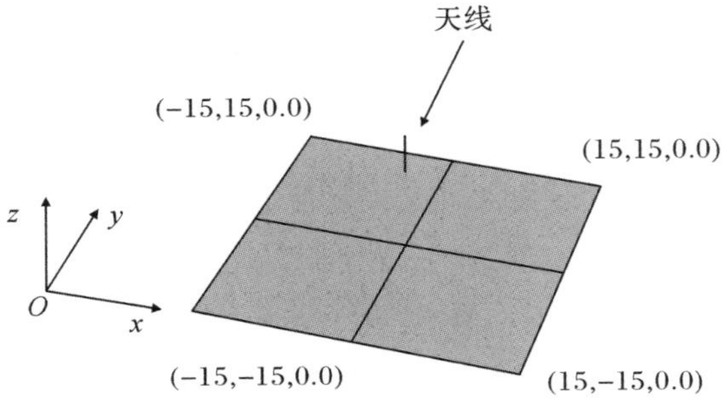

图 6.7.1 平板模型

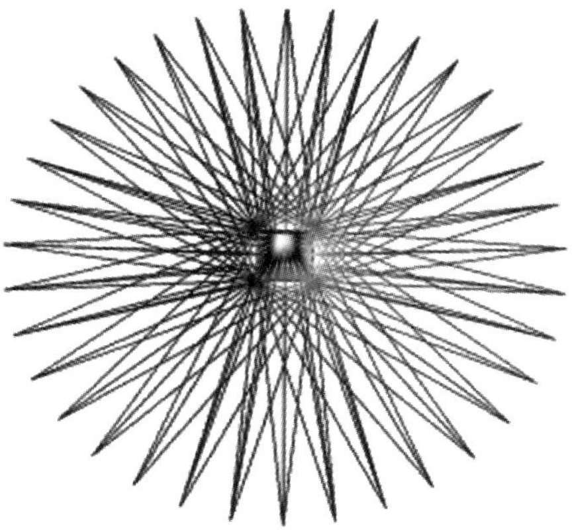

图 6.7.2　xOy 面射线寻迹图

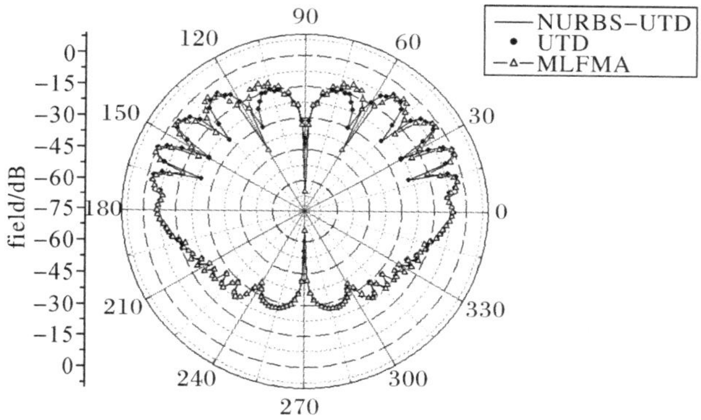

图 6.7.3　yOz 面方向图

【例 6.7.2】　分析一个圆柱面，它的底面中心位于(0.0,0.0,－20)，半径为 1.0，圆柱高度为 40，如图 6.7.4 所示。

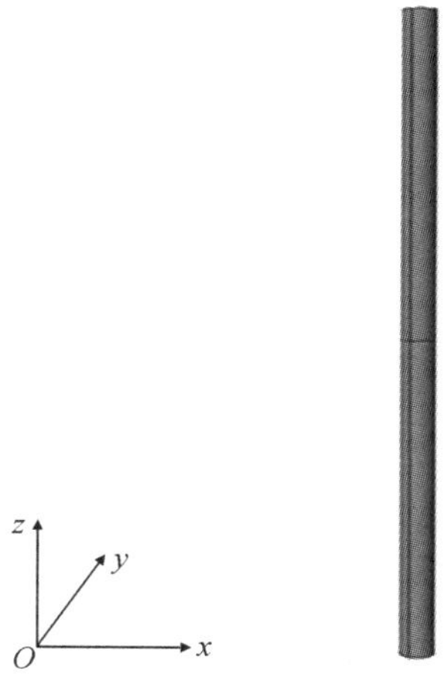

图 6.7.4　圆柱面

(1)建模。圆柱如果使用 NURBS 建模可以分为 4 个 Bézier 面片(未考虑上、下底面)，共 24 个控制点及其相应权值，给出其中一个面的控制点和权值(见表 6.7.1)。

表 6.7.1　1/4 个面的控制点和权值

控制点	权 值	控制点	权 值
(1.0,0.0,20.0)	1.0	(1.0,0.0,−20.0)	1.0
(1.0,1.0,20.0)	0.707	(1.0,1.0,−20.0)	0.707
(0.0,1.0,20.0)	1.0	(0.0,1.0,−20.0)	1.0

(2)射线寻迹。将源点设置在坐标(0.0,2.0,0.0)处,取场点(观察点)为球坐标下矢径 $r=1\ 000$,θ,φ 变化的空间点集,使用解析的寻迹方法对反射射线以及表面绕射射线进行寻迹,表 6.7.2 和表 6.7.3 给出几组 NURBS - UTD 与解析 UTD 射线寻迹的对比。

表 6.7.2　反射点

(①对应本文方法,②对应解析结果)

		$\theta=60°$	$\theta=90°$	$\theta=120°$
$\varphi=30°$	①	(0.355 1,0.934 8,0.648 0)	(0.355 2,0.934 8,0.000 0)	(0.355 1,0.934 8,−0.648 0)
	②	(0.355 1,0.934 8,0.648 0)	(0.355 1,0.934 8,0.000 0)	(0.355 1,0.934 8,−0.648 0)
$\varphi=90°$	①	(0.000 0,1.000 0,0.577 4)	(0.000 0,1.000 0,0.000 0)	(0.000 0,1.000 0,−0.577 4)
	②	(0.000 0,1.000 0,0.577 4)	(0.000 0,1.000 0,0.000 0)	(0.000 0,1.000 0,1.420 3)
$\varphi=150°$	①	(−0.355 1,0.934 8,0.648 0)	(−0.355 2,0.934 8,0.000 0)	(−0.355 1,0.934 8,−0.648 0)
	②	(−0.355 1,0.934 8,0.648 0)	(−0.355 1,0.934 8,0.000 0)	(−0.355 1,0.934 8,−0.648 0)

表 6.7.3　圆柱面上的入射点与出射点

(①对应本文方法,②对应解析结果)

		$\varphi=245°$			
		第一个入射点	第一个出射点	第二个入射点	第二个出射点
$\theta=80°$	①	(0.866 0,0.500 0,0.266 7)	(0.903 3,−0.428 9,0.416 0)	(−0.866 0,0.500 0,0.266 7)	(−0.906 9,−0.421 2,0.280 4)
	②	(0.866 0,0.500 0,0.304 5)	(0.905 8,−0.423 5,0.473 5)	(−0.866 0,0.500 0,0.304 5)	(−0.905 8,−0.423 5,0.473 5)
$\theta=100°$	①	(0.866 0,0.500 0,−0.266 7)	(0.903 3,−0.428 9,−0.416 0)	(−0.866 0,0.500 0,−0.266 7)	(−0.906 9,−0.421 2,−0.280 4)
	②	(0.866 0,0.500 0,−0.304 5)	(0.905 8,−0.423 5,−0.473 5)	(−0.866 0,0.500 0,−0.304 5)	(−0.905 8,−0.423 5,−0.473 5)

需要指出的是,由于 NURBS - UTD 使用的是数值优化方法,所以寻迹结果可能会受到选择的优化方案、初始条件、误差等因素的影响。

(3)遮挡判断。遮挡判断已经包含在射线寻迹过程中。

(4)场值求解。为了说明计算的任意性,在坐标(0.0,2.0,−18.0)处设置一个工作频率为300 MHz的半波振子,沿 z 轴放置,如图 6.7.5 所示,选取以圆柱底面中心为基准,长度 $r=1\ 000$,连线与圆柱中轴线夹角 $\theta=60°$的观察点。计算天线的受扰方向图如图 6.7.6 所示,分别使用解析 UTD、NURBS－UTD 和快速多极子(MLFMA)进行了计算和对比，可以看到解析 UTD 和 NURBS－UTD 的计算结果几乎完全一致，与 MLFMA 对比吻合良好。

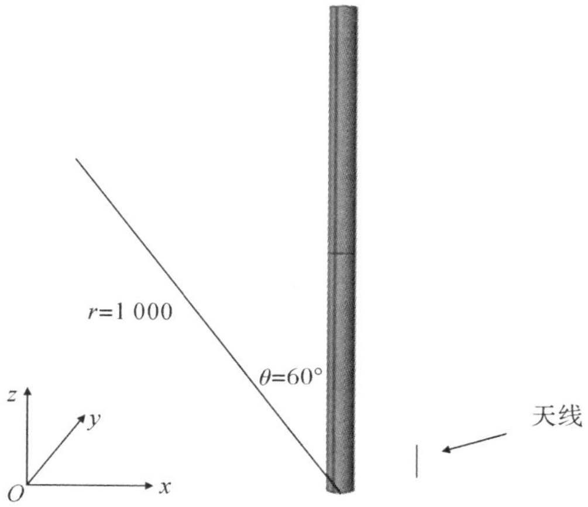

图 6.7.5　**天线和观察点设置**

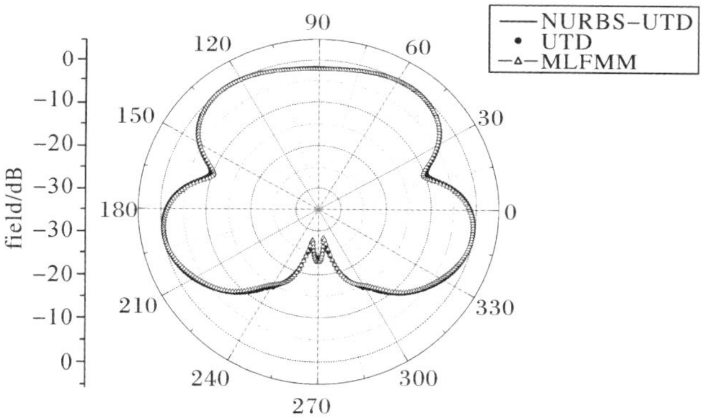

图 6.7.6　**方向图计算结果**

【例 6.7.3】 分析一个圆锥台面，它的底面中心为原点，上底面半径为 2.0，下底面半径为 10.0，高度为 16.0，在坐标(−2.0，4.5，12.0)处设置一个工作频率为 300 MHz 的半波振子，沿 z 轴放置，如图 6.7.7 所示。

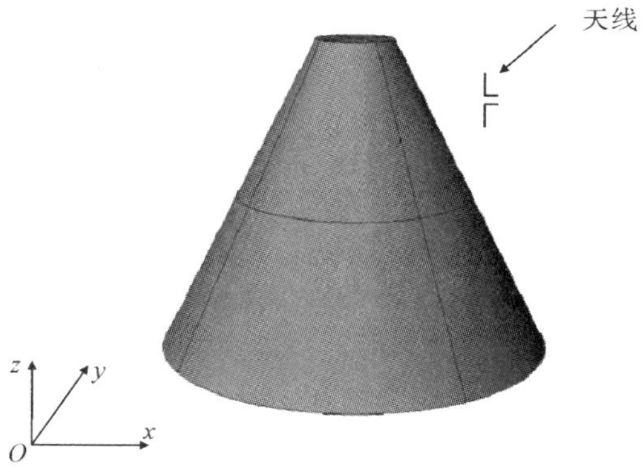

图 6.7.7　**圆锥台**

(1)建模。如果使用 NURBS 建模可以分为 4 个 Bézier 面片(未考虑上、下底面),共 24 个控制点及其相应权值,给出其中一个面的控制点和权值(见表 6.7.4)。

表 6.7.4　1/4 个面的控制点和权值

控制点	权 值	控制点	权 值
(2.0,0.0,16.0)	1.0	(10.0,0.0,0.0)	1.0
(2.0,2.0,16.0)	0.707	(10.0,10.0,0.0)	0.707
(0.0,2.0,16.0)	1.0	(0.0,10.0,0.0)	1.0

(2)射线寻迹。首先取场点(观察点)为球坐标下矢径 $r=1\ 000$,θ,φ 变化的空间点集,使用解析的寻迹方法对反射射线以及表面绕射射线进行寻迹,表 6.7.5 和表 6.7.6 给出几组结果与解析 UTD 射线寻迹的对比。

表 6.7.5　反射点

(①对应本文方法,②对应解析结果)

		$\theta=30°$	$\theta=90°$	$\theta=120°$
$\varphi=0°$	①	(−0.592 9, 3.255 0, 13.382 8)	(0.455 3, 4.090 0, 11.769 3)	无反射
	②	(−0.593 8, 3.255 3, 13.381 9)	(0.454 8, 4.090 0, 11.769 5)	无反射
$\varphi=60°$	①	(−1.234 2, 3.645 7, 12.302 0)	(−1.062 9, 4.215 8, 11.304 4)	(−0.893 9, 4.745 4, 10.342 1)
	②	(−1.234 6, 3.645 7, 12.301 7)	(−1.062 9, 4.215 8, 11.304 4)	(−0.896 5, 4.743 6, 10.344 7)
$\varphi=120°$	①	(−1.635 5, 3.585 5, 12.118 0)	(−1.843 7, 3.967 2, 11.250 4)	(−2.029 9, 4.305 4, 10.480 1)
	②	(−1.635 6, 3.585 7, 12.117 7)	(−1.843 7, 3.967 2, 11.250 5)	(−2.029 9, 4.305 5, 10.479 9)

表 6.7.6　圆锥面上的入射点与出射点

(①对应本文方法,②对应解析结果)

		$\varphi=310°$			
		第一个入射点	第一个出射点	第二个入射点	第二个出射点
$\theta=75°$	①	(0.660 1, 3.182 3, 13.500 0)	(1.993 1, 2.138 7, 14.153 1)	(−2.373 0, 1.389 7, 14.500 0)	(−1.714 9, −1.116 5, 15.907 3)
	②	(0.662 6, 3.194 1, 13.475 7)	(2.002 3, 2.154 9, 14.116 8)	(−2.377 1, 1.392 2, 14.490 4)	(−1.726 2, −1.116 7, 15.888 3)
$\theta=140°$	①	(0.930 9, 4.487 8, 10.833 3)	(7.960 7, 0.315 7, 4.066 0)	(−3.667 3, 2.147 9, 11.500 0)	(−1.739 9,−7.998 8, 3.628 3)
	②	(0.936 5, 4.514 8, 10.778 1)	(8.176 7, 0.329 4, 3.633 3)	(−3.668 9, 2.148 8, 11.496 4)	(−1.747 7, −8.011 2, 3.600 7)

(3)遮挡判断。遮挡判断已经包含在射线寻迹过程当中。

(4)场值求解。图 6.7.8 给出了 xOy 面方向图,分别使用解析 UTD、NURBS－UTD 和快速多极子(MLFMA)进行了计算和对比,可以看到解析 UTD 和 NURBS－UTD 的计算结果几乎完全一致,与 MLFMA 对比吻合良好。

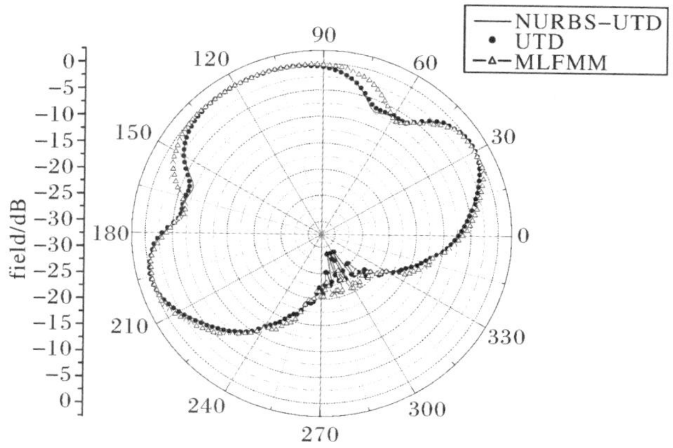

图 6.7.8　xOy 面方向图

从以上几个算例可以看到，在典型几何部件模型上，解析 UTD 和 NURBS - UTD 射线寻迹的效果相同，方向图的计算结果相差不大。高频近似的 UTD 方法与低频精确的 MLFMA 计算结果吻合良好也说明了 UTD 方法的准确性。

【例 6.7.4】　无解析表达式的任意曲面。解析 UTD 方法的射线寻迹在计算速度上要超过 NURBS - UTD 的数值射线寻迹，尤其是在进行表面射线寻迹算法中 NURBS - UTD 引入了数值离散，计算速度比解析方法要慢，但是 NURBS - UTD 方法可以应用于解析表达式难以得到的普通曲面。

(1)射线寻迹。图 6.7.9 给出了使用 NURBS - UTD 方法在任意曲面上得到的各种射线。

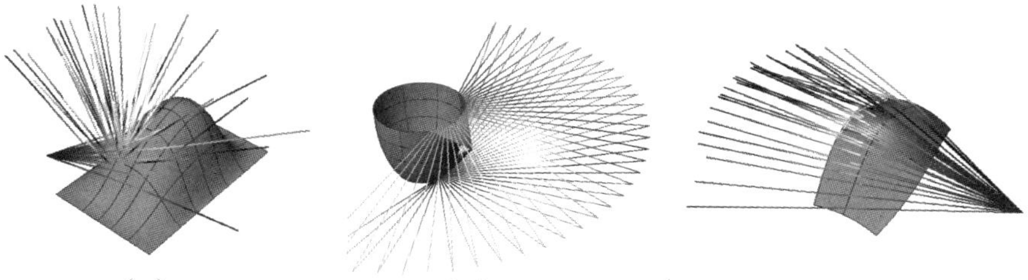

(a)　　(b)　　(c)

图 6.7.9　任意曲面的各种射线

(a)反射射线；(b)边缘绕射射线；(c)表面绕射射线

(2)遮挡判断。如图 6.7.10 所示，在背景平面前设置两个曲面，可以看到源点发出的射线在背景平面上的遮挡效果。

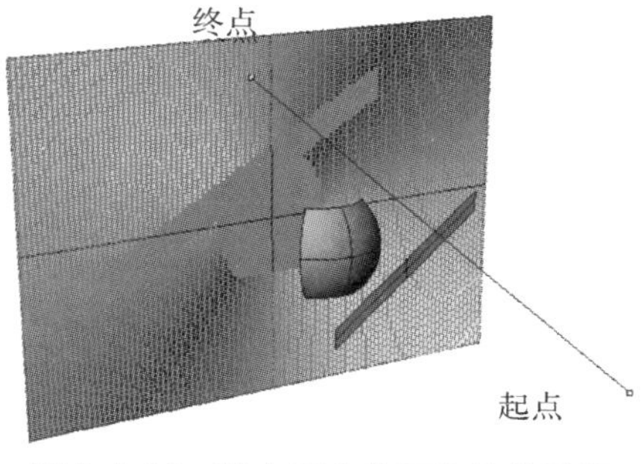

图 6.7.10　前方两个曲面的遮挡投影

图 6.7.11 给出了两个曲面的二次反射,可以看到没有遮挡,判断会有不合理射线存在,进而说明了遮挡判断的必要性和有效性。

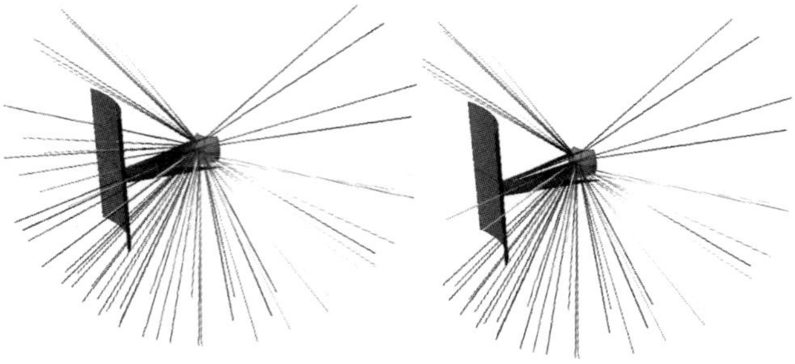

(a)　　　　　　　　(b)

图 6.7.11　任意曲面的遮挡判断

(a)没有遮挡判断;(b)有遮挡判断

【例 6.7.5】 图 6.7.12 所示为一个任意弯曲曲面模型。

(1)建模。对于这样的曲面,使用解析的 UTD 方法只能用一个平板或多个平板模拟,这里使用 16 个控制点的参数曲面进行建模,控制点坐标见表 6.7.7,权值为 1.0。

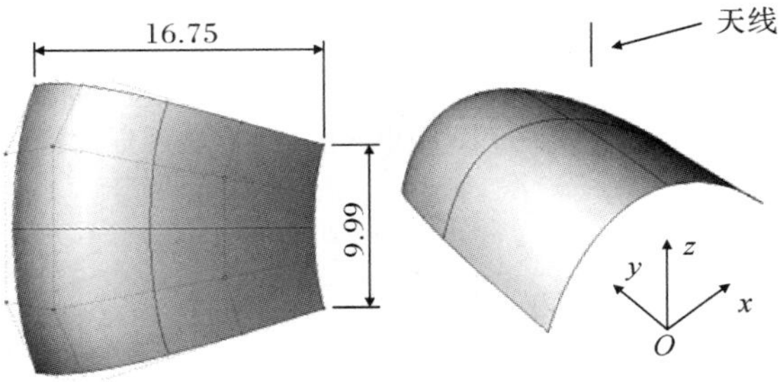

图 6.7.12　16 个控制点的任意曲面

表 6.7.7　曲面的控制点

控制点	
(−7.437 5, −8.749 9, −1.119 7)	(4.562 4, −6.499 9, 3.505 2)
(−9.187 5, −4.499 9, 0.921 8)	(3.562 4, −2.999 9, 4.671 8)
(−9.187 5, 4.500 0, 0.921 8)	(3.562 4, 3.000 0, 4.671 8)
(−7.437 5, 8.750 0, −1.119 7)	(4.562 4, 6.500 0, 3.505 2)
(−4.437 5, −9.499 9, 9.338 5)	(9.312 5, −4.999 9, −0.661 4)
(−6.437 4, −4.999 9, 11.671 8)	(8.562 5, −1.999 9, −0.328 1)
(−6.437 4, 5.000 0, 11.671 8)	(8.562 5, 2.000 0, −0.328 1)
(−4.437 5, 9.500 0, 9.338 5)	(9.312 5, 5.000 0, −0.661 4)

(2)射线寻迹。将源点设置于曲面上方的(0,0,15)处,本算例使用的射线类型包括直射、反射、表面绕射、边缘绕射。图 6.7.13 给出了其中一条边缘上的边缘绕射射线图。

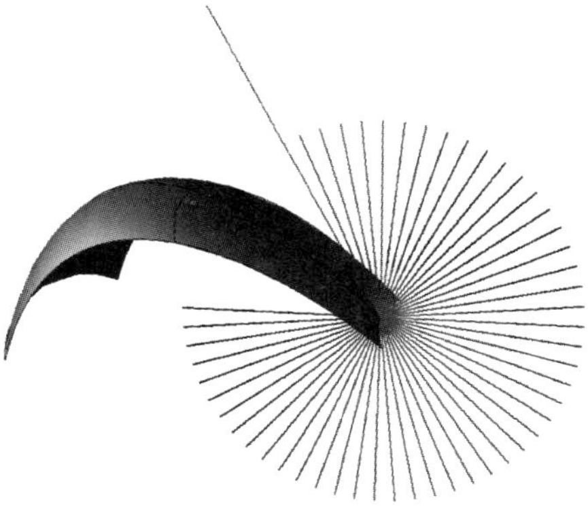

图 6.7.13　边缘绕射射线

(3)遮挡判断。遮挡判断已经包含在射线寻迹过程中。

(4)场值求解。在曲面上方的(0,0,15)处设置一个工作频率为 300 MHz 的半波振子，沿 z 轴放置，计算 xOz 面方向图，如图 6.7.14 所示，需要注意此时原点并不在曲面的几何中心。对比使用 MLFMM 方法，按照最低要求，最大边长 0.2 个波长剖分要 65 341 个三角形 90 000 左右的未知量。

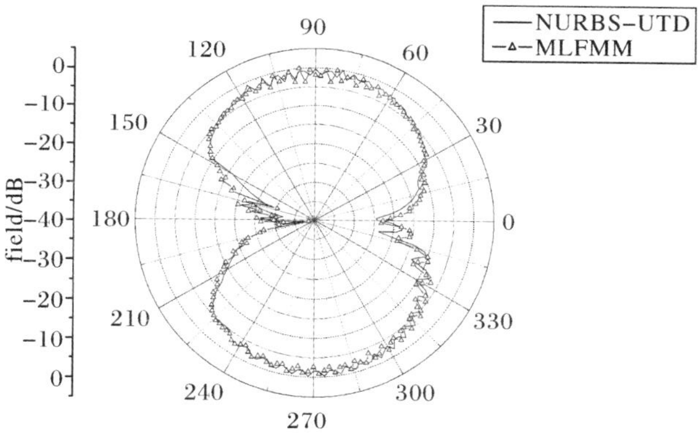

图 6.7.14　xOz 面方向图

【例 6.7.6】　一个简单的飞机模型，使用 16 个 Bézier 曲面进行建模，尺寸如图 6.7.15 所示，下面对各个部分进行具体讨论。

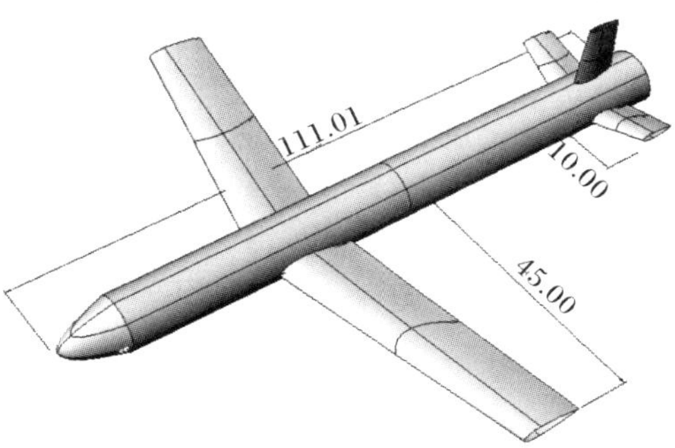

图 6.7.15　简单的飞机模型

(1)飞机头部。先考虑机头的部分(见图 6.7.16),使用解析的 UTD 方法可以使用圆锥或者圆锥台进行逼近,而使用 NURBS 建模,最差的情况也可以使用椭球面进行近似。

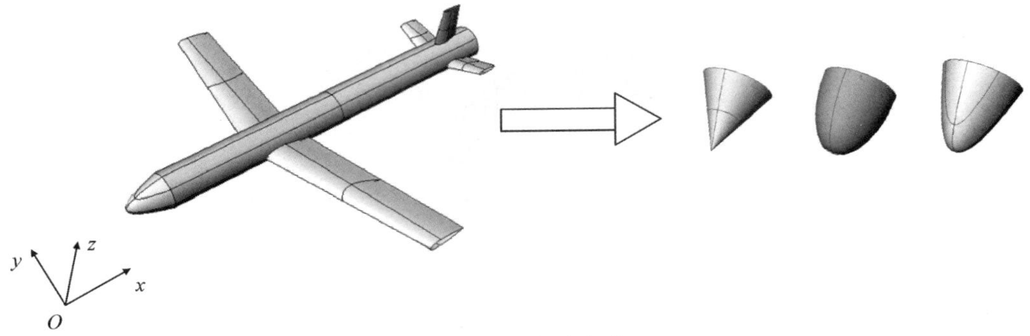

图 6.7.16 机头部分

1)射线寻迹。在坐标(−45,0.0,9.0)处设置源点,场点取球坐标下矢径 $r=1\ 000$,θ,φ 变化的空间点集,射线寻迹的部分结果如图 6.7.17 所示。

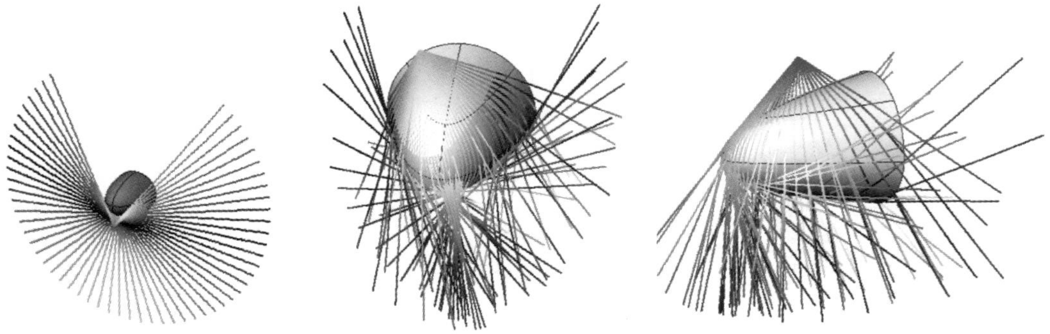

图 6.7.17 反射射线以及表面绕射射线的示意图

2)场值求解。在源点处设置工作频率为 300 MHz 的半波振子,沿 x 轴放置,计算 yOz 面方向图。分别采用解析的 UTD 方法、NURBS - UTD 方法进行计算,对比使用 FLFMM 方法,三角形 30 018 个,解析的 UTD 方法使用上底面半径 1.85,下底面半径 5.0,长度 11 的圆锥台,如图 6.7.18 所示。图 6.7.19 给出了 yOz 面方向图结果。

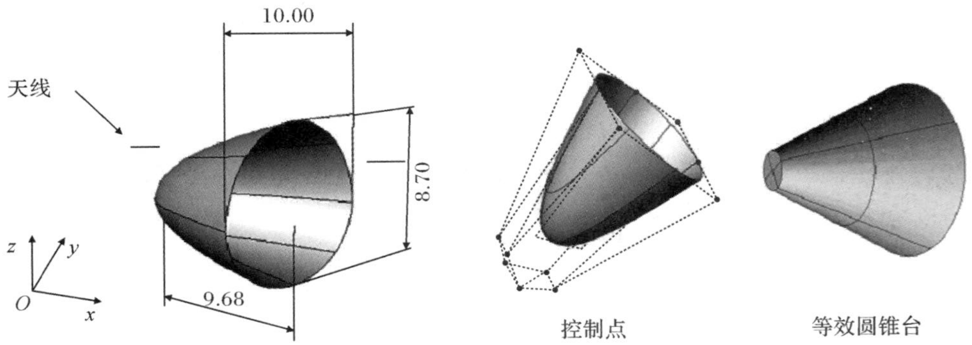

图 6.7.18 机头尺寸及锥台逼近

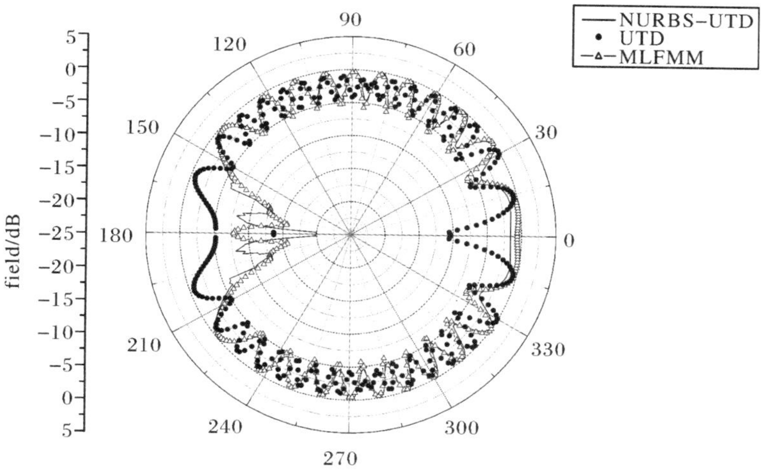

图 6.7.19　yOz 面方向图

很显然，圆锥台的计算结果略差，在这里建模精度的提高起到了主要作用。

（2）机翼。机翼部分如图 6.7.20 所示。

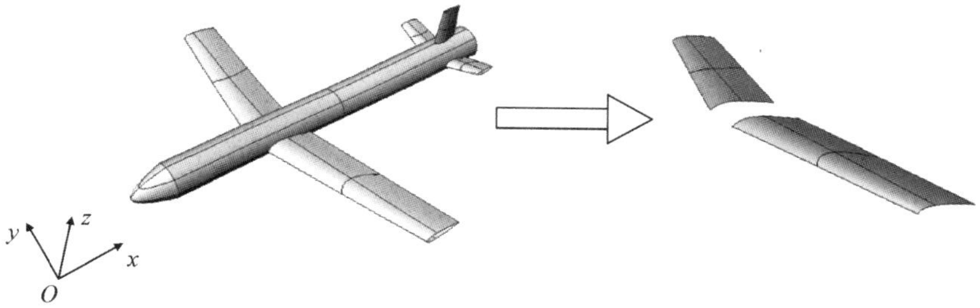

图 6.7.20　机翼部分

1）射线寻迹。在坐标（−6.5，0.0，5.0）处设置源点，场点取球坐标下矢径 $r=1\ 000$，θ，φ 变化的空间点集，射线寻迹的部分结果如图 6.7.21 所示。

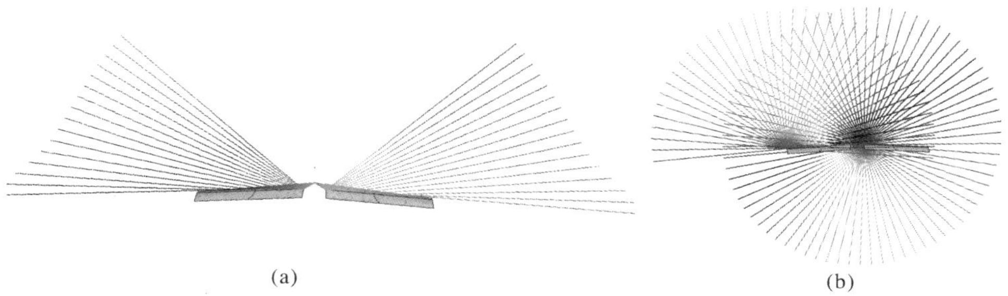

图 6.7.21　射线寻迹结构

（a）部分反射射线；（b）部分边缘上的边缘绕射射线

2）场值求解。在源点处设置一个工作频率为 300 MHz 的半波振子，沿 z 轴放置，如图 6.7.22 所示。分别使用解析 UTD 和 NURBS - UTD 进行计算，对比使用 MLFMM 方法，按 0.2 个波长剖分 204 599 个三角形，yOz 面方向图结果如图 6.7.23 所示。

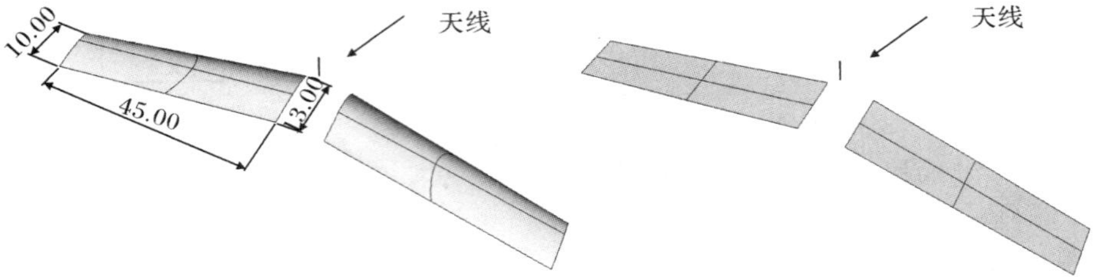

图 6.7.22　机翼尺寸及平板逼近

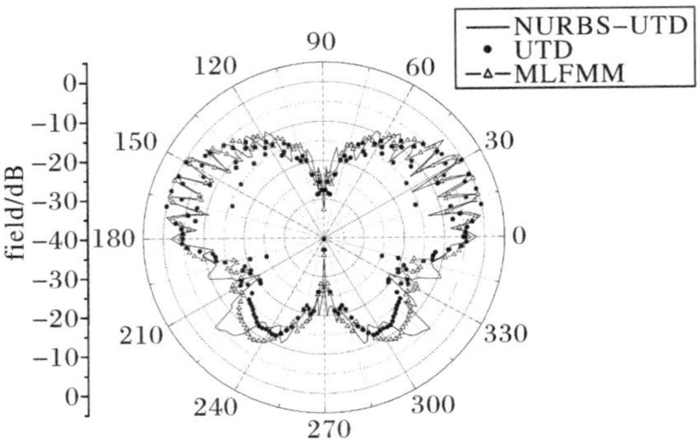

图 6.7.23　yOz 面方向图

(3)尾翼。尾翼部分如图 6.7.24 所示,此处主要考虑的是由两个任意弯曲曲面组成边缘,与前面的平板边缘的主要区别是射线场的求解公式略有不同。

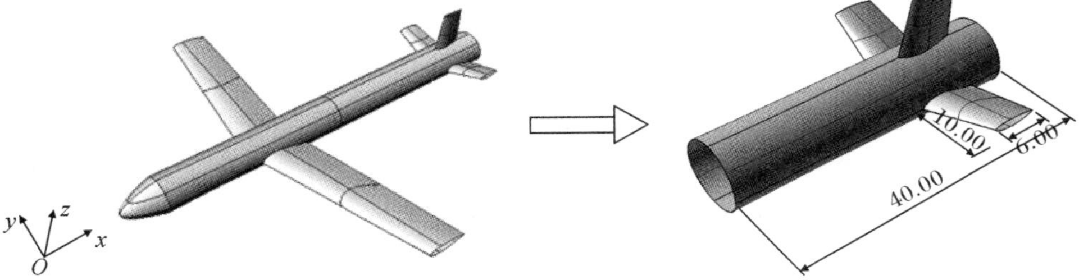

图 6.7.24　尾翼部分

1)射线寻迹。在坐标(35.0,0.0,10.0)处设置源点,场点取球坐标下矢径 $r=1\ 000$,θ,φ 变化的空间点集,射线寻迹的部分结果如图 6.7.25 所示。

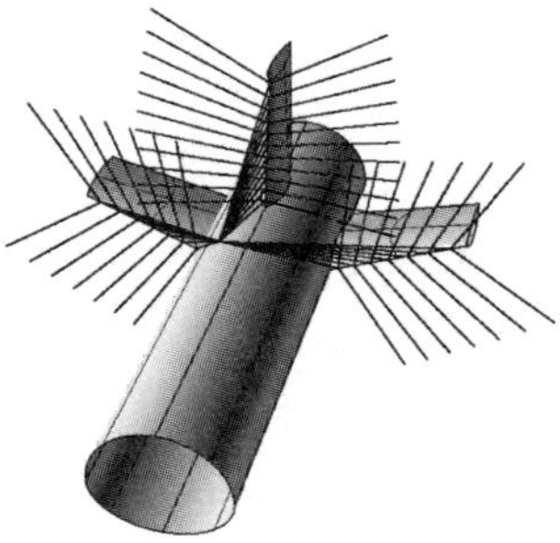

图 6.7.25　尾翼上的劈边缘绕射射线

2)场值求解。在源点处设置一个工作频率为 300 MHz 的半波振子,沿 y 轴放置。使用 NURBS - UTD 进行计算,对比使用 MLFMM 方法,按 0.2 个波长剖分 299 876 个三角形,yOz 面方向图结果如图 6.7.26 所示。

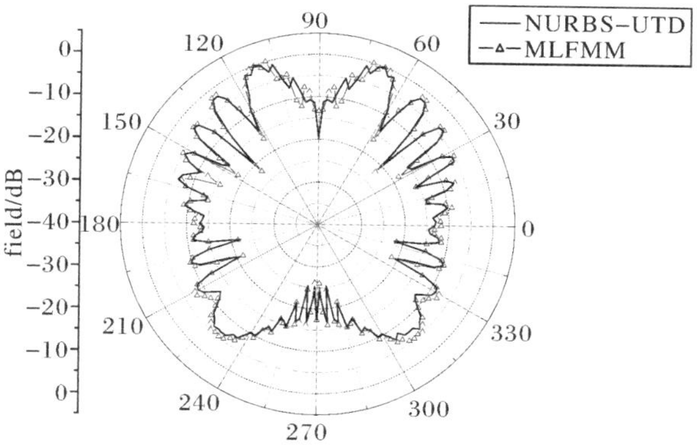

图 6.7.26　yOz 面方向图

(4)整机。最后计算整个飞机对天线的影响,在坐标(−45,0.0,9.0)处设置工作频率为 300 MHz 的半波振子,沿 x 轴放置,如图 6.7.27 所示。图 6.7.28 给出了 yOz 面方向图结果。此模型如果想要使用 MoM 或者 MLFMM 计算,按 0.2 个波长剖分约 330 000 个三角形,即 495 000 未知量,单机计算比较困难。

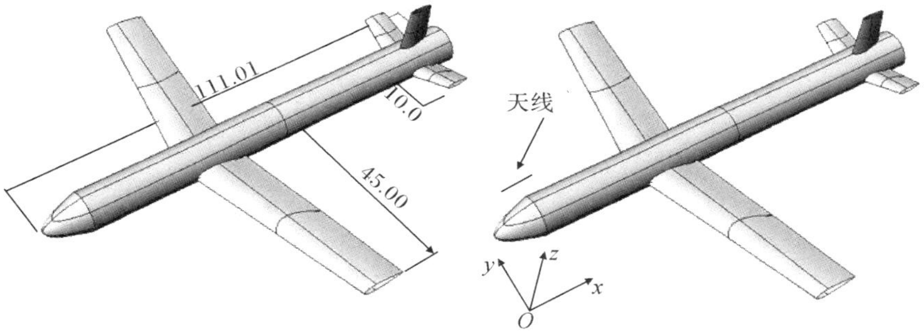

图 6.7.27　整机模型

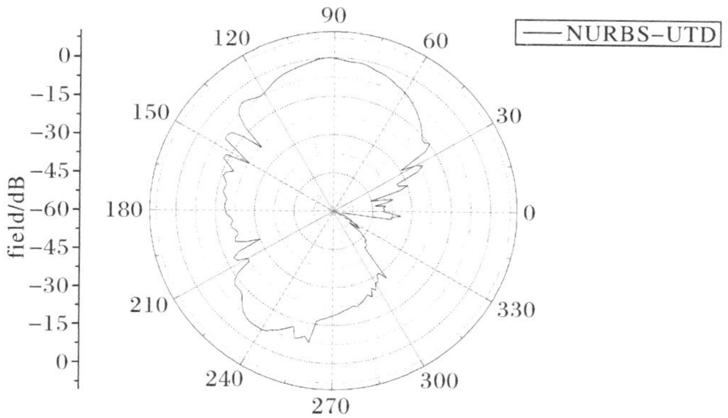

图 6.7.28　yOz 面的二维方向图结果

【例 6.7.7】 一个板、柱、锥模型的飞机模型如图 6.7.29 所示，机身长度为 43.25 m，翼展宽度为 50.44 m，一个工作频率为 300 MHz 的单极子天线位于机头圆锥上，沿 z 轴放置。图 6.7.30 给出了 xOy 面方向图，这个算例中，源点位于飞机头部的圆锥上，因此求解直射场和表面绕射场需要使用 6.1.2 节和 6.4.2 节中的内容。此模型如果想要使用 MoM 或者 MLFMM 计算，按 0.2 个波长剖分约 96 222 个三角形，即 144 333 未知量，单机计算也会比较困难。

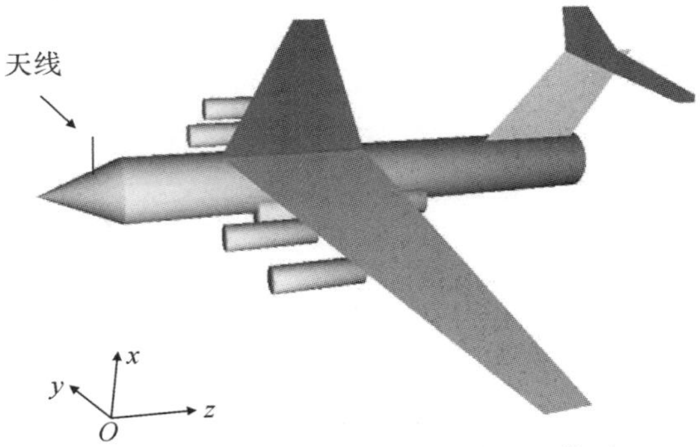

图 6.7.29 源点位于机头上的飞机模型

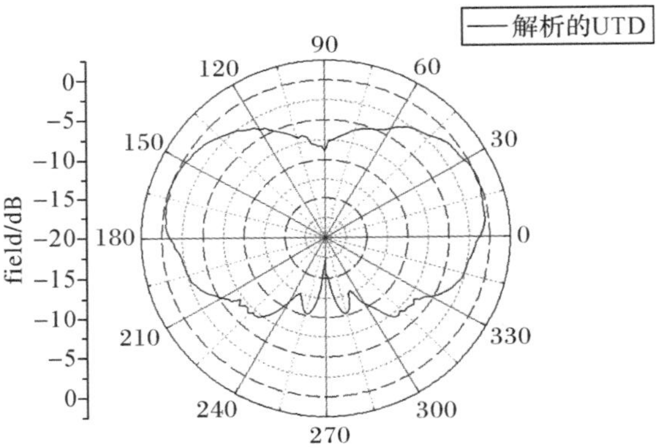

图 6.7.30 xOy 面方向图

【例 6.7.8】 使用解析 UTD 分析一个简单的卫星模型，如图 6.7.31 所示，它由 3 个圆柱、8 个平板组成，翼展长度为 72 m，星体长度为 18 m，柱体半径为 5 m、4 m。在星体上方设置沿 z 轴放置的半波振子，工作频率为 3 GHz，图 6.7.32 给出 xOy 面方向图。同样，此模型如果想要使用 MoM 或者 MLFMM 计算，按 0.2 个波长(0.02 m)剖分约 750 000 个三角形，即 1 125 000 未知量，单机计算甚至使用普通多核工作站都比较难以计算。

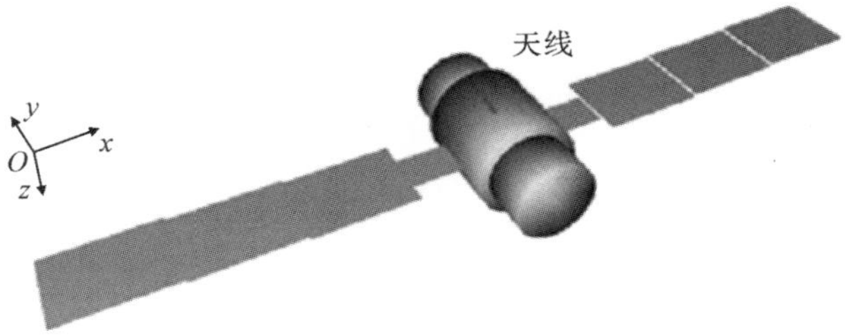

图 6.7.31 解析部件搭建的卫星模型

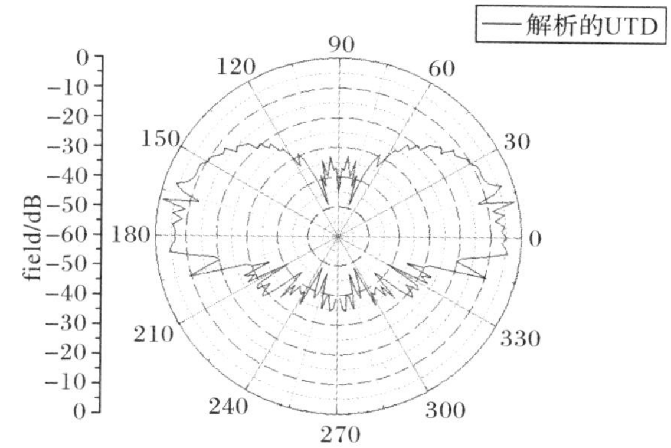

图 6.7.32　xOy 面方向图

【例 6.7.9】　分析一个板、柱、锥搭建的轮船模型，如图 6.7.33 所示，船身长度为 153 m，宽度为 16.5 m，在后部设置工作频率为 3 GHz 的半波振子，沿 z 轴放置。图 6.7.34 给出 yOz 面方向图的计算结果。此模型如果想要使用 MoM 或者 MLFMM 计算，按 0.2 个波长(0.02 m)剖分约 1 100 000 个三角形，即 115 500 000 未知量，单机计算、普通多核工作站甚至高性能计算平台都会比较难以计算。

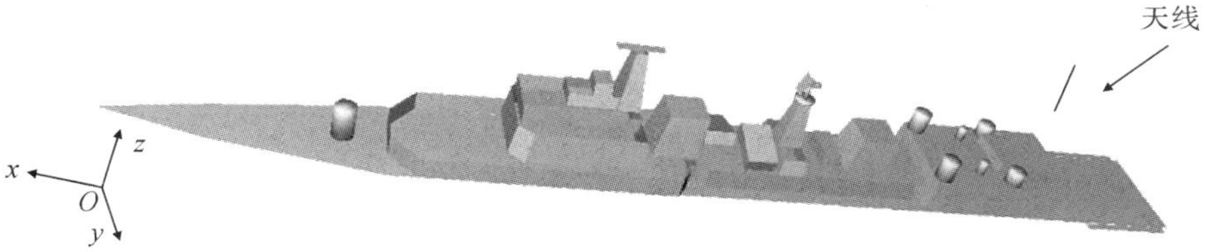

图 6.7.33　舰船模型

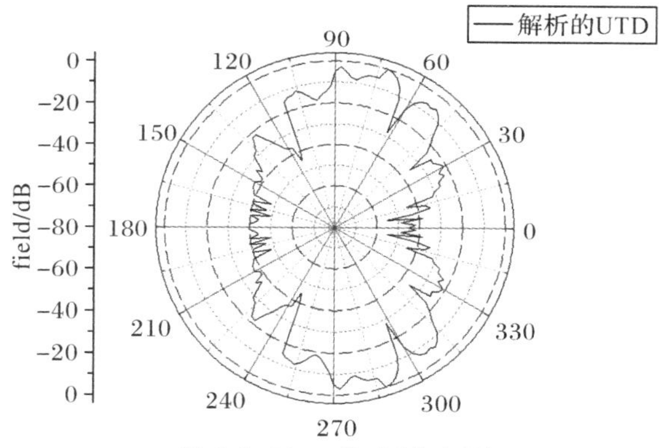

图 6.7.34　yOz 面方向图

需要指出的是，在 3 GHz 情况下的 0.5λ 单极子的实际长度已经无法馈电，但是很好地说明了 UTD 在电大尺寸问题上的优势及其特点之一的频率无关性。另外，三角形剖分数目是在部件未进行组合的情况下的粗略统计，部件组合之后，三角形数量将会有一定程度的降低。

【例 6.7.10】　城市环境电磁分布的计算。选取实际城市环境中的某小区，根据经、纬度坐标建立解析六面体模型，如图 6.7.35 所示。环境建筑物个数为 58 栋，左半部分占地面积约为 $201\times348\ m^2$，右半部分占地面积约为 $341\times422\ m^2$。这个算例中，建筑物为导电媒质，电导率 $\sigma=0.2$，因此求解射线场需要使用 6.2.2 节和 6.3.2 节中的内容。

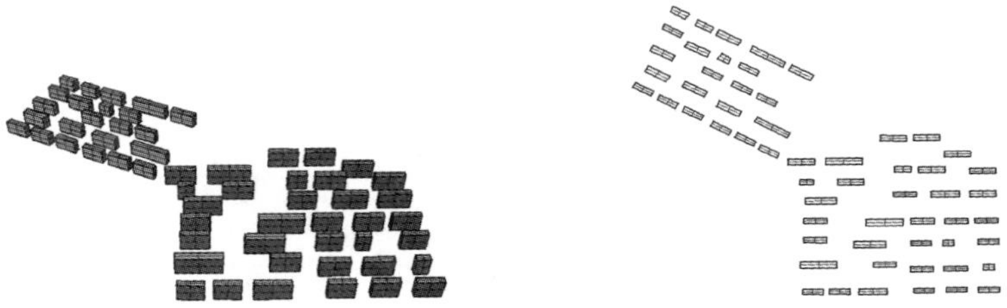

(a)　　　　　　　　　　　　(b)

图 6.7.35　某城市小区模型

(a)透视图；(b)俯视图

选取右侧区域中的三条路径进行实际测量，如图 6.7.36 所示，在坐标(207.6，−36，35)处设置工作频率为 493 MHz 的对称振子天线，分别计算三条路径的电场强度分布，并采用同频率全向天线接收，进行场地实测。

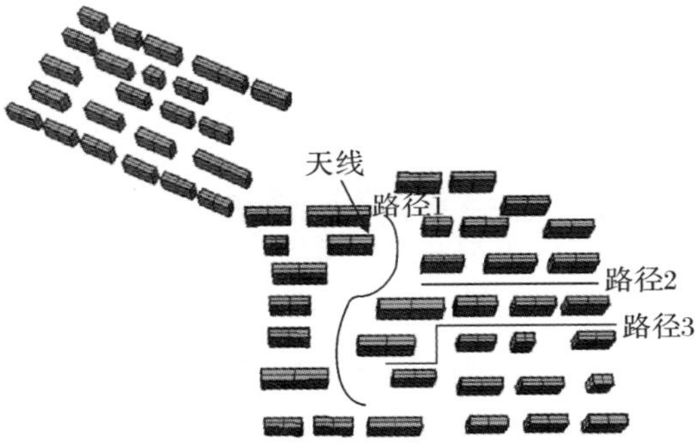

图 6.7.36　计算与测量路径

(1)路径 1。天线工作频率为 493 MHz，选取 15 个采样点，起始点坐标为(214.7，17.2，1.6)，终点坐标为(236.8，−247.5，1.6)，计算结果如图 6.7.37 所示。

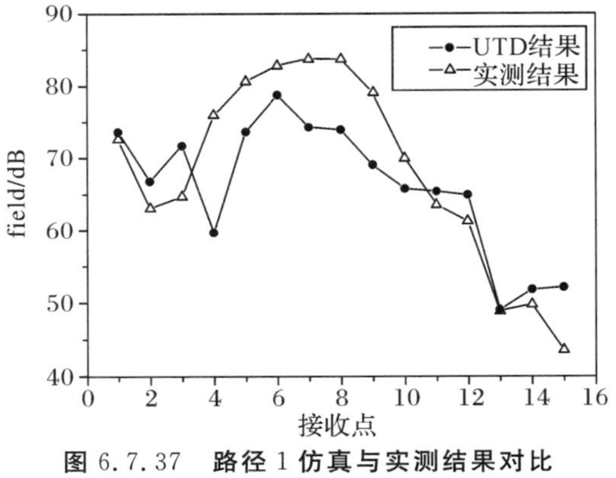

图 6.7.37　路径 1 仿真与实测结果对比

(2)路径 2。天线工作频率为 493 MHz，路径 2 取 14 个采样点，起始点坐标为(250.9，−96.1，1.6)，终点坐标为(447.9，−97.0，1.6)，计算结果如图 6.7.38 所示。

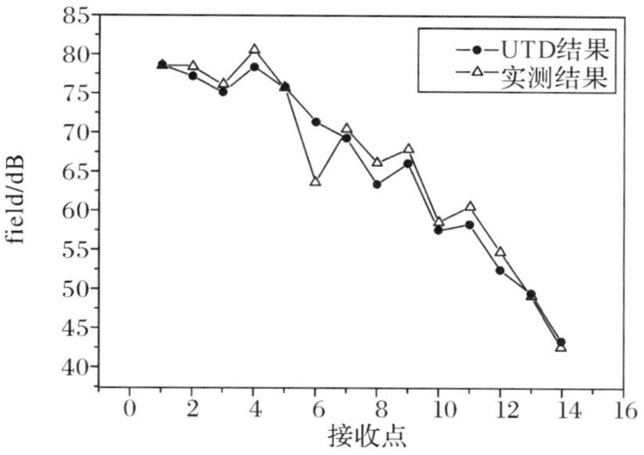

图 6.7.38　**路径** 2 **仿真与实测结果对比**

(3)路径 3。天线工作频率为 2.5 GHz,路径 3 取 13 个采样点,起始点坐标为(202.0,−195.0,1.6),终点坐标为(477.0,−151.0,1.6),计算结果如图 6.7.39 所示。

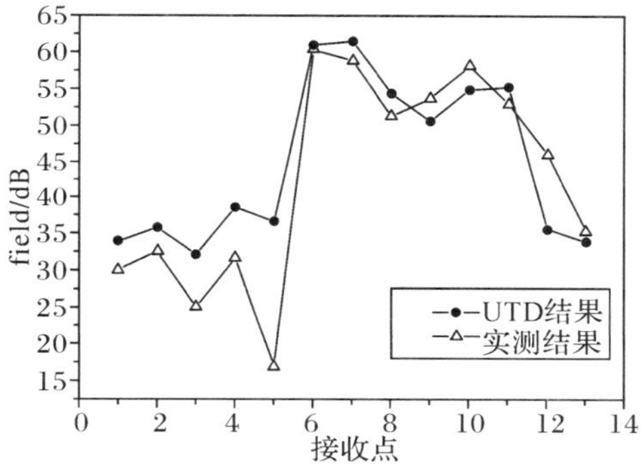

图 6.7.39　**路径** 3 **仿真与实测结果对比**

以上的算例使用 UTD 方法单机就能够完成计算,可以看出 UTD 方法对计算资源的需求不高,但是如果模型和需要计算的观察点较多,计算时间就会相应增加。

第 7 章　UTD 的混合方法

在电磁计算中常常会碰到的一种情况是分析位于电大散射体上或者附近的天线的性能。此时常常需要同时照顾到计算精度和计算速度。也就是说，希望能够提出一种数值方法，能够在保持一定精度的情况下提高计算速度，或者说能在牺牲一定计算速度和内存需求的情况下提高计算速度。混合方法就是在这种需求背景下出现的。

UTD 方法作为一种高频的射线法，只要给定源点和场点就可以对各种射线形式进行寻迹，而在方向图的求解中对于辐射源的形式不做严格的要求，只需要辐射源的初始辐射场即可。在实际情况下，作为辐射源的天线可以有多种多样的形式，对于复杂形式的天线，初始辐射场的确定可以使用其他的电磁计算方法进行，这样很容易想到将高频方法与其他方法结合，对复杂环境的电磁特性进行分析。

D. P. Bouch、E. F. Knott、P. H. Pathak 概述了矩量法与高频近似技术相结合对于分析实际问题的扩展性研究。这些混合方法总体来说可分为矩量法和射线基混合（如MoM－UTD）以及矩量法和电流基混合（如 MoM－PO）两种方法。

早在 1975 年，G. Thiele 和 W. D. Burnside 就相继提出了采用 MoM 和 GTD 相结合的混合理论来处理电大的电磁兼容问题。该方法很好地解决了线天线在无限大导体劈上，以及在有限规则平板上的电磁特性问题，但对于复杂天线载体，以及线天线距离载体平台边缘比较近的情况下，利用的 MoM 和 GTD 混合理论还是有较大困难。在 1980 年，E. P. Kelman 针对前面的工作，继续把 MoM－GTD 混合理论应用于载体是大型导体圆柱的线天线电磁兼容问题，使 MoM－GTD 混合理论的应用范围得到进一步的拓展。同年，P. H. Pathak 等人把曲面 GTD 工作拓展到曲面 UTD 方法中，使得矩量法和几何绕射理论两者混合得到长足的发展。M. Martin 利用 MoM－GTD 方法有效地分析了圆盘上任意加载单极子天线问题。1992 年，G. A. Thiele 进一步总结了该领域的算法研究进展。J. Silvestro 利用 MoM 和 GTD 分析了理想导电劈附近缝隙的辐射问题，J. P. Kim 等人利用 MoM－UTD 分析了波状的表面波天线问题，2000 年，I. P. Theron 和 D. B. Davidson 等人，在线天线在曲面载体附近的情况下，对曲面的反射系数根据镜像原理进行了修正，使得线天线在曲面载体附近的情况下的电磁兼容问题也得到了一定程度的解决。以上解决问题的思路是针对矩量法和射线基(GTD/UTD)混合来处理电大较为规则的问题。

本章介绍与 UTD 有关的严格的或者工程应用的混合方法，可以将其分为两类：一类是以低频方法（这里主要基于 MoM）为主的混合方法，UTD 在这样的方法中起到迭代修正的作用，最终求解电磁场的是低频方法；另一类是以 UTD 为主的混合方法，在这类方法中，最终的电磁场通过 UTD 的射线场求解，低频方法用于处理天线等问题。

7.1 以 MoM 为主的混合方法

UTD 是一种高频技术，它可以并且已经成功地应用于电大尺寸的电磁散射问题中，而 MoM 作为一种低频技术，可以应用于电尺寸较小的任意形状的辐射和散射问题，因此如果能够把这两者有效地结合，取长补短，形成混合方法，则可以综合两者的优点，来解决一些实际的问题。

7.1.1 MoM－UTD 混合原理

这里介绍的是以 MoM 为主的 MoM－UTD 混合方法，也就是以 MoM 为主进行电磁场的计算，而使用 UTD 进行修正的严格混合方法。

在积分方程的矩量法解中，首先要把未知面电流密度 $\boldsymbol{J}$ 在算子的定义域展开为一组基函数 $\boldsymbol{J}_1,\boldsymbol{J}_2,\boldsymbol{J}_3,\cdots$，即

$$\boldsymbol{J}=\sum_{n=1}^{N} I_n \boldsymbol{J}_n \tag{7.1.1}$$

式中：I_n 为展开系数。利用算子的线性，用一组权函数或检验函数 $W_1,W_2,W_3,\cdots$ 构成内积，则有

$$\sum_{n=1}^{N} I_n \langle W_m, L(\boldsymbol{J}_n)\rangle = \langle W_m, \boldsymbol{E}^{\mathrm{i}}\rangle \tag{7.1.2}$$

式中：$\langle f,g\rangle$ 表示取 f 与 g 的内积。实际上，式(7.1.2)代表有 N 个方程的方程组中的第 m 个方程，量 $L(\boldsymbol{J}_n)$ 则代表由第 n 个单位幅度基函数产生的电场。在矩量法的常用矩阵表示中，可以简洁地写为

$$\boldsymbol{ZI}=\mathbf{V} \tag{7.1.3}$$

式中：$\boldsymbol{I}$、$\mathbf{V}$ 分别为广义电流和电压矩阵；$\boldsymbol{Z}$ 为广义阻抗矩阵，它的元素为

$$Z_{mn}=\langle W_m, L(\boldsymbol{J}_n)\rangle \tag{7.1.4}$$

式(7.1.4)阻抗矩阵的第 mn 个元素就等于第 m 个检验函数对第 n 个基函数产生的电场的反应。根据同样的理由可知，广义电压矩阵 $\mathbf{V}$ 的第 m 个元素就等于第 m 个检验函数对入射场的反应。

在严格的矩量法步骤中，应当把所处理问题中的所有物体都取走，而代之以向自由空间辐射的等效电磁流。因此，当我们要求出第 m 个检验函数对第 n 个基函数产生的电场的反应时，只须考虑通过最短的自由空间路程直接到达第 m 个检验函数的场，因为这是唯一可能有的场。

如果在某种情况下把所处理问题中部分物体保留下来而不用等效电磁流取代它，其模型如图 7.1.1 所示，则 W_m 对 $L(\boldsymbol{J}_n)$ 的反应可以解释为除了有检验源 W_m 对实际源直接到达的场的反应以外，还要加上检验源对由实际源通过其他途径到达检验源的场的反应。因此新的阻抗矩阵元素 Z'_{mn} 可以写为

$$Z'_{mn}=\langle W_m,aL(\boldsymbol{J}_n)+bL(\boldsymbol{J}_n)\rangle \tag{7.1.5}$$

式中：$a=1$，$b=b(m,n)$为复标量，或写为

$$Z'_{mn}=\langle W_m,L(\boldsymbol{J}_n)\rangle+\langle W_m,bL(\boldsymbol{J}_n)\rangle=Z_{mn}+Z_{mn}^g \tag{7.1.6}$$

式中：g 表示 Z_{mn}^g 是由于把第 n 个基函数的能量通过某一物理过程 g 送到第 m 个检验源处而在每一阻抗矩阵元素上附加的项。广义电压矩阵元素 V_m 也可修正为 V_m'，即

$$V_m'=\langle W_m,(\boldsymbol{E}^{\rm i}+C\boldsymbol{E}^{\rm i})\rangle \tag{7.1.7}$$

式中：$\boldsymbol{E}^{\rm i}$ 是直接到达 m 区的入射场；$C\boldsymbol{E}^{\rm i}$ 是从源经过一个物理过程 g 再到达 m 区的场。于是有

$$V_m'=\langle W_m,\boldsymbol{E}^{\rm i}\rangle+\langle W_m,C\boldsymbol{E}^{\rm i}\rangle=V_m+V_m^g \tag{7.1.8}$$

则混合矩阵修正为

$$\boldsymbol{Z}'\boldsymbol{I}'=\boldsymbol{V}' \tag{7.1.9}$$

式中：$\boldsymbol{I}'$是在某种散射机制在发射天线上的电流，这种散射机制的作用可以用 GO 或 UTD 计算，可表示为

$$\boldsymbol{E}(P)=\boldsymbol{E}(Q)\cdot[\overline{\overline{R}}f_R(\rho,s)+\overline{\overline{T}}f_T(\rho,s)+\overline{\overline{D}}f_D(\rho,s)]\cdot \mathrm{e}^{-\mathrm{j}ks} \tag{7.1.10}$$

式中：$\boldsymbol{E}(Q)$表示在 Q 点的入射场；$\overline{\overline{R}}$ 表示并矢反射系数；$\overline{\overline{T}}$ 表示并矢曲面绕射系数；$\overline{\overline{D}}$ 为并矢边缘绕射系数；$f(\rho,s)$表示相应扩散因子，于是有

$$Z_{mn}^g=\langle W_m,\boldsymbol{E}(P)\rangle \tag{7.1.11}$$

这样也就完成了用 UTD 的各种射线场对 MoM 的修正。

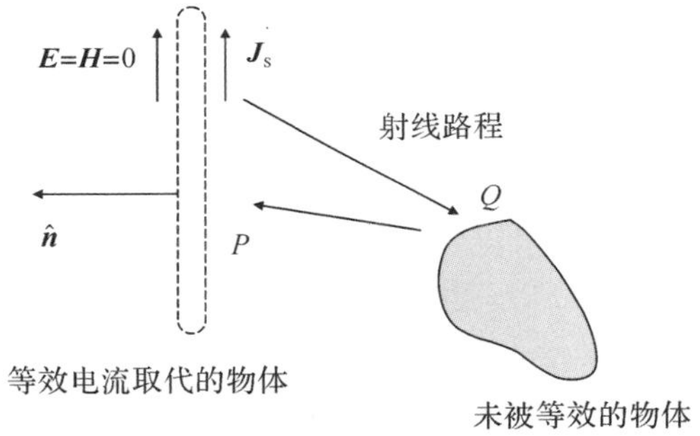

图 7.1.1　部分被等效电流取代的散射体模型

为了说明如何把 MoM 和 UTD 形成一种混合方法，分析一个靠近理想导电劈的单极子的辐射问题，如图 7.1.2 所示。

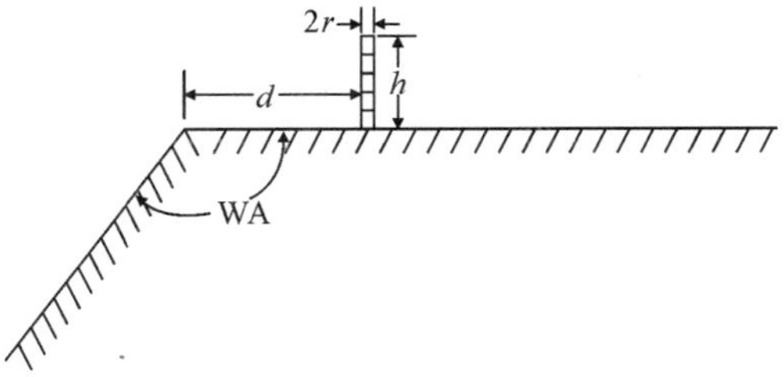

图 7.1.2　理想导体劈上的单极子

一距离理想导电劈边缘 d 处的$\lambda/4$ 单极子，理想导电劈的拐角为 WA。计算此时单极子天线的受扰情况。无穷大地面上的单极子可以用矩量法的矩阵方程描述，导电劈附近的

单极子应当用式(7.1.9)描述。Z_{mn}^{g} 根据单极子上第 n 个基函数所辐射并被导电劈绕射到第 m 个观察点或观察区的能量求得。这里我们用脉冲基函数和点选配,即检验函数为 δ 函数。

求解 Z_{mn}^{g} 的过程如下:

(1)第 n 个脉冲函数作为辐射源。这里将其看作单极子辐射,利用公式求解其辐射场。

$$E_r=\mathrm{j}\eta\frac{kI\Delta l}{2\pi r}\left[\frac{1}{\mathrm{j}kr}+\frac{1}{(\mathrm{j}kr)^2}\right]\mathrm{e}^{-\mathrm{j}kr}\cos\theta \tag{7.1.12}$$

$$E_\theta=\mathrm{j}\eta\frac{kI\Delta l}{4\pi r}\left[1+\frac{1}{\mathrm{j}kr}+\frac{1}{(\mathrm{j}kr)^2}\right]\mathrm{e}^{-\mathrm{j}kr}\sin\theta \tag{7.1.13}$$

$$E_\phi=0 \tag{7.1.14}$$

(2)求解出第 n 个脉冲函数作为辐射源在边缘的电场,这里要取出与入射线与边缘所在平面的垂直分量。

(3)求解边缘绕射场在第 m 个脉冲函数的反应。此时要取绕射场在第 m 段中心处的电场,并且取出其在线天线上的分量,再乘以线天线的分段长度 Δl,其结果就是 Z_{mn}^{g} 的一项。因为我们采用了 δ 函数作为权函数。

如图 7.1.3 所示,可见无论是输入电阻还是输入电抗,都是围绕在无穷大平面上 $\lambda/4$ 单极子的输入电阻和输入电抗上下波动的。随着 d 的增大,其输入阻抗的实部和虚部越来越接近无穷大平面上单极子的输入阻抗实部和虚部。

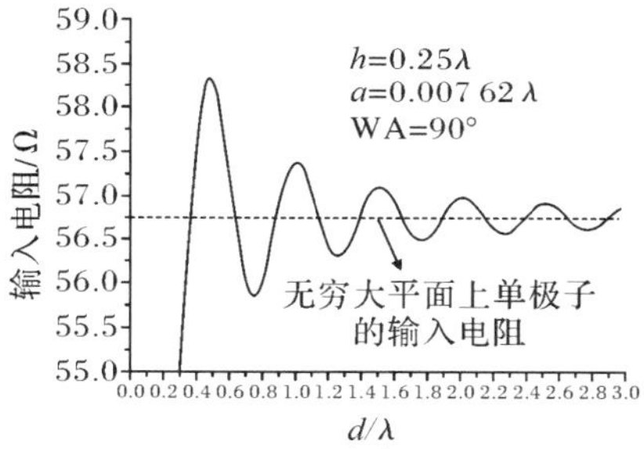

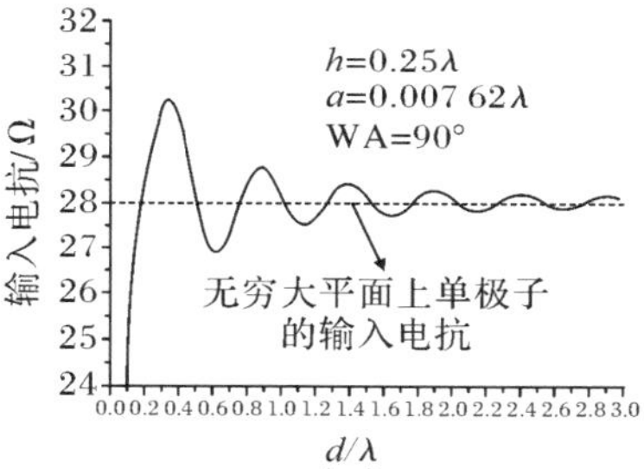

图 7.1.3　单极子的输入阻抗

(a)实部;(b)虚部

这里集中讨论了输入阻抗的计算,显然如果我们能精确地计算输入阻抗,使用 MoM 也就能够很容易地获得精确的远场数据,MoM 和 UTD 的混合,对于线天线与平板状结构的散射体来说是一种有效的混合方法。

7.1.2　利用 MoM－UTD 混合方法计算隔离度

天线间的电磁兼容性一般会使用隔离度这个参数来描述,引入了 UTD 方法进行修正以后,MoM 方法就可以对电大尺寸模型上加载的多天线隔离度进行分析。

1. 隔离度的一般定义

研究图 7.1.4 所示的多天线系统,根据网络的思想,它可以等效为一个多端口网络。

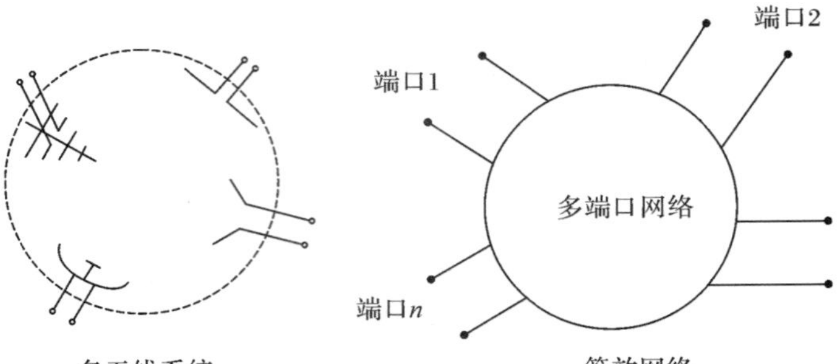

图 7.1.4　多天线系统及其等效网络

从 2 端口网络入手，对于图 7.1.5 所示的 2 端口网络，端口 1 到端口 2 的隔离度定义为：端口 1 接信号源，端口 2 接负载，在源和负载都匹配的情况下，信号源的资用功率 P_a 与负载的吸收功率 P_L 的比值为

$$I=10\lg\left|\frac{P_a}{P_L}\right| \tag{7.1.15}$$

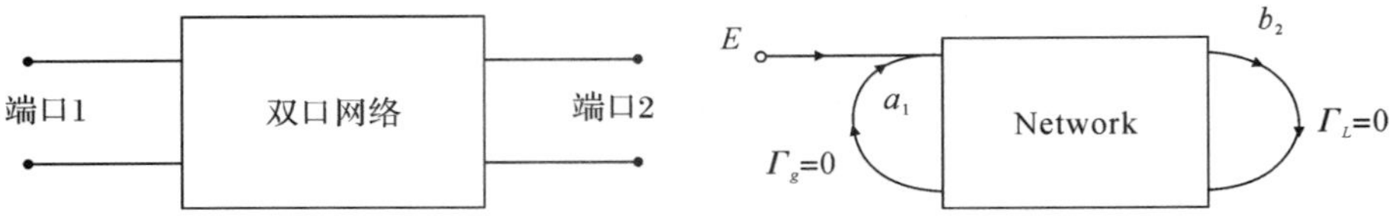

图 7.1.5　双端口网络的隔离度

如图 7.1.5 所示，如果使用网络的[s]参数描述双口网络，可知

$$\left.\begin{aligned} P_a &= \frac{1}{2}E^2=\frac{1}{2}a_1^2 \\ P_L &= \frac{1}{2}b_2^2 \end{aligned}\right\} \tag{7.1.16}$$

这样可以定义端口 1 到端口 2 的隔离度为

$$I=10\lg\left|\frac{P_a}{P_L}\right|=10\lg\left|\left.\frac{a_1^2}{b_2^2}\right|_{a_2=0}\right|=20\lg\frac{1}{|s_{21}|} \tag{7.1.17}$$

2. MoM - UTD 方法分析天线间隔离度

它的基本思想就是用 UTD 方法对 MoM 的阻抗矩阵进行修正，最后回到 MoM 方法分析网络参数。

简单来说，MoM - UTD 方法分析天线间隔离度可以分为如下几个步骤：

(1)给出天线的基本信息，给出天线附近散射体的基本信息。

(2)将双天线分别离散，计算 MoM 阻抗矩阵[Z_{mn}]。

(3)求解 UTD 修正的阻抗矩阵，如图 7.1.6 所示，其中包括：

1)UTD 直射场对阻抗矩阵的修正[Z_{mn}^{i}]；

2)UTD 反射场对阻抗矩阵的修正[Z_{mn}^{r}]；

3)UTD 表面绕射场对阻抗矩阵的修正[Z_{mn}^{cd}]；

4)UTD 边缘绕射场对阻抗矩阵的修正[Z_{mn}^{d}]。

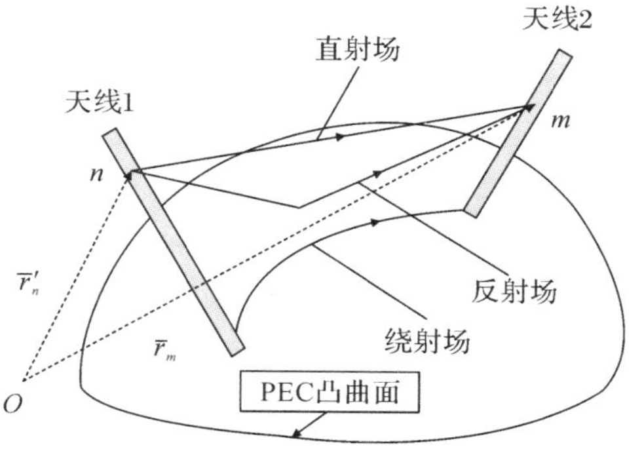

图 7.1.6　金属散射体上的双天线

(4)得到修正后的阻抗矩阵$[Z'_{mn}]=[Z_{mn}]+[Z^{i}_{mn}]+[Z^{r}_{mn}]+[Z^{cd}_{mn}]+[Z^{d}_{mn}]$。

(5)使用$[Z'_{mn}]$继续 MoM 分析得到网络参数。

分析一个圆柱表面上线天线间的隔离度,如图 7.1.7 所示。

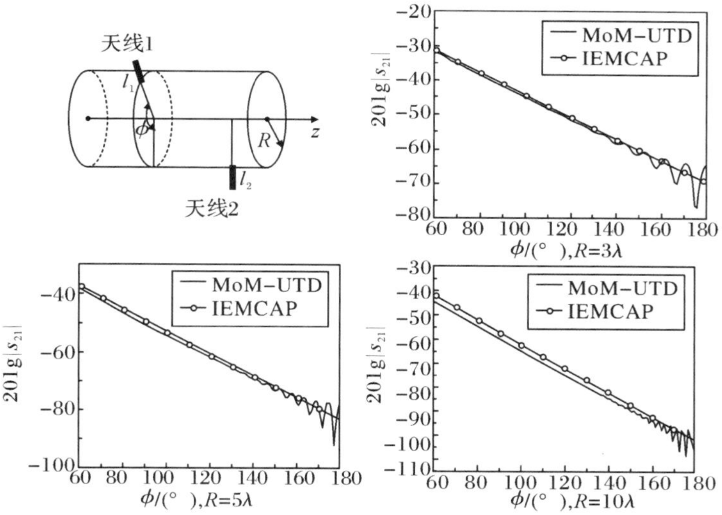

图 7.1.7　导体圆柱上线天线的隔离度

7.2　以 UTD 为主的混合方法

任何电磁计算方法都需要有源进行激励,UTD 方法需要的“源”就是每条射线所携带的初始射线场。在实际情况中充当“源”这个角色的就是各式各样的天线,而为了实际工程中使用方便就产生了这里所说的准混合方法以及矢量场接口方法,它们都是为了解决电大尺寸平台加载任意形式天线辐射特性而存在的,这些方法并不是严格的混合方法,但是计算结果能够满足工程精度,并且使用简单。

如果天线形式可知并且易于使用低频方法(如 MoM、FDTD 等)进行分析,那么可以使用低频方法分析天线的辐射场,并引入 UTD 方法中作为初始射线场,形成准混合方法;如果天线形式出于种种原因不可知但是天线周围的辐射场分布可知，那么可以使用矢量场接口的方案，将天线的空间矢量场进行插值接入 UTD 方法中作为初始射线场。

7.2.1 准混合方法

这里给出的是分析电大目标附近电小天线辐射的准混合方法，对天线利用低频方法解决，如 MoM、FDTD 等，电大尺寸目标利用 UTD 方法解决，包括解析 UTD 和 NURBS－UTD。从 UTD 的射线寻迹结果导出各种作用点（如反射点、绕射点）信息给低频方法，利用低频方法分析天线，得到作用点处的辐射场转而接入 UTD 方法作为初始射线场，最终完成射线场的求解，如图 7.2.1 所示。

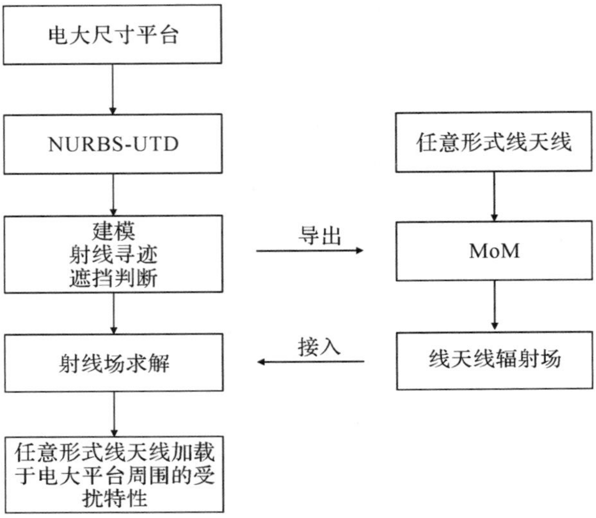

图 7.2.1 准混合方法的流程

需要指出的是，准混合方法里天线的计算复杂度仍然会受到低频方法在计算资源上的限制。下面给出两个数值结果加以说明。

1. 任意曲面外部的螺旋天线

与例 6.7.5 相同的任意光滑凸曲面，在上方(0.0,0.0,15.0)处设置沿 z 轴放置的螺旋天线，环面半径为 0.5，螺距为 0.3，高为 0.6，工作频率为 300 MHz，如图 7.2.2 所示。使用 NURBS－UTD 方法计算 xOz 面方向图，结果如图 7.2.3 所示。

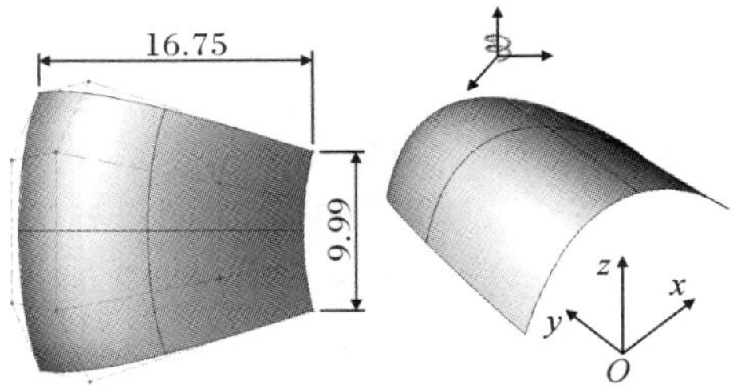

图 7.2.2 任意曲面附近的线天线

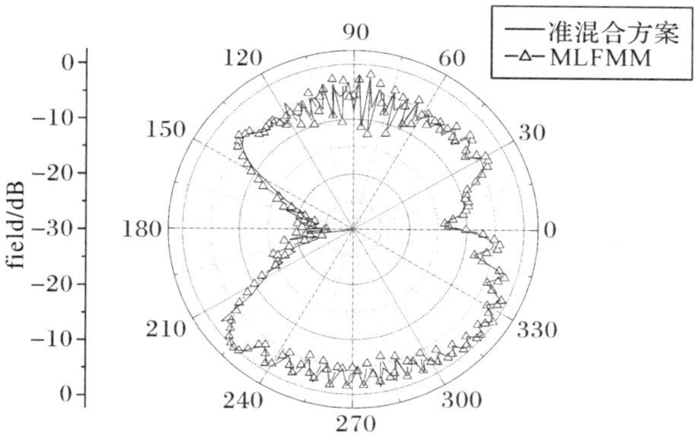

图 7.2.3 xOz 面方向图结果

2. 飞机模型加载螺旋天线

本书选取的天线是中心位于(－45，0.0，9.0)的螺旋天线，环面半径为 0.5，螺距为 0.3，高为 0.6，轴线指向(－1，0，0)，如图 7.2.4 所示。结合 NURBS－UTD 方法进行天线受扰的分析，yOz 和 xOy 面方向图如图 7.2.5 所示。

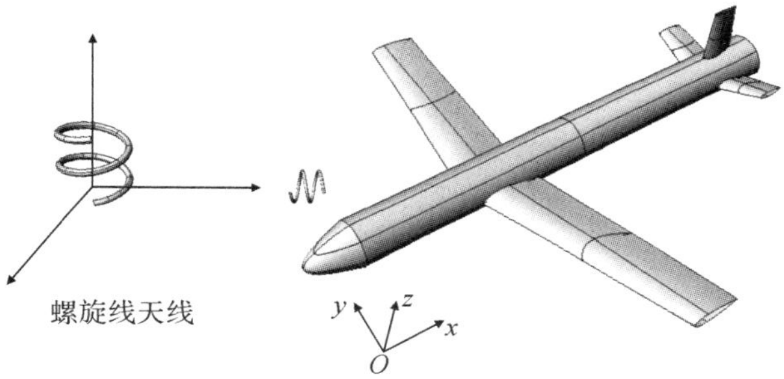

图 7.2.4 飞机模型加载螺旋天线

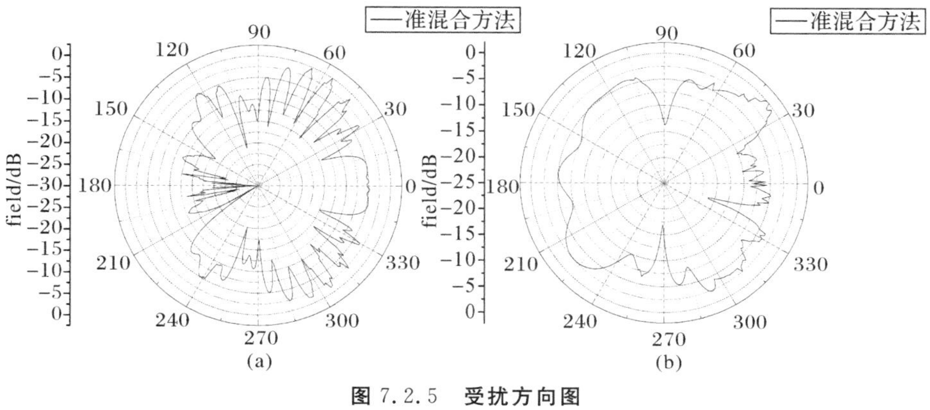

图 7.2.5 受扰方向图

(a) yOz 面；(b) xOy 面

7.2.2 矢量场接口方案

显然对于一些大型天线或者阵列，对每一个作用点都使用 MoM、FDTD 等低频方法进行计算，需要重复占用较大计算资源，计算消耗比较大；另外，在某些情况下，天线的具体形式无法获得，取而代之的是通过实际测量得到的天线在自由空间的远区矢量辐射分布。这时就可以使用这些矢量的辐射场分布作为 UTD 方法的源，形成矢量场接口方案。

这里解决复杂形式天线或阵列加载于电大尺寸平台附近的方向图畸变特性，采用 UTD 方法对天线的受扰方向图进行分析，使用矢量场分布接口的方法解决天线的接入问题。根据源点和作用点（如反射点）的相对位置，在矢量场分布中进行插值得到射线场的初始场，导入 UTD 进行求解，形成得到矢量场接口方案，如图 7.2.6 所示。下面给出两个数值结果加以说明。

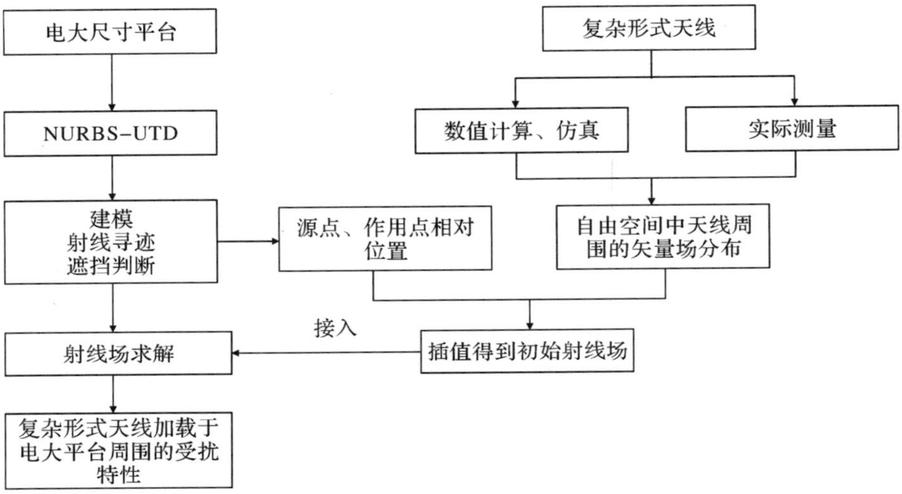

图 7.2.6 矢量场接口的流程

1. 任意曲面外部的螺旋天线

与 7.2.1 节中第一个算例相同的模型，为了使用矢量接口的方案，首先使用 MoM 计算螺旋天线周围的三维球面场分布，然后接入 NURBS - UTD 方法，同样计算 xOz 面方向图，如图 7.2.7 所示。

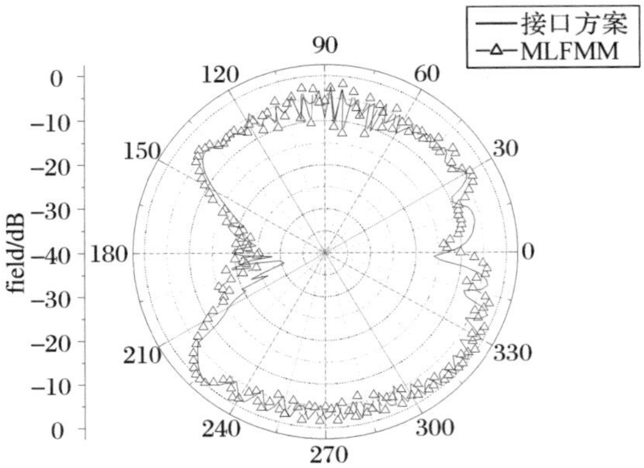

图 7.2.7 xOz 面方向图结果

在 7.2.1 节和 7.2.2 节中使用了同样的算例，直观地看计算结果相差不大，如果定量考察均方根误差，使用准混合方案的计算结果误差为 1.916 44 dB，使用矢量接口方案的误差为3.433 dB，很明显准混合方案的精度略高。

2. 矢量分布文件的接口

飞机模型如图 7.2.8 所示，天线的矢量场分布来自于参数未知的大规模阵列天线的暗室测量结果，天线位于飞机机身上方。未加载以及加载后的立体方向图如图 7.2.9 所示，使用解析的 UTD 方法。

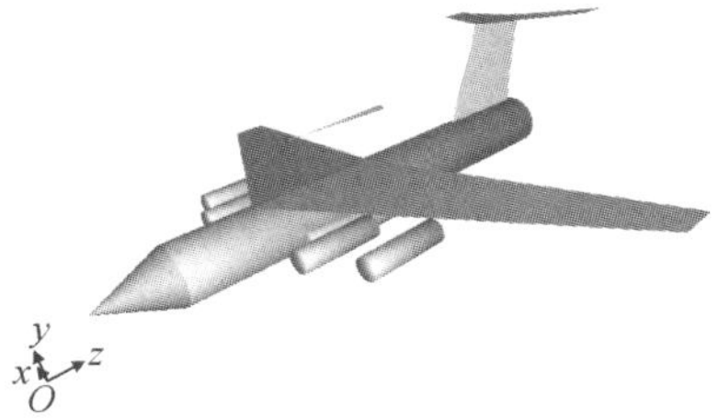

图 7.2.8　飞机模型

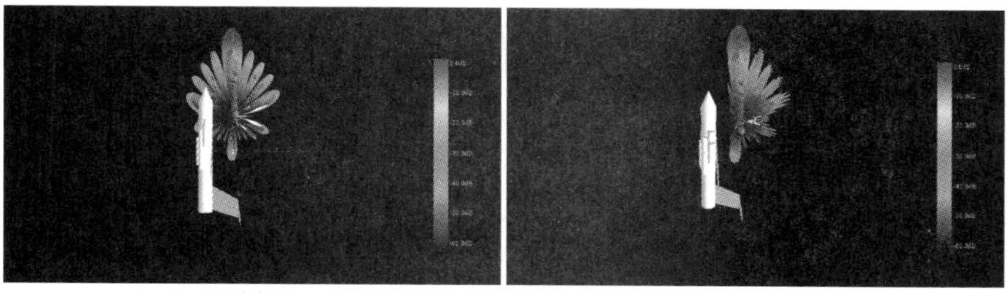

(a)　(b)

图 7.2.9　受扰方向图

(a)未加载飞机平台；(b)加载于飞机平台之后

第 8 章　UTD 方法的并行计算

CEM 使用数值方法来解决特定频率和环境下的电磁问题。随着工作频率的提升和应用场景的变大，计算消耗会急剧上升。MoM、FEM 等 CEM 方法的计算消耗包括计算机硬件资源和计算时间的消耗，而 PO、UTD 等 CEM 方法的计算消耗主要是计算时间的消耗。降低计算消耗的可用手段是进行大规模的并行计算。

并行计算或称平行计算是相对于串行计算来说的，是用多种计算资源解决计算问题的过程，是提高计算机系统计算速度和处理能力的一种有效手段，它和常说的高性能计算、超级计算等是同义词。其基本思想是用多个处理器来协同求解同一问题，即将被求解的问题分解成若干个部分，各部分均由一个独立的处理机并行计算，一次可执行多个指令，目的是提高计算速度，以及通过扩大问题求解规模，解决大型而复杂的计算问题。并行计算系统既可以是专门设计的、含有多个处理器的超级计算机，也可以是以某种方式互连的由若干台独立计算机构成的集群，通过并行计算完成数据的处理，再将处理的结果返回给用户。

CEM 中的各种算法都可以利用并行计算技术，满足电磁计算对矩阵存储和求解的硬件需求，缩短所需的计算时间。由于计算精度好，并行计算首选是应用于 MoM 中，并在使用三角基函数和高阶基函数的情况下进行了大量研究。CEM 中的其他算法也将并行计算作为计算能力扩展的有效手段。

8.1　并行计算

8.1.1　并行概述

并行计算就是一次执行多条指令，其目的在于提高算法的计算速度，扩大算法的计算规模，从而解决大型复杂的计算问题。其基本思想是利用多个处理器相互协作来解决一个问题，即将问题分解成若干份，分配给一个个独立的处理器来计算求解。并行计算可分为：①计算密集型，如大型科学工程计算与数值模拟等；②数据密集型，如数字图书馆、数据仓库、数据挖掘和计算可视化等；③网络密集型，如协同计算和远程诊断等。为了利用并行计算求解一个计算问题，通常基于以下考虑：①将计算任务分解成多个子任务，有助于同时解决；②在同一时间，由不同的执行部件可同时执行多个子任务；③多计算资源下解决问题的耗时要少于单个计算资源下的耗时。

并行计算实施的物理实体便是并行计算机。并行计算机是能在同一时间内执行多条指令或处理多个数据的计算机，并行计算机是并行算法实现的物理载体。并行计算机按照指令与数据划分可以分为单指令多数据并行计算机(Single Instruction Multiple Data，SIMD)和多指令多数据并行计算机(Multiple Instruction Multiple Data，MIMD)两种；按照存储方式可划分为共享内存与分布式内存。

并行计算机的发展基于人们在两个方面的认识：①单机性能不可能满足大规模科学与工程问题的计算需求，而并行计算机是实现高性能计算、解决挑战性计算问题的唯一途径；②同时性和并行性是物质世界的一种普遍属性，具有实际物理背景的计算问题在许多情况下都可以划分成能够并行计算的多个子任务。针对某一具体应用问题，我们可以利用它们内部的并行性，设计并行算法，将其分解成为互相独立但彼此又有一定联系的若干个子问题，分别交给各台处理机，而所有的处理机按并行算法完成初始应用问题的求解。

实现或提高计算机系统的并行性，可以通过时间重叠、资源重复和资源共享等技术途径来实现。时间重叠是在并行性概念中引入时间因素，让多个处理过程在时间上相互错开、轮流重叠地使用同一套硬件设备的各个部分，以加快硬件周转而赢得速度。资源重复是在并行概念中引入空间因素，通过重复设置硬件资源来提高可靠性或并行性能。在结构上，采用多操作部件和多存储部件，早期受限于硬件价格，资源重复以提高可靠性为主，随着硬件价格的降低，资源重复利用，被大量用于提高系统的速度，成为提高并行性的重要方面。资源共享是按时间顺序轮流地使用同一套资源，包括 CPU、主存、外设硬件资源和软件、信息资源，以提高其利用率，从而提高整个系统的性能。

计算电磁学的并行计算需要满足以下三个条件。

1. 硬件资源

随着计算机硬件的迅速发展，可用的硬件平台越来越多，多核多内存 PC、众多 PC 组成的集群、小型的工作站、刀片服务器、性能超群的超级计算机等都可以用作并行计算的硬件资源使用。

从物理上划分，共享式内存和分布式内存是两种基本的并行计算机存储方式。共享式内存架构计算机的特点是处理器核心共享使用内存，即每个核心没有私有的局部内存，现在日常工作使用的具有多核处理器的计算机便属于共享式内存架构的计算机。对于分布式内存的并行计算机，各个处理单元都拥有自己独立的局部存储器，由于不存在公共可用的存储单元，所以各个处理器之间通过消息传递来交换信息、协调和控制各个处理器的执行。因此，通信是影响分布式内存计算机性能的重要因素。

分布式共享内存的并行计算机结合了前两者的特点，是当今新一代并行计算机的一个重要发展方向。目前越来越流行的集群系统大多采用这种形式的存储结构。集群系统就是由一组通过高速网络互连的独立计算机构成的、全部计算资源可一体化的并行或分布式系统。组成集群系统的独立计算机也称为节点。节点通常是共享式内存架构的计算机。计算机集群系统中，各个节点之间通过高速网络连接起来，因此集群系统具有高性能、可扩展、高吞吐量、易使用等特点。按照集群的节点体系结构类型，可将集群分为同构集群和异构集群两大类。同构集群仅使用 CPU 作为唯一的计算资源，通过增加节点数目或者提升 CPU 的性能来实现集群的性能提升。异构集群同时采用 CPU 和加速器，CPU 主要执行并行度低、计算量小的程序段，而并行度高、计算量大的程序由加速器进行计算。

2. 并行编程支持软件（库），如 MPICH2 等

除了性能强大且稳定的硬件平台，任何一个并行计算都需要通过一定的并行编程来实现。不同的并行机体系架构所适合的编程模型也不同，因此选择一个合适的易于移植的并行编程模型是至关重要的。目前已经存在许多通用且成熟的消息传递软件包，其中应用比较广泛的并行程序开发环境包括并行虚拟机（Parallel Virtual Machine，PVM）、共享存储并行编程（Open Multi-Processing，OpenMP）、信息传递接口（Message Passing Interface，MPI）等。

（1）并行虚拟机 PVM。PVM 是美国科研机构研制的并行程序开发环境，可以把多个异构的计算机组织起来成为一个易于管理、可扩展、易编程使用的并行计算资源。计算节点可以是共享存储或分布式存储的多处理机、向量超级计算机、专用的图形标量工作站。节点通过网络互联成为计算虚拟机。PVM 免费、开放、易用，可以安装到 Unix、Windows 操作系统上运行。

（2）共享存储并行编程 OpenMP。OpenMP 作为共享存储标准问世，是为在多处理机上编写并行程序而设计的一个应用编程接口，是用于共享内存并行系统的多处理器程序设计的一套指导性编译处理方案。OpenMP 支持的编程语言包括 C、C＋＋和 Fortran；而支持 OpenMp 的编译器包括 Sun Compiler、GNU Compiler 和 Intel Compiler 等。OpenMp 提供了对并行算法的高层的抽象描述，程序员通过在源代码中加入专用的程序来表明自己的意图，由此编译器可以自动将程序进行并行化，并在必要之处加入同步互斥以及通信。

（3）信息传递接口 MPI。消息传递即各个并行执行的部分之间通过传递消息来交换信息、协调步伐、控制执行，消息传递一般是面向分布式内存的，但是它也可适用于共享内存的并行机器。消息传递为编程者提供了灵活的控制手段和表达并行的方法，一些用数据并行方法很难表达的并行算法，都可以用消息传递模型来实现。灵活性和控制手段的多样化，是消息传递并行程序能提供较高执行效率的重要原因。

消息传递模型一方面为编程者提供了灵活性，另一方面，它也将各个并行执行部分之间复杂的信息变换、协调和控制的任务交给了编程者，这在一定程度上增加了编程者的负担，这也是消息传递编程模型编程级别较低的主要原因。虽然如此，消息传递的基本通信模式是简略和清楚的，因此现在大量的并行程序设计仍然采用消息传递并行编程模式。

3. 可并行化电磁场数值算法代码，如 MOM、UTD 等

根据以上三个条件，可以将串行的 CEM 算法转化为并行计算代码，需要设计的是能够充分利用硬件资源的并行策略。

8.1.2 信息传递接口 MPI

MPI 的标准化开始于 1992 年 4 月 29—30 日在弗吉尼亚的威廉姆斯堡召开的分布存储

环境中消息传递标准的讨论会，由 Dongarra、Hempel、Hey 和 Walker 建议的初始草案于 1992 年 11 月推出，并在 1993 年 2 月完成了修订版，这就是 MPI 1.0。为了促进 MPI 的发展，一个称为 MPI 论坛的非官方组织应运而生，该论坛对 MPI 的发展起到了重要的作用。1995 年 6 月推出了 MPI 的新版本 MPI 1.1，对原来的 MPI 作了进一步的修改、完善和扩充。但是当初推出 MPI 标准时，为了能够使它尽快实现并迅速被接受，许多重要但实现起来比较复杂的功能都没有定义，如并行 I/O。

MPI 是一个库，而不是一门语言。但是按照并行语言的分类，可以把 FORTRAN+MPI 看作是一种在原来串行语言基础上扩展后得到的并行语言。MPI 库可以被 FORTRAN77/C/FORTRAN90/C++调用，从语法上说，它遵循所有对库函数过程的调用规则，与一般函数没有什么区别。

MPI 是一种消息传递编程模型，并成为这种编程模型的代表和事实上的标准。它的最终目的是服务于进程间通信这一目标。MPI 是一种标准或规范的代表，而不特指某一个对它的具体实现。迄今为止，所有的并行计算机制造商都提供对 MPI 的支持，可以在网上免费得到 MPI 并在不同并行计算机上实现。一个正确的 MPI 程序，可以不加修改地在所有的并行机上运行。

在 MPI 上很容易移植其他的并行代码。MPI 具有较好的通信功能和程序可移植性。MPICH、MPICH2 等都是开放获取的 MPI 库，是比较重要的 MPI 实现库。Argonne 国家实验室和 MSU 对 MPICH 做了重要的贡献。第一个 FORTRAN77+MPI 程序如下所示：

```
program main
include ‘mpif.h’
character *(MPI_MAX_PROCESSOR_NAME) processor_name
integer myid,numprocs,namelen,rc,ierr
call MPI_INIT(IERR)
call MPI_COMM_RANK(MPI_COMM_WORLD,myid,ierr)
call MPI_COMM_SIZE(MPI_COMM_WORLD,numprocs,ierr)
call MPI_GET_PROCESSOR_NAME(processor_name,namelen,ierr)
write( * ,10) myid,numprocs,processor_name
10 FORMAT(‘HELLO WORLD! PROCESSOR’,I2,’OF’,I1,’ON’,20A)
call MPI_FINALIZE(rc)
end
```

此程序的运行结果如下：

```
HELLO WORLD! PROCESSOR 1 OF 4 ON tp5
HELLO WORLD! PROCESSOR 0 OF 4 ON tp5
HELLO WORLD! PROCESSOR 2 OF 4 ON tp5
HELLO WORLD! PROCESSOR 3 OF 4 ON tp5
```

在上述的例子中，可以看出 MPI 的命名规则，所有 MPI 的名字都有前缀“MPI_”，不管是常量、变量还是过程或函数调用的名字都是这样。在自己编写的程序中不可以定义以前缀“MPI_”开始的任何变量和函数，以避免与MPI可能的名字的混淆。

FORTRAN形式的MPI调用，一般全为大写。所有的MPI的FORTRAN子程序在最后参数中都有一个返回代码，成功的返回代码值是MPI_SUCCESS，其他的错误代码是依赖于实现的。FORTRAN中句柄是以整型表示的。

下面将以FORTRAN为例，具体介绍MPI的调用接口。

1. MPI初始化

MPI_INIT(IERROR)

INTEGER IERROR

MPI初始化是MPI程序的第一步，MPI_INIT是MPI程序第一个调用的。它完成MPI程序所有的初始化工作。所有MPI程序的第一条可执行语句都是这条语句。

2. MPI结束

MPI_FINALIZE(IERROR)

INTEGER IERROR

MPI_FINALIZE是MPI程序最后一个调用的，它结束MPI程序的运行，它是MPI程序的最后一条可执行语句，否则程序的最后结果是不可预知的。

3. 当前进程标识

MPI_COMM_RANK(COMM,RANK,IERROR)

INTEGER COMM,RANK,IERROR

这一调用返回调用进程在给定的通信域中的进程标识号，有了这一标识号，不同的进程就可以将自身和其他的进程区别开来，实现各进程间的并行和协作。

4. 通信域包含的进程数

MPI_COMM_SIZE(COMM,SIZE,IERROR)

INTEGER COMM,SIZE,IERROR

这一调用返回给定的通信域中所包括的进程的个数，不同的进程通过这一调用得知在给定的通信域中有多少个进程在并行执行。

5. 消息发送

MPI_SEND(BUF,COUNT,DATATYPE,DEST,TAG,COMM,IERROR)

<type>BUF(*)

INTEGER COUNT,DATATYPE,DEST,TAG,COMM,IERROR

MPI_SEND将缓冲区中的COUNT个DATATYPE数据类型的数据发送到目的进程，目的进程在通信域中的标识号是DEST。本次发送的消息标志是TAG，使用这一标志就可以把本次发送的消息和本进程向同一目的进程发送的其他消息区别开来。

MPI_SEND操作指定的发送缓冲区是由COUNT个DATATYPE的连续数据空间组成的。起始地址为BUF。注意这里不是以字节计数的，而是以数据类型为单位指定消息的长度计数的，这样就独立于具体的实现，并且更接近于用户的观点。其中DATATYPE数据类型可以是 MPI 的预定义类型,也可以是用户自定义的类型。通过使用不同的数据类型调用 MPI_SEND,可以发送不同类型的数据。

6. 消息接收

MPI_RECV(BUF,COUNT,DATATYPE ,SOURCE,TAG ,COMM,STATUS ,IERROR)

<type>BUF(*)

INTEGER COUNT,DATATYPE,SOURCE,TAG,COMM

STATUS(MPI_STATUS_SIZE),IERROR

MPI_RECV 从指定的进程 SOURCE 接收消息,并且该消息的数据类型和消息标识与本接收进程指定的 DATATYPE 和 TAG 相一致,接收到的消息所包含的数据元素的个数最多不能超过 COUNT。

接收缓冲区是由 COUNT 个类型为 DATATYPE 的连续元素空间组成的。DATATYPE 指定其类型,起始地址是 BUF。接收到消息的长度应小于或等于缓冲区的长度,这是因为如果接收到的数据过大,MPI 没有截断,那么接收缓冲区会出现溢出的错误。因此,编程者要保证接收缓冲区的长度不小于发送数据的长度。

以上 6 条是最基础、最终的也是最常用的调用接口,对于简单的并行程序,使用这 6 条调用接口已经足够,但是高级并行程序的编写还需要其他高级的语句。

8.1.3 并行评价

同一个串行程序,根据不同的应用场景可以设置不同的并行策略,可以通过并行加速比、并行效率、并行可扩展性对并行策略进行评价。

1. 并行加速比 S_N

在处理器资源独享的前提下,假设某个串行应用程序在某台并行机单处理器上的执行时间为 T_1,该程序并行化后,N 个进程并行执行所需要的时间为 T_N,则该并行程序在该并行机上的加速比可定义为

$$S_N=\frac{T_1}{T_N} \tag{8.1.1}$$

2. 并行效率 E_N

并行效率是与加速比相关的概念,一个并行程序的效率定义为

$$E_N=\frac{S_N}{N} \tag{8.1.2}$$

当并行加速比 S_N 接近 N 时,并行效率接近于 1。

影响并行效率的因素很多。首先,不能期望一个程序的所有部分都能完全并行,例如,输入、输出部分通常是由单机完成的。处理器之间的通信与同步都需要时间开销,各个处理器中所执行的运算量也不可能完全相同,总会出现某些处理器的负载不平衡甚至是处于闲置状态的情况。负载不平衡是指工作量在各节点计算机上分配不平均,使一些节点工作量大,另外一些节点工作量小,因此浪费了宝贵的计算资源。一个负载平衡的程序比一个负载不平衡的程

序运行得要快,除非为了实现负载平衡的代价比负载不平衡更大。

在 MPI 环境中引起负载不平衡的因素非常多,可归纳为以下几点。

(1)异构机器:各主机的计算能力不一。

(2)同步:通信延迟使各任务间交换数据时,需要进入阻塞状态,直到消息传递完成才能继续进行计算。

(3)机器负载:MPI 网络中的某些主机上可能正执行一些非本 MPI 任务的进程,从而降低了这些机器的计算能力。若此问题与同步问题同时出现,集群的计算能力必将因此而大幅下降。

(4)网络平衡:由于 MPI 环境中的网络为多用户共享,所以若网络处于繁忙状态,将导致任务间的通信延迟增大,在此情况下进行同步,将引起负载不平衡。一些并行程序,各任务在同一时间交换数据,是造成网络负荷过重的因素之一,最终亦将使负载不平衡。

(5)任务分配:MPI 环境中各主机可以同时运行多个任务,每个任务以进程的形式同时存在,若一些主机分配较多进程,其他主机分配较少进程,则容易导致负载不平衡。

研究并行计算时,应注意算法的设计,以减少负载不平衡,进而提高并行效率。

3. 并行可扩展性

对于给定的并行程序和并行计算机,调整参与运算的处理器个数和求解问题的计算规模,使得随着处理器个数的增加,并行算法的效率可以基本保持不变,称之为并行算法的可伸缩性(可扩展性)。一般来说,集群环境中节点数目可随意增加,因此该指标衡量了并行算法能否有效利用更多的处理器以提升其计算能力。若节点增加,并行程序效率呈线性增长,则该算法的可伸缩性良好;若效率曲线下降很快,则可伸缩性差。对于一个固定规模的问题,在网络集群上实施并行运算,其有效增加处理器数目的能力是有限的。影响并行程序可伸缩性的因素很多,包括计算方法、加速比、通信开销、粒度(Granularity)等。所谓粒度,指的是一个任务的工作量或执行时间的度量,通常称循环一级的并行为小粒度并行,子程序或任务一级的并行为大粒度并行。小粒度并行易于实现负载平衡,大粒度并行则难于实现负载平衡。MPI 环境主要为分布式网络并行计算环境,主机间的通信开销大,为减少通信带来的负面影响,必须减少通信量,因此适合大粒度并行。

8.2 UTD 中的并行策略

对于 UTD 或者 PO 这样的高频算法,使用并行计算的最重要的目的就是减少计算时间。如何合理分配给每个处理器任务,如何得到理想的加速比,是需要解决的问题。根据不同的需求可以有不同的并行方案。在 UTD 的基本工程模块中,除了建模部分以外都可以进行并行加速,而作为基础的射线寻迹是并行策略设计的重点环节。

1. 按模型分配任务的射线寻迹策略

可以根据总的部件或面片个数平均分配给处理器,如图 8.2.1 所示。根据局部性原理,每个处理器处理的都是单独的积分运算或寻迹,与其他进程无关,因此进程间的通信比较少，比较适合应用于 PO 方法中，图 8.2.2 给出了并行流程，如果是用于 PO 方法，只需要将寻迹、求射线场步骤更换为积分、求解即可。这种分配方法如果用于解析的 UTD 方法，则对于某一个观察点，需要在所有的处理器都完成之后，才能得到最终的射线场，因此并行效率会受到以下几个方面的影响：部件或面片的大小不一，激发出的射线类型不同，计算时间各不相同，先计算完的要等后计算完的；不好描述二次反射等高次射线，此时可能需要跨节点通信，会增加通信时间，负载均衡性不易保证。

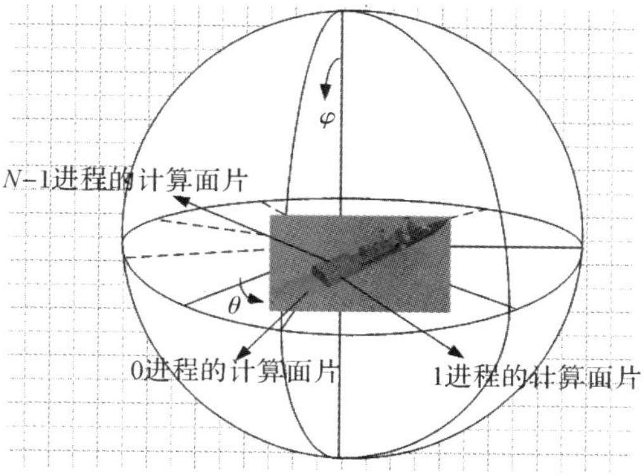

图 8.2.1　按照面片分配任务

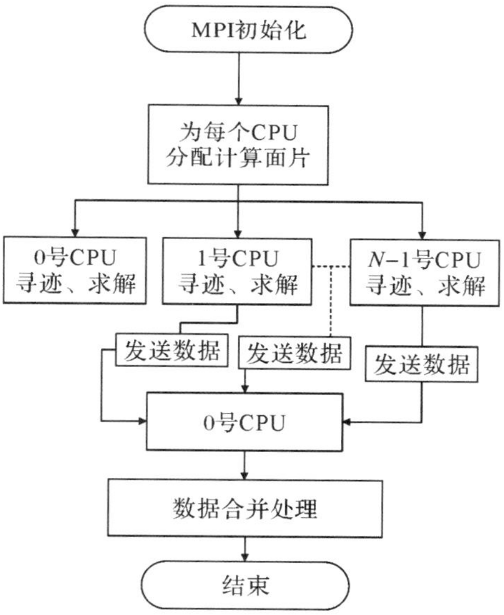

图 8.2.2　按部件分配任务的并行流程

2. 按照角域分配任务的射线寻迹策略

可以根据计算区域给处理器分配任务，例如方向图的计算，远区三维方向图分布在球面上，二维方向图分布在圆周上，因此可以根据角度区域分配计算任务，如图 8.2.3 所示。每个处理器完成特定角域的所有 UTD 流程，各个角域之间相互独立，不受射线阶数的制约，可以得到比较理想的并行加速比。图 8.2.4 给出了简单的并行的流程。

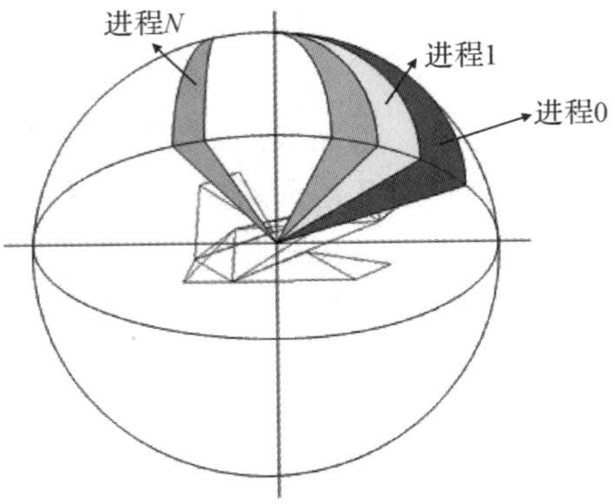

图 8.2.3　按照角域分配任务

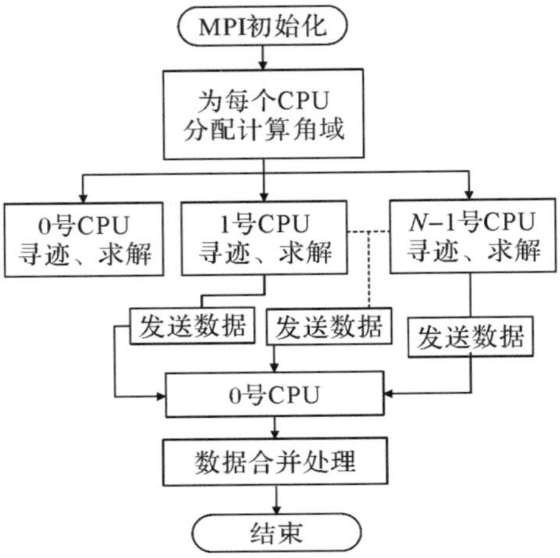

8.2.4　按照角域分配计算任务的并行流程

3.按场点位置分配任务的射线寻迹策略

这种并行与按照角域分配任务的策略类似，更适合于计算区域电磁分布的计算，这样的场景中需要计算的接收点比较多。以图 8.2.5 所示的场景为例，在源点 S 周围共需要计算 10 个接收点。如果使用 3 个进程，可以按照图 8.2.6 中的方法分配计算任务。为了提高计算效率，可以把观察区域的接收点按照处理器个数平均分配给每个处理器，每个处理器完成当前观察点的计算之后，会被分配下一个观察点，通过这样的做法，可以得到比较好的并行加速比。

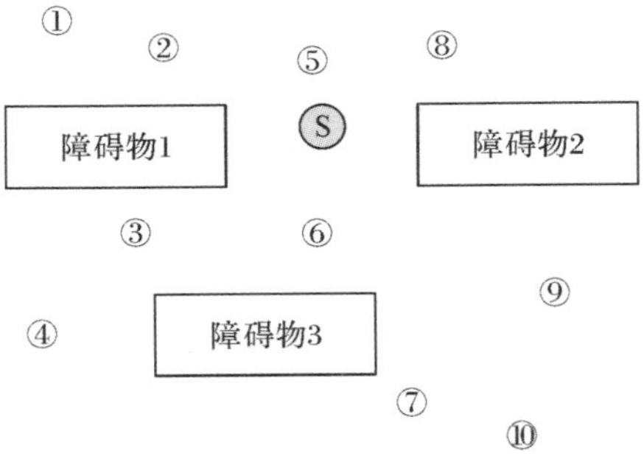

图 8.2.5　10 个观察点的例子

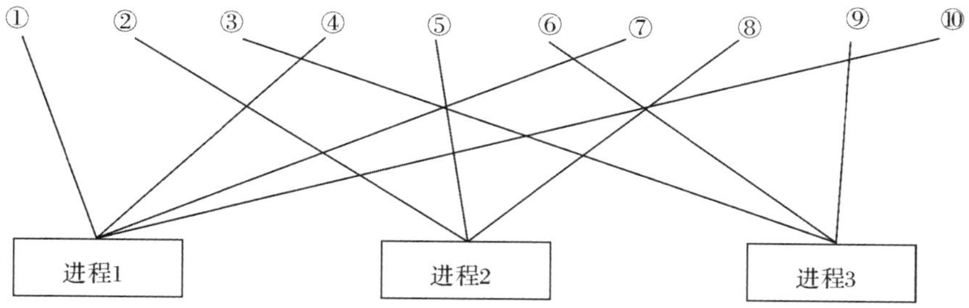

图 8.2.6　按接收点分配任务

进一步考虑使用点对点的射线寻迹算法，源点和观察点的相对关系更加重要，考虑的是每个计算进程计算量的均衡分配，可以在分配计算任务之前做如下的操作：首先，将所有的观察点按照与源点的距离进行快速的重新排列，如图 8.2.7 所示；其次，按照排序之后的观察点编号，依次交替分配给各进程进行计算，如图 8.2.8 所示。考虑到相邻观察点在物理位置上相近，其射线寻迹的类型和数量存在相似性，寻迹运算所需时间也相近，在这样的任务分配方法下，每个进程的计算时间相差不大，可以保持比较好的计算量均衡分配。图 8.2.9 给出了简单的并行流程。

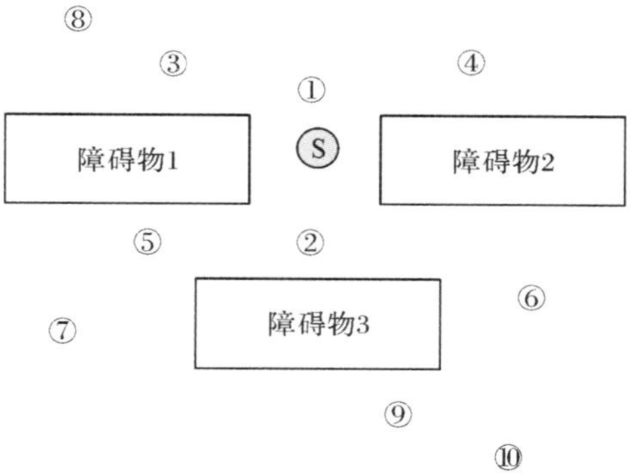

图 8.2.7　观察点重排

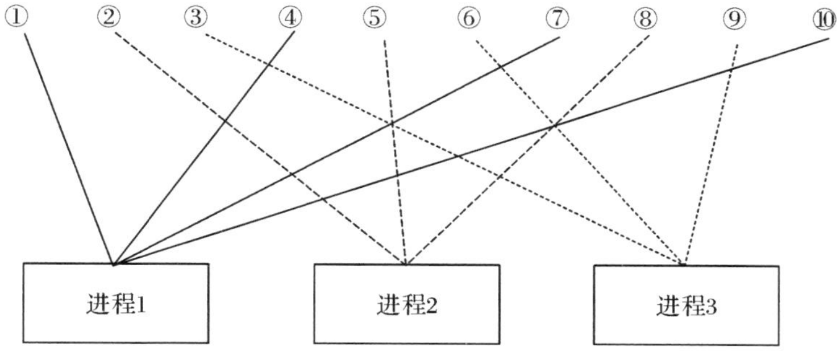

图 8.2.8　按接收点分配任务

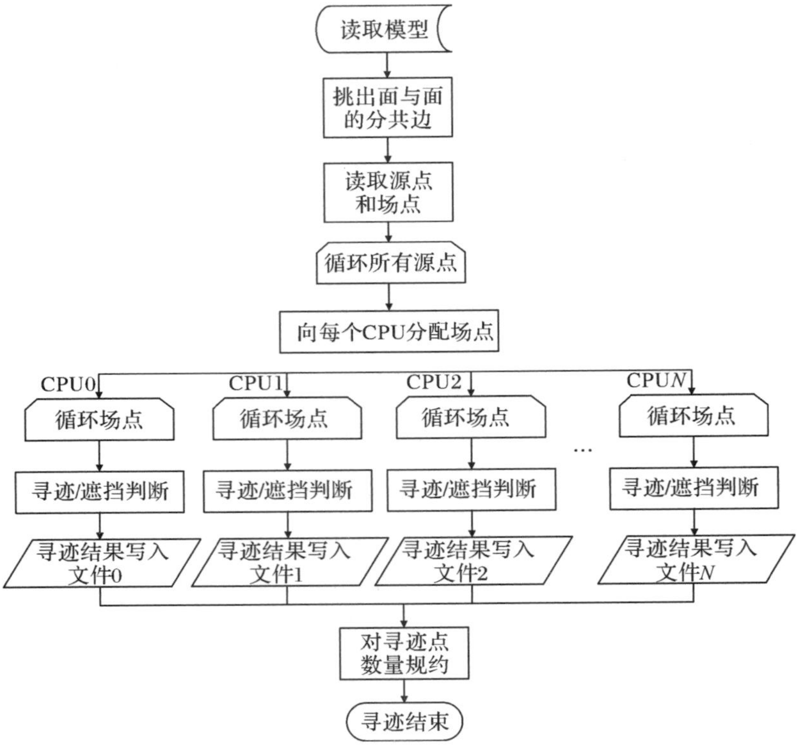

图 8.2.9 **并行计算流程**

4. 并行算例

选取图 8.2.10 所示的模型进行测试，该目标区域共有 815 个解析六面体，面积约为 2 km^2。并行计算使用西安电子科技大学通用处理器平台的集群系统，该集群配置 136 个计算节点，每个节点搭配两颗 Intel Xeon 2.2 GHz 12 核 CPU，内存 64 G，900 GB SAS 硬盘。

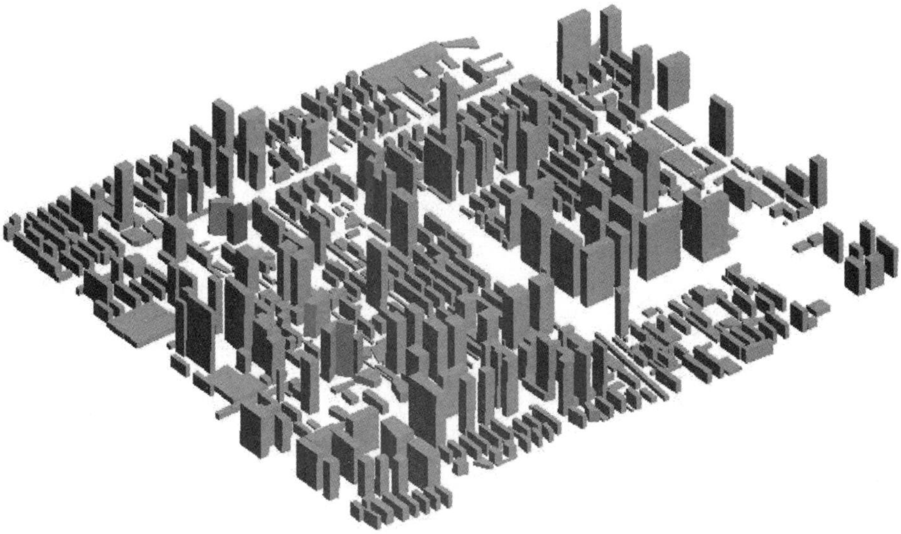

图 8.2.10 **并行测试模型**

在六面体之间的空白区域均匀选取 24 109 个观察点进行并行的射线寻迹的计算，表 8.2.1 给出了计算资源与计算时间的对比，进一步所得的并行加速比和并行效率如图 8.2.11 和图 8.2.12所示。本节给出的并行策略的并行加速比与理想加速比相比下降不多，并行效率保持在 90%以上，说明本文并行策略性能良好。

表 8.2.1　**计算所用资源与时间**

节点数	1	5	10	20	40	60
核数/个	24	120	240	480	960	1 440
时间/s	30 454.4	6 090.6	3 069.5	1 597.5	800.2	533.08

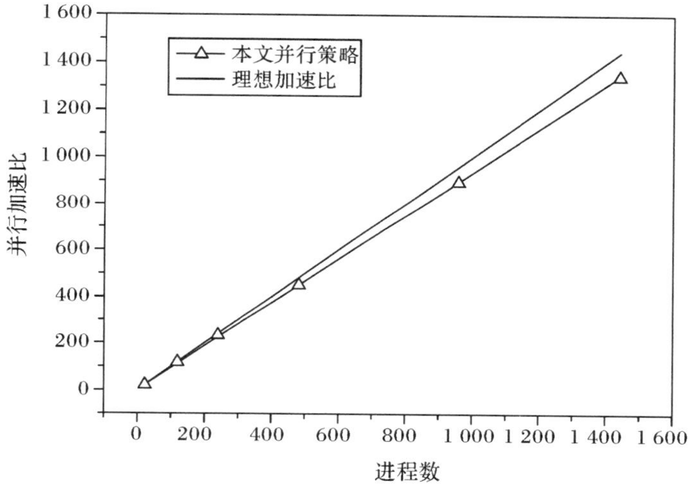

图 8.2.11　**并行加速比**

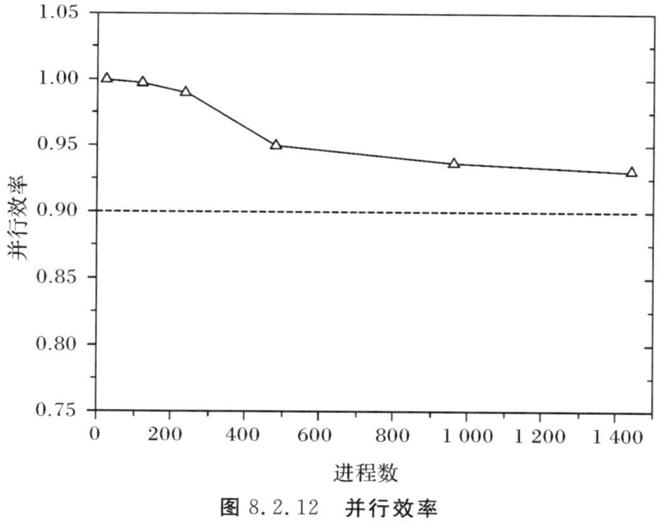

图 8.2.12　**并行效率**

最后,在六面体之间的空白区域均匀选取 91 297 个观察点进行电磁场分布的计算,共使用 20 个节点(480 个核),计算时间约 2.3 h,计算结果如图 8.2.13 所示。这样的模型使用 MoM 等低频方法,即便使用并行计算也很难处理。

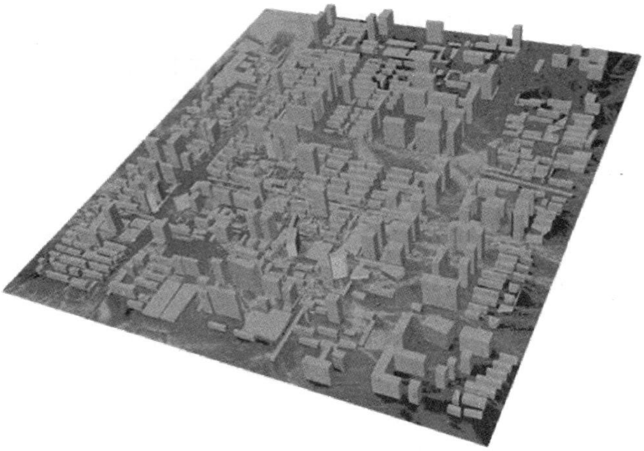

图 8.2.13 区域电磁分布的并行计算

第9章 时域中的UTD方法

在电磁学领域，人们对分析时域波动问题的关注度越来越高，这主要是由于人们在当今超宽带（或者短脉冲）雷达及其相关遥感天线和目标识别应用的研究中，取得了许多新的发展；另外，一直以来人们对自然或者人为电磁脉冲（EMP）对飞机和宇宙飞船等复杂辐射系统的影响非常关心。直接在时域分析瞬时电磁波动现象是很自然的想法，而且与对相应的频域解做数值的快速傅里叶变换（FFT）到时域比较而言，直接在时域解决这些实际的瞬时问题也要更有效率。目前有多种时域数值方法，如时域有限差分方法或者时域积分方程方法，但是当瞬时入射场的脉冲宽度与散射体的几何尺寸相比非常窄时，这些分析瞬时现象的数值解会有局限，比较难用。

在时域，只有一些简单结构存在精确的解析解。对于外形相对复杂的散射体，瞬时响应无法得到精确的闭式解，而使用时域UTD（TD－UTD）方法则可以得到近似的解析解，这本质上与频域中UTD方法可以用来分析复杂辐射体是同样的道理。本章在前面章节中频域UTD方法的基础上，讨论UTD方法的时域形式。介绍任意像散时间波前激励下，任意理想导体曲边缘以及光滑曲面瞬时散射，以闭式形式给出散射问题的时域UTD方法。通过对频域UTD方法使用解析的逆傅里叶变换（到时域）来得到TD－UTD的脉冲响应。使用这样的时间变换可以避免射线通过焦散线或面时产生的复杂性，而任意像散激励的响应则可以通过与脉冲激励的卷积得到。频域UTD方法与射线相关，变换后的TD－UTD解保留了与UTD相同的射线基础，即TD－UTD拥有和频域相同的几何射线路径，只是每一条时域直射、反射或者绕射射线要被看成是与空间和时间同时相关的行进波。

一直以来，有很多工作都是讨论一些规范几何体如圆柱、球面，并且在阴影边界的过渡区不能保持连续。更重要的是，以前的工作使用简单的平面波或者柱面波而非像散波进行激励。本章介绍的TD－UTD解针对任意像散波前，平面波、柱面波等波前，都可以看成是其中的特殊情况，并且在光滑曲面的亮区、暗区、阴影边界都可以使用。需要注意的是，在TD－UTD射线到达观察点时间附近，瞬时响应是最强的，并且直接与和波作用的散射体的局部特性有关。每条TD－UTD射线对总场的贡献在射线到达时间的附近是最准确的。

需要指出的是，本书只介绍时域UTD方法的基本理论，读者可以到各大文献数据库查找相关的文献，工程上的应用也可以由读者根据需要进行。

9.1 基本原理

与频域情况相同，对于一般问题的渐进 TD-UTD 解，我们把总场分解为与主要射线形式相关的射线场。这一过程通过对时谐 UTD 射线场表达式做逆傅里叶变换以闭式的形式完成。时谐 UTD 场已经表示为入射和反射几何光学(GO)场以及绕射射线场。一般来说，因为 UTD 给出频域的渐进解，所以相应的时域 UTD 在近中间时间最准确，这时时间脉冲入射场和反射场以及绕射射线场都有各自到达观察点的时间，在这段时间内，它们的时域响应是最准确的。

在使用射线法研究瞬时电磁现象时，使用解析的时间函数显然更方便。这样的解析函数通过对时间做单边的逆傅里叶变换来得到，时间可以是复数函数。这样的逆傅里叶变换可写为

$$\overset{+}{f}(t) = \frac{1}{\pi}\int_0^\infty F(\omega)\mathrm{e}^{\mathrm{j}\omega t}\mathrm{d}\omega, \quad \mathrm{Im}t > \alpha \tag{9.1.1}$$

式中：$\overset{+}{f}(t)$在由 $\mathrm{Im}t>\alpha$ 定义的 t-平面的上边平面上是解析的[即 $F(\omega)\approx C\mathrm{e}^{\alpha\omega}$，当 $\omega\to\infty$时]，并且对于任何实际的频域函数 $F(\omega)$来说，$\alpha\leqslant 0$。这里假设 $F(\omega)\approx C\,|\omega|^b$，其中 $\omega\to 0$，C 和 $b>-1$，是常数。对 b 的概括是很简单的，不过这里并不需要。对于式(9.1.1)中定义的单边逆傅里叶变换，它的卷积性质可以写为

$$\frac{1}{\pi}\int_0^\infty F(\omega)G(\omega)\mathrm{e}^{\mathrm{j}\omega t}\mathrm{d}\omega = \frac{1}{2}\int_{-\infty+\mathrm{j}\varepsilon}^{\infty+\mathrm{j}\varepsilon}\overset{+}{f}(\tau)\overset{+}{g}(\tau)\mathrm{d}\tau \tag{9.1.2}$$

其中：$\mathrm{Im}t>\alpha+\alpha_g$ 并且 $\mathrm{Im}(t)-\alpha_g>\varepsilon>\alpha$，或者简写为

$$F(\omega)G(\omega)\Leftrightarrow\overset{+}{f}(\tau)\overset{+}{g}(\tau) \tag{9.1.3}$$

其中：$G(\omega)\approx C\mathrm{e}^{\alpha_g\omega}$，当 $\omega\to\infty$时，并且

$$\overset{+}{g}(t) = \frac{1}{\pi}\int_0^\infty G(\omega)\mathrm{e}^{\mathrm{j}\omega t}\mathrm{d}\omega, \quad \mathrm{Im}t > \alpha_g \tag{9.1.4}$$

当求解实数时间 $\mathrm{Im}t=0$ 的 $\overset{+}{f}(t)$时，$\overset{+}{f}(t)$的实部和虚部可以通过希尔伯特变换相互联系：

$$\overset{+}{f}(t)=f(t)+\mathrm{jH}[f(t)], \quad \mathrm{Im}t=0 \tag{9.1.5}$$

其中：$f(t)$是 $F(\omega)$的逆傅里叶变换[假设 $F(-\omega)=F^*(\omega)$]：

$$f(t) = \frac{1}{\pi}\int_{-\infty}^\infty F(\omega)\mathrm{e}^{\mathrm{j}\omega t}\mathrm{d}\omega \tag{9.1.6}$$

$f(t)$的希尔伯特变换写为

$$\mathrm{H}[f(t)]=\frac{1}{2\pi}\int_{-\infty}^\infty -\mathrm{j}\ \mathrm{sgn}(\omega)F(\omega)\mathrm{e}^{\mathrm{j}\omega t}\mathrm{d}\omega \tag{9.1.7}$$

其中：$\mathrm{sgn}(\omega)=\pm 1$ 对应 $\omega>0$ 和 $\omega<0$。注意实数的时间信号 $f(t)$可以从解析函数得到，只需将时间取实数($\mathrm{Im}t=0$)，并取 $\overset{+}{f}(t)$的实部，即 $f(t)=\mathrm{Re}[\overset{+}{f}(t)]$。如果 $\alpha=0$，那么当 $\mathrm{Im}t=0$ 时，$\overset{+}{f}(t)$就不再是解析的了，这在使用 $f(t)$时是要十分小心的，但是尽管如此，如果 $f(t)$是

一个分布函数，在 $\mathrm{Im}t=0$ 情况下的实信号 $f(t)$ 同样可以从 $\mathrm{Re}[\overset{+}{f}(t)]$ 得到。一个重要的例子就是 Dirac delta 函数的的解析形式，它也被称为解析的 delta 函数（或者解析脉冲）$\overset{+}{\delta}(t)$。对应于实脉冲时间信号 $\delta(t)$ 的频域响应为 $F(\omega)=1$，从式(9.1.1)中可得对 $\mathrm{Im}t=0$，$\overset{+}{f}(t)=\overset{+}{\delta}(t)=\mathrm{j}/(\pi t)$。注意，$\overset{+}{\delta}(t)$ 在实时间轴的 $t=0$ 位置有一个极大点，因此 $\overset{+}{\delta}(t)$ 对于实时间($\mathrm{Im}t=0$)来说不是解析的。尽管如此，当 $\mathrm{Im}t\to 0$ 时，对应于 $\overset{+}{\delta}(t)$ 的分布显而易见，即

$$\overset{+}{\delta}(t)=\begin{cases}\dfrac{\mathrm{j}}{\pi t}, & \mathrm{Im}t>0\\[2ex] \delta(t)+pv\,\dfrac{\mathrm{j}}{\pi t}, & \mathrm{Im}t=0\end{cases} \tag{9.1.8}$$

其中：pv 表示的是当对整个函数积分时，默认了一个 Cauchy 原则值。使用式(9.1.8)中这样的解析函数可以使我们回避一些复杂性，这些复杂性产生于 UTD 的入射、反射、绕射射线通过射线焦散的情况，这样也就使得我们给出的解可以适用于焦散的情况。

9.2　曲　边　缘

很多学者都对直边缘上的 TD 绕射问题进行了研究。Keller 和 Blank 使用锥型流方法解决了理想导电边缘上平面波脉冲的电磁散射和反射问题。Friedlander 解决了边缘绕射相应的声学问题。Felsen 推导出各种不同照射情况下，直边缘（以及一些其他规范几何体）散射问题的解。Nikoskinen 等人使用了瞬时图像理论。Ianconescu 和 Heyman 使用瞬时光谱理论(STT)解决了直边缘的散射脉冲电磁场。使用 STT，他们将得到的结论扩展到像散平行波包络的入射场。通过对频域的 UTD 边缘绕射系数应用逆拉普拉斯变换，Veruttipong 和 Kouyoumjian 已经得到了一个关于理想导电直劈的时域版本的 UTD 解。

本节主要介绍 Rousseau 和 Pathak 的工作，给出的理想导电边缘的 TD－UTD 解可以适用于更一般的情况，绕射可以发生在任意边缘上，同时入射时间脉冲的波前可以是像散的。需要注意的是，平面波、柱面波、锥面波以及球面波都是像散波的特殊情况。事实上，Veruttipoin 的直边缘 TD 绕射系数可以看作一种特殊情况。在建立射线基的 TD 解时，入射场使用了解析的信号表示，实际的时间响应仅仅是解析函数的实部，使用解析的时间函数可以在一定程度上避开焦散处因为 UTD 射线场转化到时域而产生的复杂性。本节使用的解析时间函数非常接近于 STT 中使用的解析时间函数。一般来说，STT 可以提供一个解析的时域响应，它对一些特殊的规范几何体一直适用，TD－UTD 则基于它的射线概念，适用于更一般并且相对复杂的几何体。

9.2.1　PEC 曲边缘的 TD－UTD 脉冲响应

PEC 曲边缘的解析 TD－UTD 脉冲响应（暂不考虑斜率绕射、表面绕射和回音廊效应等情况）可以写为

$$\overset{+}{\boldsymbol{E}}{}_{\mathrm{I}}^{\mathrm{UTD}}(t)=\overset{+}{\boldsymbol{E}}{}_{\mathrm{I}}^{\mathrm{i}}(t)U_{\mathrm{i}}+\overset{+}{\boldsymbol{E}}{}_{\mathrm{I}}^{\mathrm{r}}(t)U_{\mathrm{r}}+\overset{+}{\boldsymbol{E}}{}_{\mathrm{I}}^{\mathrm{d}}(t) \tag{9.2.1}$$

式中：$\overset{+}{\boldsymbol{E}}_{\mathrm{I}}^{\mathrm{i}}(t)$、$\overset{+}{\boldsymbol{E}}_{\mathrm{I}}^{\mathrm{r}}(t)$和$\overset{+}{\boldsymbol{E}}_{\mathrm{I}}^{\mathrm{d}}(t)$分别对应入射场、反射场和边缘绕射场的解析信号表达式。解析脉冲响应的定义是，如果入射场$\overset{+}{\boldsymbol{E}}_{\mathrm{I}}^{\mathrm{i}}(t)$包含一个解析的时间特性 delta 函数 $\overset{+}{\delta}(t)$，它激励的响应就是解析脉冲响应。三维空间单位步进函数 U_{i} 和 U_{r} 分别位于亮区的入射阴影边界和反射阴影边界，其他位置为零，即场在各自暗区不存在。

曲边缘的 TD－UTD 解析脉冲响应源自一个像散波前的激励，这时的波前拥有解析的时间特性 delta 函数。如果在频域射线场表达式中，令初始场 $\boldsymbol{E}_0^{\mathrm{i}}(\omega)=\boldsymbol{E}_0^{\mathrm{i}}$，就可以得到这样的解析的脉冲响应，其中 $\boldsymbol{E}_0^{\mathrm{i}}$ 是与频率相关的复常数，接下来对频域的射线场方程应用式(9.1.1)中的单边逆傅里叶变换，并把这些结果通过式(9.2.1)合在一起即可得到总的时域脉冲响应。任意给定有限脉冲激励的响应，只需将激励和 TD－UTD 解析的脉冲响应卷积即可得到。

使用解析时间特性脉冲的入射 GO 射线场可以从频域的 GO 场表达式得到：

$$\overset{+}{\boldsymbol{E}}_{\mathrm{I}}^{\mathrm{i}}(t)=\boldsymbol{E}_0^{\mathrm{i}}\left|A(s^{\mathrm{i}})\right|\mathrm{j}^{n_{\mathrm{i}}}\overset{+}{\delta}(t-s^{\mathrm{i}}/c) \tag{9.2.2}$$

其中默认实际的实入射场是它的实部，即

$$\boldsymbol{E}_{\mathrm{I}}^{\mathrm{i}}(t)=\mathrm{Re}\left[\overset{+}{\boldsymbol{E}}_{\mathrm{I}}^{\mathrm{i}}(t)\right],\quad \mathrm{Im}t=0 \tag{9.2.3}$$

其中下标 I 表示这是一个脉冲响应。这里将入射场激励更精确地使用通用的脉冲形式[解析 delta 函数 $\overset{+}{\delta}(t)$]进行定义，这样入射场的解析信号表达式是一个复常数与 delta 函数乘积的形式，而瞬时响应就可以称为“脉冲响应”，任何其他激励产生的的瞬时响应都可以通过卷积得到。解析的 delta 函数 $\overset{+}{\delta}(t)$见式(9.1.8)，使用这种函数的一个好处就是它可以在射线穿过一个焦散或者任意个焦散之前和之后，自动适应 TD 射线场，我们不需要考虑射线通过的焦散数目，也就避免了对每一种情况分别进行分析。射线经过焦散时，如果不使用这里的解析信号表达式，瞬时响应的分析将会相当复杂。注意如果观察点距离焦散非常近的话，射线场表达式(9.2.2)会失效。

反射射线对 TD－UTD 脉冲响应的贡献写为

$$\overset{+}{\boldsymbol{E}}_{\mathrm{I}}^{\mathrm{r}}(t)=\boldsymbol{E}_0^{\mathrm{i}}\cdot\overline{\overline{R}}\left|A_{\mathrm{i}}(s^{\mathrm{i}})A_{\mathrm{r}}(s^{\mathrm{r}})\right|\mathrm{j}^{n_{\mathrm{i}}+n_{\mathrm{r}}}\overset{+}{\delta}(\tau_{\mathrm{r}}) \tag{9.2.4}$$

式中：$\tau_{\mathrm{r}}=t-s^{\mathrm{i}}/c-s^{\mathrm{r}}/c$。

注意在求解过程中使用了$\frac{1}{2}\overset{+}{\delta}(t-s^{\mathrm{i}}/c)*\overset{+}{\delta}(t-s^{\mathrm{r}}/c)=\overset{+}{\delta}(t-s^{\mathrm{i}}/c-s^{\mathrm{r}}/c)$这样的卷积。最后边缘绕射射线对 TD－UTD 脉冲响应的贡献写为

$$\overset{+}{\boldsymbol{E}}_{\mathrm{I}}^{\mathrm{d}}=\boldsymbol{E}_0^{\mathrm{i}}\cdot\overset{+}{\overline{\overline{d}}}(\tau_{\mathrm{d}})\mathrm{j}^{n_{\mathrm{i}}+n_{\mathrm{d}}}\left|A_{\mathrm{i}}(s^{\mathrm{i}})A_{\mathrm{d}}(s^{\mathrm{d}})\right| \tag{9.2.5}$$

式中：$\tau_{\mathrm{d}}=t-s^{\mathrm{i}}/c-s^{\mathrm{d}}/c$；$n_{\mathrm{i}}$ 表示入射射线经过焦散的次数；n_{r}、n_{d} 分别表示反射射线以及绕射射线离开反射点以及绕射点之后通过焦散的次数。

TD－UTD 并矢绕射系数 $\overset{+}{d}(t)$可以写成

$$\overset{+}{\overline{\overline{d}}}(t)=-\hat{\boldsymbol{\beta}}'_0\hat{\boldsymbol{\beta}}_0\overset{+}{d}_{\mathrm{s}}(t)-\hat{\boldsymbol{\phi}}'\hat{\boldsymbol{\phi}}\overset{+}{d}_{\mathrm{h}}(t) \tag{9.2.6}$$

其中的单位矢量与频域相同。

$$\overset{+}{d}_{\mathrm{s,h}}(t)=\frac{-1}{2n\sqrt{2\pi}\sin\beta_0}\sum_{m=1}^{4}K_m^{\mathrm{s,h}}\overset{+}{f}(x_m,t) \tag{9.2.7}$$

下面给出推导过程，首先相应的时谐并矢绕射系数可以写为

$$\overline{\overline{D}}(\omega)=-\hat{\boldsymbol{\beta}}'_0\hat{\boldsymbol{\beta}}_0D_{\mathrm{s}}(\omega)-\hat{\boldsymbol{\phi}}'\hat{\boldsymbol{\phi}}D_{\mathrm{h}}(\omega) \tag{9.2.8}$$

其中

$$D_{\mathrm{s,h}}(\omega)=\frac{-1}{2n\sqrt{2\pi}\sin\beta_0}\sum_{m=1}^{4}K_m^{\mathrm{s,h}}F(x_m,\omega) \tag{9.2.9}$$

式中：$K_1^{\mathrm{s,h}}=\cot[(\pi+\beta^-)/2n]$，$K_2^{\mathrm{s,h}}=\cot[(\pi-\beta^-)/2n]$，$K_3^{\mathrm{s,h}}=\mp\cot[(\pi+\beta^+)/2n]$，$K_4^{\mathrm{s,h}}=\mp\cot[(\pi-\beta^-)/2n]$，$\beta^{\pm}=\phi\pm\phi'$；$x_m$ 定义为 $x_1=L^{\mathrm{i}}a^+(\beta^-)$，$x_2=L^{\mathrm{i}}a^-(\beta^-)$，$x_3=L^{\mathrm{rn}}a^+(\beta^+)$，$x_4=L^{\mathrm{ro}}a^-(\beta^+)$，$a^{\pm}(\beta)=2\cos^2[2n\pi N^{\pm}-\beta]$，$N^{\pm}$ 是满足 $2n\pi N^{\pm}-\beta=\pm\pi$ 的最近整数值；其他详细参数可以参考频域的 UTD 文献。所有频率相关项集中在函数 $F(x_m,\omega)$：

$$F(x_m,\omega)=\sqrt{\pi x_m}\,\mathrm{e}^{\mathrm{j}\omega x_m/c}\,\mathrm{erfc}\left(\sqrt{\frac{\mathrm{j}\omega x_m}{c}}\right) \tag{9.2.10}$$

其中的误差函数定义为

$$\mathrm{erfc}(x)=\frac{2}{\sqrt{\pi}}\int_x^{\infty}\mathrm{e}^{-t^2}\,\mathrm{d}t \tag{9.2.11}$$

注意 $F(x_m,\omega)$ 与文献[12]中定义的过渡函数不同。

现在推导对应于 $F(x_m,\omega)$ 的解析时间信号。使用下面的积分形式：

$$\int_0^{\infty}\mathrm{e}^{a\tau}\,\mathrm{erfc}(\sqrt{a\tau})\,\mathrm{e}^{-p\tau}\,\mathrm{d}t=\frac{1}{\sqrt{p}(\sqrt{p}+\sqrt{a})} \tag{9.2.12}$$

其中 $-\pi<\arg(p)\leqslant\pi$，$-\pi<\arg(a)\leqslant\pi$。注意 $-\pi<\arg(\mathrm{j}x_m)\leqslant\pi$，因此 $-3\pi/2<\arg(x_m)\leqslant\pi/2$。使用式(9.2.12)中的积分，频域函数 $F(x_m,\omega)$ 的时间信号写为

$$\overset{+}{f}(x_m,t)=\frac{\sqrt{-x_m/\pi}}{\sqrt{-\mathrm{j}t}(\sqrt{-\mathrm{j}t}+\sqrt{\mathrm{j}x_m/c})} \tag{9.2.13}$$

其中 $\mathrm{Im}t\geqslant0$ 且 $-\pi<\arg(\mathrm{j}t)\leqslant\pi$。注意实轴上($\mathrm{Im}t=0$)的奇异性只是分支奇点而不是极点，因此在实时间($\mathrm{Im}t=0$)上可以使用式(9.2.13)的函数 $\overset{+}{f}(x_m,t)$。仔细研究定义参数 x_m 的 Riemann 面[即 $-3\pi/2<\arg(x_m)\leqslant\pi/2$]，式(9.2.13)可以重写为更简便的形式：

$$\overset{+}{f}(x_m,t)=\frac{-\mathrm{j}\sqrt{-x_m/\pi}}{\sqrt{-\mathrm{j}t}(\sqrt{-\mathrm{j}t}+\mathrm{e}^{-\mathrm{j}\pi/4}\sqrt{-x_m/c})} \tag{9.2.14}$$

其中 $\mathrm{Im}t\geqslant0$ 且 $\sqrt{-x_m}=-\mathrm{j}\sqrt{x_m}$，$x_m>0$，$\mathrm{Re}(\sqrt{-\mathrm{j}t})>0$。TD-UTD 并矢绕射系数可以写为

$$\overset{+}{\overline{\overline{d}}}(t)=-\hat{\boldsymbol{\beta}}'_0\hat{\boldsymbol{\beta}}_0\overset{+}{d}_{\mathrm{s}}(t)-\hat{\boldsymbol{\phi}}'\hat{\boldsymbol{\phi}}\overset{+}{d}_{\mathrm{h}}(t) \tag{9.2.15}$$

其中的单位矢量与频域相同。

$$\overset{+}{d}_{s,h}(t)=\frac{-1}{2n\sqrt{2\pi}\sin\beta_0}\sum_{m=1}^{4}K_m^{s,h}\overset{+}{f}(x_m,t) \tag{9.2.16}$$

其中的解析函数 $\overset{+}{f}(x_m,t)$对 $\mathrm{Im}t\geqslant 0$ 定义为

$$\overset{+}{f}(x_m,t)=\frac{-\mathrm{j}\sqrt{-x_m/\pi}}{\sqrt{-\mathrm{j}t}\left(\sqrt{-\mathrm{j}t}+\mathrm{e}^{-\mathrm{j}\pi/4}\sqrt{-x_m/c}\right)} \tag{9.2.17}$$

式(9.2.8)中定义的并矢绕射系数给出的是一个适用于任意 PEC 曲边缘边缘绕射的近似解。虽然如此,研究诸如直边缘和直边缘半平面这样的特殊情况也是有意义的。

9.2.2 特殊情况的简化形式

首先考察阴影边界附近的绕射系数,然后研究直边缘以及直边缘半平面的特殊情况。对应于式(9.2.8)中的 4 项,有 4 种可能的阴影边界位置。定义相应的角度为:$\varepsilon_1=\pi+(\phi-\phi')$,$\varepsilon_2=\pi-(\phi-\phi')$,$\varepsilon_3=\pi+(\phi+\phi')-2n\pi$,$\varepsilon_4=\pi-(\phi+\phi')$。当 $\varepsilon_m\to 0^+$ 时,观察点接近第 mth 个亮区的阴影边界。注意如果 $\varepsilon_m\to 0$,那么 $x_m\to 0$,并且

$$K_m^{s,h}\sqrt{x_m\pi}\approx C_m^{s,h}n\sqrt{2\pi}\sqrt{L_m}\,\mathrm{sgn}(\varepsilon_m) \tag{9.2.18}$$

式中:$C_m^{s,h}=\begin{cases}1, & m=1,2\\ \mp 1, & m=3,4\end{cases}$。

在阴影边界附近使用式(9.2.18),TD-UTD 边缘解与文献[119]中的解有同样的特性。做近似:

$$\overset{+}{f}(x_m,t)\approx\sqrt{x_m\pi}\,\overset{+}{\delta}(t),\quad x_m\to 0 \tag{9.2.19}$$

将式(9.2.19)代入式(9.2.18)可以看到,TD-UTD 绕射场引入的不连续性与 GO 场相加恰好使穿过阴影边界的场连续,这也和频域 UTD 在阴影边界附近的特性相同。

假设组成边缘的两个面是平面并且入射 GO 场是时间的实脉冲[即 $\delta(t)$],以便使所有的 L 值为正并且 $x_m>0$。这样,式(9.2.18)中的解析时间函数可以简化为

$$\overset{+}{f}(x_m,t)=\frac{\sqrt{-x_m/\pi}\left(\mathrm{j}\sqrt{t}+\sqrt{x_m/c}\right)}{\sqrt{t}\,(t+x_m/c)},\quad \mathrm{Im}t\geqslant 0 \tag{9.2.20}$$

相应的实时间函数是

$$f(x_m,t)=\mathrm{Re}\left[\overset{+}{f}(x_m,t)\right]=\frac{x_m/\sqrt{\pi c}}{\sqrt{t}\,(t+x_m/c)}u(t),\quad \mathrm{Im}t=0 \tag{9.2.21}$$

式中:$u(t)$是 Heaviside 单位步进函数。

式(9.2.10)和式(9.2.7)恰好就是 Veruttipong 得到的 TD-UTD 绕射系数。当观察点远离阴影边界时,令 $x_m/(ct)\to\infty$,可以将这个解进一步简化,于是式(9.2.21)中的结果就简化为

$$f(t)=\frac{\sqrt{c}}{\sqrt{\pi t}}u(t) \tag{9.2.22}$$

式(9.2.22)和式(9.2.7)就是对 Keller 的频域 GTD 绕射系数做逆傅里叶变换的结果。令 $n=2$ 即可得到一个平面(也可以是曲面)的 TD－UTD 绕射系数：

$$\overset{+}{d}_{s,h}(t)=\frac{-1}{2\sqrt{2\pi}\sin\beta_0}\left[\frac{\overset{+}{f}(x_A,t)}{\cos\left(\frac{\phi-\phi'}{2}\right)}\mp\frac{\overset{+}{f}(x_B,t)}{\cos\left(\frac{\phi+\phi'}{2}\right)}\right] \tag{9.2.23}$$

式中：$x_A=2L^i\cos^2[(\phi-\phi')/2]$；$x_B=2L^r\cos^2[(\phi+\phi')/2]$。

9.3　光滑曲面

在声学和电磁学中，有很多学者研究凸几何体的各种脉冲激励。对于凸几何体的声学脉冲散射问题，Friedlander 在他的书中介绍了一些经典的工作。通过对频域结果的逆拉普拉斯变换进行近似计算，他给出了圆柱体绕射问题的一个近似的“前时间”公式。这个前时间解是时域爬行波或者表面射线模式的加和，因此当观察点接近曲面阴影边界(SSB)时它会失效，但是对于“深暗区”的散射或者后向散射的计算来说，这个解是非常有用的。Friedlander 采用同样的方法解决了球体的声学散射问题。这里一定要注意，在 UTD 中，我们一般也使用爬行波和表面射线描述同样的现象，因此这些项有时是互换使用的。在文献[129]中 Weston 得到了一个理想导体球的后向散射场，他的入射场是平面波，而激励是调制的矩形脉冲。从 Lunebery－Kline 展开式的逆拉普拉斯变换，他得到了一个前时间功率级数近似式。Wait 和 Conda 在文献[130]中讨论了曲面的电磁脉冲绕射，尝试给出瞬时步进函数平面波照射下，圆柱上的感应电流，在频域这些电流近似表示为 Airy 积分的形式。他们还讨论了源点和观察点都不在光滑曲面上的绕射问题。除去这些以外，在文献 [131－138]中还有一些关于圆柱的瞬时散射问题。在文献[139]中，Heyman 和 Felsen 针对激励在曲面上的情况，给出了一个结合低频特征函数和高频爬行波表达式的圆柱电流的解。文献[140]中给出了在线电流激励下，圆柱上电流的前时间解。另外，文献[141]中给出了在源点和观察点都在曲面上的情况下，磁流源激励的瞬时散射。这里主要介绍 Rousseau 和 Pathak 的工作。

9.3.1　PEC 曲面的 TD－UTD 脉冲响应

光滑凸曲面散射的 TD－UTD 解可以写为

$$\overset{+}{\boldsymbol{E}}{}_{\mathrm{I}}^{\mathrm{UTD}}(P:t)=\begin{cases}\overset{+}{\boldsymbol{E}}{}_{\mathrm{I}}^{\mathrm{i}}(P_{\mathrm{L}}:t)+\overset{+}{\boldsymbol{E}}{}_{\mathrm{I}}^{\mathrm{gr}}(P_{\mathrm{L}}:t), & P=P_{\mathrm{L}}(\text{在亮区})\\ \overset{+}{\boldsymbol{E}}{}_{\mathrm{I}}^{\mathrm{d}}(P_{\mathrm{S}}:t), & P=P_{\mathrm{S}}(\text{在暗区})\end{cases} \tag{9.3.1}$$

其中的表面绕射场 $\overset{+}{\boldsymbol{E}}{}_{\mathrm{I}}^{\mathrm{d}}(t)$ 也可能出现在亮区。入射场 $\overset{+}{\boldsymbol{E}}{}_{\mathrm{I}}^{\mathrm{i}}(t)$ 就是亮区的几何光学入射场，来自于相应频域形式的逆傅里叶变换，可以写为

$$\overset{+}{\boldsymbol{E}}_{\mathrm{I}}^{\mathrm{i}}(t)=\boldsymbol{E}_0^{\mathrm{i}}\,|A(s^{\mathrm{i}})|\,\overset{+}{\delta}(t-s^{\mathrm{i}}/c) \tag{9.3.2}$$

其中 $\boldsymbol{E}_0^{\mathrm{i}}$ 包含了入射场的极化信息，是与时间和频率有关的初始矢量场。注意式(9.3.2)中的场沿长度 s^{i} 的直线从定义 $\boldsymbol{E}_0^{\mathrm{i}}$ 的源点传播到观察点。反射场$\overset{+}{\boldsymbol{E}}_{\mathrm{I}}^{\mathrm{gr}}(t)$是广义的反射场，它会在深亮区退化为一般的 GO 反射场。当 P_{L} 从亮区接近阴影边界时，式(9.3.1)中的场连续，并且等于 P_{S} 在暗区接近阴影边界时的场。特别地，$\overset{+}{\boldsymbol{E}}_{\mathrm{I}}^{\mathrm{gr}}(P_{\mathrm{L}}:t)$和$\overset{+}{\boldsymbol{E}}_{\mathrm{I}}^{\mathrm{d}}(P_{\mathrm{S}}:t)$可以用广义的反射和表面绕射系数分别展开为

$$\overset{+}{\boldsymbol{E}}_{\mathrm{I}}^{\mathrm{gr}}(P_{\mathrm{L}}:t)\approx\overset{+}{\boldsymbol{E}}_{\mathrm{I}}^{\mathrm{i}}(Q_{\mathrm{R}}:\tau)*[\overset{+}{R}_{\mathrm{s}}(\tau_{\mathrm{R}})\hat{\boldsymbol{e}}_{\perp}\hat{\boldsymbol{e}}_{\perp}+\overset{+}{R}_{\mathrm{h}}(\tau_{\mathrm{R}})\hat{\boldsymbol{e}}_{/\!/}^{\mathrm{i}}\hat{\boldsymbol{e}}_{/\!/}^{\mathrm{r}}]A_{\mathrm{r}}(s^{\mathrm{r}}) \tag{9.3.3}$$

$$\overset{+}{\boldsymbol{E}}_{\mathrm{I}}^{\mathrm{d}}(P_{\mathrm{S}}:t)\approx\overset{+}{\boldsymbol{E}}_{\mathrm{I}}^{\mathrm{i}}(Q_1:\tau)*[\overset{+}{D}_{\mathrm{s}}(\tau_{\mathrm{D}})\hat{\boldsymbol{b}}_1\hat{\boldsymbol{b}}_2+\overset{+}{D}_{\mathrm{h}}(\tau_{\mathrm{D}})\hat{\boldsymbol{n}}_1^{\mathrm{i}}\hat{\boldsymbol{n}}_2^{\mathrm{r}}]A_{\mathrm{d}}(s^{\mathrm{d}}) \tag{9.3.4}$$

其中$\overset{+}{\boldsymbol{E}}_{\mathrm{I}}^{\mathrm{i}}(Q_{\mathrm{R}}:\tau)$和$\overset{+}{\boldsymbol{E}}_{\mathrm{I}}^{\mathrm{i}}(Q_1:\tau)$分别对应反射点 Q_{R} 和入射点 Q_1 处的入射场。并且

$$\left.\begin{aligned}A_{\mathrm{r}}(s^{\mathrm{r}})&=\sqrt{\frac{\rho_1^{\mathrm{r}}\rho_2^{\mathrm{r}}}{(\rho_1^{\mathrm{r}}+s^{\mathrm{r}})(\rho_2^{\mathrm{r}}+s^{\mathrm{r}})}}\\A_{\mathrm{d}}(s^{\mathrm{d}})&=\sqrt{\frac{\rho_{\mathrm{s}}}{s^{\mathrm{d}}(\rho_{\mathrm{s}}+s^{\mathrm{d}})}}\end{aligned}\right\} \tag{9.3.5}$$

式中：ρ_1^{r}、ρ_2^{r} 是反射焦散距；s^{r} 是从反射点 Q_{R} 到观察点 P_{L} 的距离；ρ_{s} 是绕射射线的焦散距；s^{d} 是从出射点 Q_2 到观察点 P_{S} 的距离；$\hat{\boldsymbol{e}}_{\perp}$、$\hat{\boldsymbol{e}}_{\perp}$、$\hat{\boldsymbol{e}}_{/\!/}^{\mathrm{i}}$、$\hat{\boldsymbol{e}}_{/\!/}^{\mathrm{r}}$ 构成反射射线基坐标；$\hat{\boldsymbol{b}}_1$、$\hat{\boldsymbol{b}}_2$、$\hat{\boldsymbol{n}}_1^{\mathrm{i}}$、$\hat{\boldsymbol{n}}_2^{\mathrm{r}}$ 构成表面绕射射线基坐标，详细可见频域 UTD 方法。

广义反射系数$\overset{+}{R}_{\mathrm{s,h}}$可以写为

$$\overset{+}{R}_{\mathrm{s,h}}(\tau_{\mathrm{R}})=-\sqrt{\frac{-4}{\zeta^{\mathrm{L}}}}\left\{\frac{\mathrm{e}^{-\mathrm{j}\pi/4}}{2\zeta^{\mathrm{L}}\pi(\sqrt{-\mathrm{j}t}+\sqrt{\mathrm{j}x^{\mathrm{L}}})}+\overset{+}{f}{}_{\mathrm{s,h}}^{\mathrm{P}}(\zeta^{\mathrm{L}},\tau_{\mathrm{R}})\right\} \tag{9.3.6}$$

其中 $\tau_{\mathrm{R}}=t-(\zeta^{\mathrm{L}})^3/12$。在式(9.3.6)中，括号中的第一项就是频域 UTD 边缘绕射变换函数，特殊函数是

$$\overset{+}{f}{}_{\mathrm{s,h}}^{\mathrm{P}}(\zeta^{\mathrm{L}},\tau_{\mathrm{R}})=\frac{1}{\pi}\int_0^{\infty}\frac{1}{\omega^{1/6}}\widetilde{P}_{\mathrm{s,h}}(\omega^{1/3}\zeta^{\mathrm{L}})\mathrm{e}^{\mathrm{j}\omega t}\mathrm{d}\omega \tag{9.3.7}$$

其中 $\widetilde{P}_{\mathrm{s,h}}(x)$是频域的福克函数。与频域 UTD 的定义相同：

$$M(x)=\left(\frac{\rho_g(x)}{2c}\right)^{1/3} \tag{9.3.8}$$

$$\zeta^{\mathrm{L}}=-2M(Q_{\mathrm{R}})\cos\theta_{\mathrm{i}} \tag{9.3.9}$$

$$x^{\mathrm{L}}=2\,\frac{L}{c}\cos^2\theta \tag{9.3.10}$$

式中：$\rho_g(Q_{\mathrm{R}})$是入射平面上曲面在反射点处的曲率半径；θ_{i} 是入射角。

表面绕射系数可以写为

$$\overset{+}{D}_{\mathrm{s,h}}(\tau_{\mathrm{D}})=-\sqrt{2cM(Q_1)M(Q_2)}\times$$

$$\left\{\frac{e^{-j\pi/4}}{2\zeta^{L}\pi(\sqrt{-jt}+\sqrt{jx^{d}})}+\overset{+}{f}{}^{P}_{s,h}(\zeta^{L},\tau_{D})\right\}\times\sqrt{\frac{d\eta(Q_1)}{d\eta(Q_2)}} \tag{9.3.11}$$

式中：$\sqrt{d\eta(Q_1)/d\eta(Q_2)}$ 是曲面上沿射线传播的扩散因子；$\tau_D=t-l/c$。

同时

$$\zeta=\int_{Q_1}^{Q_2}\frac{M(l')}{\rho_g(l')}dl' \tag{9.3.12}$$

$$x^{d}=\frac{L\zeta^2}{2cM(Q_1)M(Q_2)} \tag{9.3.13}$$

$$l=\int_{Q_1}^{Q_2}dl' \tag{9.3.14}$$

式中：l 是曲面上从 Q_1 到 Q_2 的测地线长度；$\rho_g(l')$ 是测地线路径上 l' 处沿 t 方向的曲率半径。

式(9.3.10)和式(9.3.13)中的距离参数 L 在亮区和暗区可能不同，但是使用阴影边界处的近似值 L 比较方便并且准确，即

$$L=\frac{\rho_1^{i}(Q_1)\rho_2^{i}(Q_1)}{[\rho_1^{i}(Q_1)+s][\rho_1^{i}(Q_1)+s]}\frac{s[\rho_b^{i}(Q_1)+s]}{\rho_b^{i}(Q_1)} \tag{9.3.15}$$

式中：$\rho_{1,2}^{i}(Q_1)$ 是入射点 Q_1 处的主曲率半径；$\rho_b^{i}(Q_1)$ 是 Q_1 处入射射线场沿 b_1 方向的曲率半径。此外，根据从亮区和暗区一侧是否接近阴影边界的不同，s 是阴影边界处 s^{d}、s^{r} 的值。

9.3.2　特殊函数的计算

1. TD 表面波函数 $\overset{+}{F}_{CW}(\alpha,t)$

$$\overset{+}{F}_{CW}(\alpha,t)=\frac{1}{\pi}\int_0^{\infty}\frac{1}{(j\omega)^{1/6}}e^{-\alpha(j\omega)^{1/3}}e^{j\omega t}d\omega,\quad \mathrm{Im}t>0 \tag{9.3.16}$$

其中：$\alpha\geqslant 0$，为实常数。

式(9.3.16)的计算极大地依赖于参数 t/α^3，因此下面分别讨论。

(1)如果 $|t|\ll\alpha^3$，则有

$$\overset{+}{F}_{CW}(\alpha,t)\approx\frac{-3j}{\pi\alpha^{5/2}}\sum_{n=0}^{\infty}\frac{\Gamma(5/2+3n)}{n!}\left(\frac{t}{\alpha^3}\right)^{n} \tag{9.3.17}$$

它在 $|t|\ll\alpha^3/27$ 时收敛，并且 $|t/\alpha^3|\to 0$ 时有 $\mathrm{Re}[\overset{+}{F}_{CW}(\alpha,t)]=0$。当 $|t|<0.021(\alpha^3/40)$ 时，取前三项就足够了。

(2)如果 $|t|\gg\alpha^3$，则有

$$\overset{+}{F}_{CW}(\alpha,t)\approx\frac{e^{-j\pi/12}}{\pi(-jt)^{5/6}}\times\sum_{n=0}^{\infty}\frac{\Gamma(5/6+n/3)}{n!}\frac{(-\alpha)^{n}}{(-jt)^{n/3}} \tag{9.3.18}$$

从工程角度讲，它在 $|t|>\alpha^3$ 时收敛。当 $|t|<15\alpha^3$ 时，取前三项就足够了。

(3)如果 $15\alpha^3>|t|>0.021(\alpha^3/40)$，令

$$y=(j\omega)^{1/3}\left(\frac{3t}{\alpha}\right)^{1/2}=\omega^{1/3}\left|\frac{3t}{\alpha}\right|^{1/2}e^{j(\pi/6+\phi_t/2)} \tag{9.3.19}$$

其中 $t=|t|e^{j\phi_t}$ 且 $0\leqslant\phi_t\leqslant\pi$，可得

$$\overset{+}{F}_{\mathrm{CW}}(\alpha,t)\approx\frac{-3j\Omega^{5/2}}{\pi\alpha^{5/2}}\int_{C_y}y^{3/2}\times\exp\left[\Omega\left(-y+\frac{1}{3}y^3\right)\right]dy \tag{9.3.20}$$

式中：$\Omega=[(\alpha^3)/(3t)]^{1/2}$；$C_y$ 是沿$[0,\infty\exp(j\pi/6+j\phi_t/2)]$。

为了计算方便，我们可以通过变换 $x=y\exp(-j\pi/3-j\phi_t/6)$ 将积分变量映射到实轴，可得

$$\overset{+}{F}_{\mathrm{CW}}(\alpha,t)\approx\frac{-3j\,|\Omega|^{5/2}e^{j\frac{5}{6}(\pi-\phi_t)}}{\pi\alpha^{5/2}}\overset{+}{I}(t) \tag{9.3.21}$$

其中

$$\overset{+}{I}(x)=\int x^{3/2}\exp\left[-|\Omega|\left(Ax+\frac{1}{3}x^3\right)\right]dx \tag{9.3.22}$$

其中 $A=\exp[j(\pi-\phi_t)/3]$。

2. 特殊函数$\overset{+}{F}{}^{\mathrm{P}}_{\mathrm{s,h}}(\zeta,t)$

特殊函数$\overset{+}{F}{}^{\mathrm{P}}_{\mathrm{s,h}}(\zeta,t)$的计算有赖于皮克里斯卡略特（Pekeris's caret）函数变量 ζ 的正、负，观察点在亮区则 $\zeta<0$，在暗区则 $\zeta>0$。

（1）暗区（$\zeta>0$）。当观察点在深暗区（或者 $\omega\zeta^3\to\infty$）时，式（9.3.6）中的频域函数可以写为爬行波模式的级数：

$$\frac{1}{\omega^{1/6}}\widetilde{P}_{\mathrm{s,h}}\approx\begin{cases}-\dfrac{1}{\sqrt{\pi}}\displaystyle\sum_{n=1}^{N_{\mathrm{s}}}\frac{1}{2[\mathrm{Ai}'(-q_n)]^2}\frac{\exp[-(j\omega)^{1/3}\zeta q_n]}{(j\omega)^{1/6}}\\[2ex]-\dfrac{1}{\sqrt{\pi}}\displaystyle\sum_{n=1}^{N_{\mathrm{h}}}\frac{1}{2[\mathrm{Ai}(-\bar{q}_n)]^2}\frac{\exp[-(j\omega)^{1/3}\zeta\bar{q}_n]}{(j\omega)^{1/6}}\end{cases} \tag{9.3.23}$$

式中：q_n 是 Airy 函数的第 n 个零点；$\mathrm{Ai}(-q_n)=0$；$\bar{q}_n$ 是 Airy 函数导数的第 n 个零点；$\mathrm{Ai}'(-\bar{q}_n)=0$。这样式（9.3.6）可以写为

$$\overset{+}{F}{}^{\mathrm{P}}_{\mathrm{s,h}}(\zeta,t)\approx\begin{cases}-\dfrac{1}{\sqrt{\pi}}\displaystyle\sum_{n=1}^{N_{\mathrm{s}}}\frac{\overset{+}{F}{}^{\mathrm{P}}_{\mathrm{CW}}(\zeta q_n,t)]}{2[\mathrm{Ai}'(-q_n)]^2}\\[2ex]-\dfrac{1}{\sqrt{\pi}}\displaystyle\sum_{n=1}^{N_{\mathrm{h}}}\frac{\overset{+}{F}{}^{\mathrm{P}}_{\mathrm{CW}}(\zeta\bar{q}_n,t)]}{2[\mathrm{Ai}'(-\bar{q}_n)]^2}\end{cases} \tag{9.3.24}$$

其中$\overset{+}{F}{}^{\mathrm{P}}_{\mathrm{CW}}(\alpha,t)$的定义见式（9.3.16）。爬行波模式级数式（9.3.23）在 $\omega\zeta^3\to\infty$时是渐进精确的，因此式（9.3.24）在$|t/\zeta^3|\to0$ 时有效。

如果观察点位于阴影边界附近（或者令 $\omega\zeta^3\to0$），根据 Logan 的工作，可以得到

$$\overset{+}{F}{}^{\mathrm{P}}_{\mathrm{s,h}}(\zeta,t)=\overset{+}{F}_{p,q}(\zeta,t)-\frac{e^{-j\pi/4}}{2\pi\zeta(-jt)^{1/2}} \tag{9.3.25}$$

其中

$$\overset{+}{F}_{p,q}(\alpha,t)=\frac{\mathrm{e}^{-\mathrm{j}\pi/12}}{\pi(-\mathrm{j}t)^{5/6}}\times\sum_{n=0}^{\infty}\begin{Bmatrix}\rho_n\\ \sigma_n\end{Bmatrix}\frac{\Gamma(5/6+n/3)\mathrm{e}^{-\mathrm{j}n\pi/6}}{n!}\frac{\zeta^n}{(-\mathrm{j}t)^{n/3}} \tag{9.3.26}$$

其中(ρ_n,σ_n)的前 50 项见表 9.3.1。

表 9.3.1　皮克里斯函数展开式系数

n	ρ_n	σ_n	n	ρ_n	σ_n
0	3.540 64e−01	−3.071 77e−01	25	−1.168 76e+11	1.195 58e+11
1	−1.501 39e−01	2.637 55e−01	26	0	0
2	−1.910 20e−02	−4.027 20e−02	27	3.622 74e+12	−3.698 76e+11
3	2.077 97e−01	−2.522 83e−01	28	−2.093 15e+13	2.135 44e+13
4	−3.040 17e−01	4.174 54e−01	29	0	0
5	−1.683 00e−02	−3.348 20e−02	30	7.493 21e+14	−3.873 90e+14
6	1.165 77e+00	−1.379 79e−00	31	−4.635 52e+15	4.719 80e+15
7	−2.614 83e+00	3.135 68e+00	32	0	0
8	−5.035 20e−02	−8.668 00e−02	33	1.889 85e+17	−1.692 16e+17
9	1.770 43e+01	−1.999 33e+01	34	−1.243 87e+18	1.264 48e+18
10	−5.101 11e+01	5.735 22e+01	35	0	0
11	−3.124 82e−01	−4.751 05e−01	36	5.708 92e+19	−5.798 13e+19
12	5.155 02e+02	−5.644 31e+02	37	−3.976 72e+20	4.037 14e+20
13	−1.776 77e+03	1.934 49e+03	38	0	0
14	−3.279 29e−01	−4.554 69e+03	39	2.034 67e+22	−2.064 26e+22
15	2.450 97e+04	−2.629 61e+04	40	−1.493 57e+23	7.576 02e+22
16	−9.711 93e+04	1.038 83e+05	41	0	0
17	−5.203 34e+01	−6.782 54e+01	42	8.451 81e+24	−8.658 57e+24
18	1.723 30e+06	−1.828 75e+06	43	−6.511 26e+25	6.666 74e+25
19	−7.672 84e+06	8.108 81e+06	44	0	0
20	−1.162 44e+03	−1.448 81e+03	45	4.045 88e+27	−4.138 08e+27
21	1.684 25e+08	−1.730 93e+08	46	−3.261 01e+28	3.333 65e+28
22	−8.276 02e+08	8.675 52e+08	47	0	0
23	0	0	48	2.211 39e+30	−2.258 54e+30
24	2.182 88e+10	−2.235 51e+10	49	−1.859 43e+31	1.898 25e+31

(2)亮区($\zeta<0$)。如果亮区的观察点靠近阴影边界($|t/\zeta^3|\to\infty$),可以直接使用式(9.3.25)和式(9.3.26)。如果观察点在深亮区($|t/\zeta^3|\to 0$),可以使用渐进级数:

$$\overset{+}{F}{}^{\mathrm{P}}_{\mathrm{s,h}}(\zeta,t)\approx\pm\frac{\sqrt{-\zeta}}{2}\delta[t-(-\zeta)^3/12]+\frac{1}{(-\zeta)^{5/2}}\sum_{n=1}^{N}B_n^{\mathrm{s,h}}\left[\frac{-\mathrm{j}t}{(-\zeta)^3}\right]^{N-n} \tag{9.3.27}$$

如果能确定系数 $B_n^{\mathrm{s,h}}$,那么式(9.3.27)就是相对中心时间 $t=0$ 的早时间信号表达式。

如果以最小二乘的观点在$|t/\zeta^3|=0.15$且$0<\phi_t<\pi$的情况下令式(9.3.27)等于式(9.3.25)，就可以得到$B_n^{s,h}$的近似值。数值实验表明，这个解在$|t/\zeta^3|<0.15$和$\mathrm{Im}[t/(-\zeta)^3]<0.002$时可能会出错，但是在这种情况下式(9.3.27)中的解析 delt 函数(即 GO 项)起主要作用，因此对工程应用来说这个表达式可以满足实际需求。

9.4 一般像散脉冲激励

本节介绍的的是任意瞬时波激励，通过与 TD - UTD 进行卷积，可以采用闭式分析它的解析信号响应。有两个原因使得我们需要对脉冲波前以外的任意激励进行研究。第一个原因是，一方面，TD - UTD 基于时谐 UTD 的高频渐进解，因此它的脉冲响应的“后时间”特性可以预料是错误的。另一方面，如果一个激励波形频谱$\boldsymbol{E}_0^{\mathrm{i}}(\omega)$在时谐 UTD 有效的频率范围内，那么 TD - UTD 脉冲响应与其卷积之后，得到的瞬时波形也应该是正确的。第二个原因是，在实际物理条件下，脉冲场可以传播且不弥散的频谱是有限的，并且存在一个源可以辐射的频率下限。因此研究频谱有限、持续时间有限的激励产生的响应更加现实。另外，为了对比方便，也需要选取更现实的激励来进行卷积。

任意给定激励与前面给出脉冲响应的卷积可以通过数值方法完成，但是显然不是最高效的方法。另一个方法就是将激励用少数可以进行闭式解析卷积的展开函数进行展开，这种展开式对窄脉冲(宽带)激励尤其有效。展开函数可以选择解析表达式在复时间平面上只有一个简单极点的波形。首先，假设激励$\boldsymbol{E}_0^{\mathrm{i}}(\omega)$的每一个矢量分量的频域响应是一样的，即

$$\boldsymbol{E}_0^{\mathrm{i}}(\omega)=\hat{\boldsymbol{p}}F_0^{\mathrm{i}}(\omega) \tag{9.4.1}$$

式中：$\hat{\boldsymbol{p}}$是单位极化矢量；$F_0^{\mathrm{i}}(\omega)$是时间激励波形$f_0^{\mathrm{i}}(t)$的傅里叶变换。令

$$f_0^{\mathrm{i}}(t)=\mathrm{Re}[\overset{+}{f_0^{\mathrm{i}}}(t)]=\mathrm{Re}\left(\frac{\mathrm{j}}{\pi}\sum_{i=1}^{N}\frac{A_n}{t+\mathrm{j}\varepsilon_n}\right) \tag{9.4.2}$$

它的频域响应为

$$F_0^{\mathrm{i}}(\omega)=\sum_{i=1}^{N}A_n e^{-\alpha_n\omega},\quad \omega>0 \tag{9.4.3}$$

其中$\{A_n\}$、$\{\alpha_n\}$是复数。取解析时域响应为$\overset{+}{e}{}_{\mathrm{I}}^{\mathrm{UTD}}(t)$，然后使用式(9.3.2)的卷积性质以及式(9.3.3)中的激励，曲边缘上有限像散脉冲波的响应写为

$$\overset{+}{e}{}_{\mathrm{I}}^{\mathrm{UTD}}(t)=\frac{1}{2}\overset{+}{f_0^{\mathrm{i}}}(t)*\overset{+}{e}{}_{\mathrm{I}}^{\mathrm{UTD}}(t)=\sum_{i=1}^{N}A_n\,\overset{+}{e}{}_{\mathrm{I}}^{\mathrm{UTD}}(t+\mathrm{j}\alpha_n) \tag{9.4.4}$$

实响应$e_{\mathrm{I}}^{\mathrm{UTD}}$只需在$\mathrm{Im}t=0$的情况下对式(9.4.4)取实部即可。

附　　录

附录Ⅰ　最陡下降法

1. 最陡下降法

求解如下形式的积分：

$$I(k)=\int_c e^{kg(z)}f(z)\mathrm{d}z \tag{F.1.1}$$

式中：c 是复 z 平面上的积分路径。

当 $|k|$ 很大时，此积分可以用最陡下降法近似计算。这个方法最早由黎曼(Riemann)提出，由德拜(Debye)加以发展。在式(F.1.1)中假定 f 和 g 与 k 无关，且具有适当的正则性。在积分时只需要考虑 $|k|\to\infty$ 就可以了，因为如果 $k=|k|e^{j\theta}$，则可以把 kg 分解为 $|k|$ 和 $ge^{j\theta}$。

复函数 $g(z)$ 可以表示为

$$g(z)=u(x,y)+jv(x,y) \tag{F.1.2}$$

式中：$u(x,y)$ 和 $v(x,y)$ 是实函数。

当 k 很大时，微小的位移引起 v 的微小变化将使 e^{kg} 中的正弦项产生快速振荡。一般来说，路积分中任一部分的贡献和另一部分的贡献应是大致相同的。如果把积分路径选为 $v=$常数的路径，则快速振荡就会消失，于是被积函数中变化最快的部分为 e^{ku}，显然此时对积分的主要贡献将来自 u 为最大值之点的邻域。由此可见，最陡下降法的本质就是尽可能地改变积分路径，使积分循着通过 u 为最大值的点而 $v=$常数的路径进行。

实际上这样选定的路径还有其他优点。因为对所有经过 $z=z_s$ 点的路径来说，$v=$常数的路径也是 u 变化最大的路径。为了证明这一点，令 $z=z_s+re^{j\theta}$ 为 z_s 邻域的一点，于是

$$\mathrm{d}z=re^{j\theta}=r\cos\theta+jr\sin\theta=\mathrm{d}x+j\mathrm{d}y$$

$$\mathrm{d}g=\mathrm{d}u+j\mathrm{d}v=\left(\frac{\partial u}{\partial x}\mathrm{d}x+\frac{\partial u}{\partial y}\mathrm{d}y\right)+j\left(\frac{\partial v}{\partial x}\mathrm{d}x+\frac{\partial v}{\partial y}\mathrm{d}y\right)$$

当 $v=$常数时，应有 $\mathrm{d}v=0$，即

$$\frac{\partial v}{\partial x}\cos\theta+\frac{\partial v}{\partial y}\sin\theta=0$$

根据柯西-黎曼条件$\frac{\partial u}{\partial x}=\frac{\partial v}{\partial y}$、$\frac{\partial u}{\partial y}=-\frac{\partial v}{\partial x}$可得

$$-\frac{\partial u}{\partial x}\sin\theta+\frac{\partial u}{\partial y}\cos\theta=0$$

说明$\partial(\mathrm{d}u)/\partial\theta=0$，因此在 z_s 点 $v=$常数的方向是 $\mathrm{d}u$ 变化最大的方向。

设空间曲面 $u=u(x,y)$，这里 u 垂直于 z 平面，由于它满足$\frac{\partial^2 u}{\partial x^2}+\frac{\partial^2 u}{\partial y^2}=0$，所以这个曲面不存在极大值和极小值，而

$$\frac{\partial^2 u}{\partial x^2}\frac{\partial^2 u}{\partial y^2}-\left(\frac{\partial^2 u}{\partial x\partial y}\right)^2=-\left(\frac{\partial^2 u}{\partial x^2}\right)-\left(\frac{\partial^2 u}{\partial x\partial y}\right)<0$$

这一结果也和存在真正的极大值和极小值的必要条件相矛盾。由此可知，所有的驻点都是鞍点，它连接着曲面上的“山谷”与“山脊”，如图 F.1.1 所示。$v=$常数的曲线自鞍点 S 出发可以沿山脊上升也可以沿山谷下降，因为这两条路程都是 u 变化的最大方向。但是，对渐进计算最有意义的是沿山谷下降的路径，即最陡下降路径，因为沿这一路径积分时只有鞍点的邻域对积分有显著贡献。

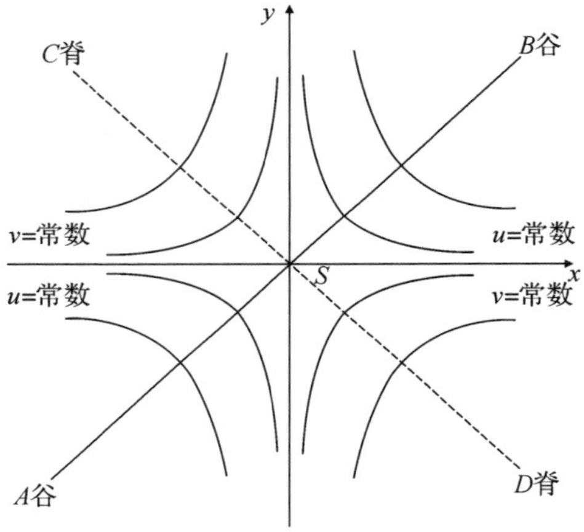

图 F.1.1　最陡变化曲线

在鞍点，$\partial u/\partial x=0$，$\partial u/\partial y=0$，因此有$\partial v/\partial x=0$，$\partial v/\partial y=0$，这样在鞍点处 $g'(z)=0$。令鞍点为 $z_s=x_s+\mathrm{j}y_s$，则通过此点的 $u=$常数的曲线方程为 $u=u_s-t$，$v=v_s$，其中 t 是实数，即 $g(z)=g(z_s)-t$。

设 $g''(z)=A\mathrm{e}^{\mathrm{j}\alpha}\neq 0$，其中 A 是正实数。在 z_s 的邻域中 $z-z_s=r\mathrm{e}^{\mathrm{j}\varphi_s}$。由 $g(z)$的泰勒展开式可知

$$g(z)-g(z_s)=\frac{1}{2}Ar^2\mathrm{e}^{\mathrm{j}\alpha+2\mathrm{j}\varphi_s}$$

或者

$$u-u_s=\frac{1}{2}Ar^2\cos(2\varphi_s+\alpha)$$

$$v-v_s=\frac{1}{2}Ar^2\sin(2\varphi_s+\alpha)$$

为了使积分收敛，就要把原来的积分路径 c 变换到通过鞍点 z_s 的最陡下降路程 SDP 上，因此，围绕 z_s 把 $g(z)$ 展开成泰勒级数：

$$g(z)=g(z_s)+\frac{1}{2}(z-z_s)^2g''(z_s)+\cdots \tag{F.1.3}$$

其中已计及 $g'(z_s)=0$ 并只取前两项。如果 $g''(z)\neq 0$，则 z_s 为一阶鞍点。由于沿最陡下降路径 $v=$常数，故可令

$$g(z)-g(z_s)=u(x,y)-u(x_s,y_s)=-\mu^2 \tag{F.1.4}$$

其中 μ 是实数。式(F.1.4)保证了 $g(z)$在 z 平面上沿积分路径变化时始终满足 $u(x,y)<u(x_s,y_s)$，也就是保证了积分沿最陡下降路径 c_s 进行。

把式(F.1.4)代入式(F.1.1)可得

$$\begin{aligned} I(k) &= \exp\{kg(z_s)\}\int_{c_s}\exp\{-k\mu^2\}f(z)\mathrm{d}z \\ &= \exp\{kg(z_s)\}\int_{c_s}\exp\{-k\mu^2\}f(z)\frac{\mathrm{d}z}{\mathrm{d}\mu}\mathrm{d}\mu \end{aligned} \tag{F.1.5}$$

令 $h(\mu)=f(z)\dfrac{\mathrm{d}z}{\mathrm{d}\mu}$，则有

$$I(k) = \exp\{kg(z_s)\}\int_{-\infty}^{\infty}h(\mu)\exp\{-k\mu^2\}\mathrm{d}\mu \tag{F.1.6}$$

这样相当于引入了一个变换，把 z 平面上的积分化为 μ 平面上沿实轴的积分，因此式(F.1.5)中的积分限变成了无穷积分。这里还要求 $\mathrm{d}z$ 和 $\mathrm{d}\mu$ 有相同的量级，以保证 $\mathrm{d}x/\mathrm{d}\mu$ 有限。

将式(F.1.4)代入式(F.1.3)中可得

$$z-z_s=\pm\mu\sqrt{\frac{-2}{g''(z_s)}} \tag{F.1.7}$$

只取正根可得

$$\frac{\mathrm{d}z}{\mathrm{d}\mu}=\pm\sqrt{\frac{-2}{g''(z_s)}} \tag{F.1.8}$$

从中可见 $\mathrm{d}z$ 和 $\mathrm{d}\mu$ 是相同量级的。因为 $f(z)$是解析的，所以由式(F.1.7)解出 z 并代入 $f(z)$可使 $f(z)$转换为 μ 的函数。就 $h(\mu)$而言，只要不出现支点，则它也是解析的。因此当 k 很大时，式(F.1.6)被积函数中的 $\exp\{-k\mu^2\}$对积分起主要作用，沿 c_s 的有限积分和沿 μ 轴的无穷积分之间的差别是很小的。

由于 $h(\mu)$在 $\mu=0$(即 $z=z_s$)的邻域是解析的，所以可以展开成麦克劳林级数：

$$h(\mu) = h(0) + \sum\frac{1}{n!}h^{(n)}(\mu)\mu^n \tag{F.1.9}$$

其中 $h^{(n)}(\mu)$是 $h(\mu)$的 n 阶导数。把它代入式(F.1.6)再逐项积分就得到 $I(k)$的渐进展开式。由于式(F.1.6)积分中的主要贡献来自于 $\mu=0$ 的邻域，所以可以只取 $h(\mu)$级数中的首项，即取 $h(\mu)\approx h(0)$。于是式(F.1.6)可以写成

$$I(k) \approx \exp\{kg(z_s)\}h(0)\int_{-\infty}^{\infty}\exp\{-k\mu^2\}\mathrm{d}\mu \tag{F.1.10}$$

其中

$$h(0)=f(z_s)\frac{\mathrm{d}z}{\mathrm{d}\mu}\bigg|_{\mu=0}=f(z_s)\sqrt{\frac{-2}{g''(z_s)}} \tag{F.1.11}$$

已知

$$\int_{-\infty}^{\infty}\exp\{-k\mu^2\}\mathrm{d}\mu=\sqrt{\frac{\pi}{k}},\quad \sqrt{k}>0 \tag{F.1.12}$$

将式(F.1.11)和式(F.1.12)代入式(F.1.10),可得

$$I(k)\approx f(z_s)\exp\{kg(z_s)\}\sqrt{\frac{-2\pi}{kg''(z_s)}} \tag{F.1.13}$$

如果令$(z-z_s)=|z-z_s|\mathrm{e}^{\mathrm{j}\varphi_s}$,则由式(F.1.7)得到

$$(z-z_s)=\mu\left|\sqrt{\frac{-2}{g''(z_s)}}\right|\mathrm{e}^{\mathrm{j}\varphi_s}$$

再令$g''(z_s)=|g''(z_s)|\mathrm{e}^{\mathrm{j}\varphi}$,则有

$$\sqrt{\frac{-2\pi}{kg''(z_s)}}=\sqrt{\frac{2\pi}{k|g''(z_s)|}}\mathrm{e}^{\mathrm{j}(\pi/2-\theta/2)}$$

可见,由鞍点出发的最陡下降路径的方向为

$$\varphi_s=\frac{1}{2}(\pi-\theta)$$

于是式(F.1.13)可以改写成

$$I(k)\approx f(z_s)\mathrm{e}^{kg(z_s)}\left|\sqrt{\frac{-2\pi}{kg''(z_s)}}\right|\mathrm{e}^{\mathrm{j}\varphi_s} \tag{F.1.14}$$

由鞍点出发的最陡下降路径的方向如图F.1.2所示。由图可见,由鞍点出发的最陡下降路径有两个分支,一个分支的方向与实轴成φ_s角,对应于式(F.1.8)中的正号项,另一分支与实轴成$\pi+\varphi_s$角,对应于式(F.1.8)的负号项。

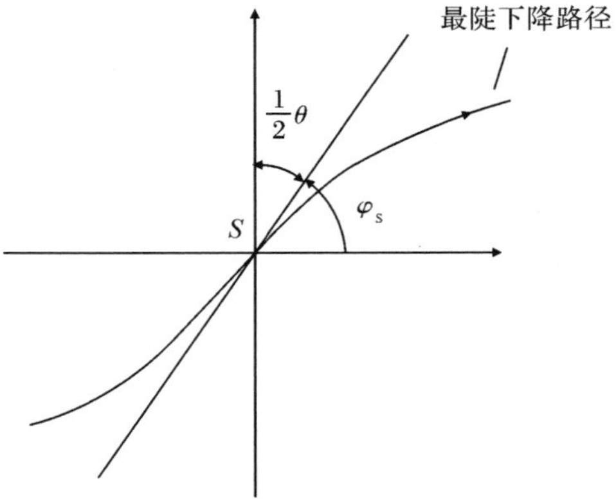

图 F.1.2　自鞍点出发的最陡下降路径的方向

2. 变形最陡下降法

在用最陡下降法求解式(F.1.1)积分的近似解时,会遇到$g(z)$的鞍点附近有$f(z)$单极

点的情况，此时式(F.1.6)中的 $h(\mu)=f(z)\dfrac{dz}{d\mu}$ 在 $\mu=0$ 附近会发生剧变。为了消除这样的剧变，就要设法使 $h(\mu)$ 变为在 $\mu=0$ 附近是解析的。

已知如果 $f(z)$ 在 z_p 有单个极点，则

$$\lim_{z\to z_p}(z-z_p)f(z)=\text{有限值}$$

可见，如果用一个在 $\mu=0$ 附近接近于零的小数与原来的 $h(\mu)$ 相乘，构成一个新的 $h(\mu)$，则 $h(\mu)$ 的奇异性就可以消除。为此，重新定义 $h(\mu)$ 为

$$h(\mu)=f(z)\frac{dz}{d\mu}[g(z)-g(z_p)] \tag{F.1.15}$$

因为 z_p 是 $f(z)$ 的极点，所以 $g(z_p)$ 并无奇异性，但因为 z_p 在 $g(z)$ 的鞍点 z_s 附近，所以 $[g(z)-g(z_p)]$ 是很小的。利用式(F.1.4)可得

$$g(z)-g(z_p)=g(z_s)-g(z_p)-\mu^2=-(\mu^2+ja) \tag{F.1.16}$$

其中

$$a\equiv j[g(z_s)-g(z_p)] \tag{F.1.17}$$

把式(F.1.16)代入式(F.1.15)可得

$$h(\mu)=f(z)\frac{dz}{d\mu}[-(\mu^2+ja)] \tag{F.1.18}$$

即

$$f(z)\frac{dz}{d\mu}=-\frac{h(\mu)}{\mu^2+ja} \tag{F.1.19}$$

将式(F.1.19)代入式(F.1.5)可得

$$I(k)=-e^{kg(z_s)}\int_{-\infty}^{\infty}\frac{h(\mu)}{\mu^2+ja}e^{-k\mu^2}d\mu \tag{F.1.20}$$

将 $h(\mu)$ 展开为麦克劳林级数，并只保留首项，即令 $h(\mu)=h(0)$。将式(F.1.8)和 $\mu=0$ 代入式(F.1.18)可得

$$h(0)=f(z_s)\frac{dz}{d\mu}\bigg|_{z=z_s}(-ja)=-jaf(z_s)\sqrt{\frac{-2}{g''(z_s)}} \tag{F.1.21}$$

用 $h(0)$ 代替式(F.1.20)中的 $h(\omega)$ 可得

$$I(k)=jaf(z_s)e^{kg(z_s)}\sqrt{\frac{-2}{g''(z_s)}}\int_{-\infty}^{\infty}\frac{1}{\mu^2+ja}e^{-k\mu^2}d\mu \tag{F.1.22}$$

可以证明

$$\int_{-\infty}^{\infty}\frac{1}{\mu^2+ja}e^{-k\mu^2}d\mu=2e^{jka}\sqrt{\frac{\pi}{a}}\int_{\sqrt{ka}}^{\infty}e^{-jt^2}dt$$

于是式(F.1.22)可以写为

$$I(k)\sim f(z_s)e^{kg(z_s)}\left|\sqrt{\frac{-2\pi}{kg''(z_s)}}\right|e^{j\varphi_s}F(\sqrt{ka}) \tag{F.1.23}$$

其中 φ_s 对应于 $\sqrt{-2/g''(z_s)}$ 的幅角，且有

$$F(\sqrt{ka})=2\mathrm{j}\left|\sqrt{ka}\right|\mathrm{e}^{\mathrm{j}ka}\int_{|\sqrt{ka}|}^{\infty}\mathrm{e}^{-\mathrm{j}t^2}\,\mathrm{d}t \tag{F.1.24}$$

其中 $F(\sqrt{ka})$为过渡函数,它可以看成是计及鞍点附近的 $f(z)$的极点作用的因子。当 $ka\to\infty$时, $F(\sqrt{ka})\to 1$;当 $ka>10$ 时,$F(\sqrt{ka})\approx 1$。因此,当 $f(z)$的极点距离 $g(z)$的鞍点足够远时, $F(\sqrt{ka})$可以取值为 1,此时式(F. 1. 23)就变为式(F. 1. 14)。上述方法就称为 Pauli-Clemmow 的"变形最陡下降法"。

附录Ⅱ 特殊函数

1. 菲涅耳积分(Fresnel Integral)

当自变量为实数时,菲涅耳积分的定义为

$$F_{\pm}(x)=\int_{x}^{\infty}\mathrm{e}^{\pm\mathrm{j}t^2}\,\mathrm{d}t \tag{F.2.1}$$

当自变量为零时,有

$$F_{\pm}(0)=\frac{\sqrt{\pi}}{2}\mathrm{e}^{\pm\mathrm{j}\frac{\pi}{4}} \tag{F.2.2}$$

当自变量很大时,它的渐进解为

$$F_{\pm}(x)\approx\frac{1}{2x}\mathrm{e}^{\mathrm{j}(x^2+\frac{\pi}{2})}\sum_{m=0}^{\infty}\mathrm{j}^{\mp m}\left(\frac{1}{2}\right)_m x^{-2m} \tag{F.2.3}$$

其中

$$\left.\begin{aligned}&\left(\frac{1}{2}\right)_0=1\\&\left(\frac{1}{2}\right)_m=\frac{1}{2}\left(\frac{1}{2}+1\right)\cdots\left(\frac{1}{2}+m-1\right)\end{aligned}\right\} \tag{F.2.4}$$

在实际中经常采用它的一个变形,即所谓的改型菲涅耳积分:

$$K_{\pm}(x)=\frac{1}{\sqrt{\pi}}\mathrm{e}^{\mp\mathrm{j}(x^2+\frac{\pi}{4})}F_{\pm}(x) \tag{F.2.5}$$

它的大自变量渐进式为

$$K_{\pm}(x)\approx\frac{1}{2x\sqrt{\pi}}\mathrm{e}^{\mp\mathrm{j}\frac{\pi}{4}}\sum_{m=0}^{\infty}\mathrm{j}^{\mp m}\left(\frac{1}{2}\right)_m x^{-2m} \tag{F.2.6}$$

当自变量为零时,有

$$K_{\pm}(0)=\frac{1}{2} \tag{F.2.7}$$

当 $x>3$ 时,$K_{\pm}(x)$渐进式(F. 2. 6)的首项已经是它的良好近似,此时有

$$K_{\pm}(x)\approx\frac{1}{2x\sqrt{\pi}}\mathrm{e}^{\mp\mathrm{j}\frac{\pi}{4}}$$

2. 过渡函数 F

其定义为

$$F(\sqrt{\delta}) = 2\mathrm{j}\sqrt{\delta}\mathrm{e}^{\mathrm{j}\delta}\int_{\sqrt{\delta}}^{\infty}\mathrm{d}\tau\mathrm{e}^{-\mathrm{j}\tau^2} \tag{F.2.8}$$

其中包含一个 Fresnel(菲涅耳)积分。

小自变量时,其渐近式为

$$F(\sqrt{\delta})=\left(\sqrt{\pi\delta}-2\delta\mathrm{e}^{\mathrm{j}\frac{\pi}{4}}-\frac{2}{3}\delta^2\mathrm{e}^{-\mathrm{j}\frac{\pi}{4}}\right)\mathrm{e}^{\mathrm{j}\left(\frac{\pi}{4}+\delta\right)} \tag{F.2.9}$$

大自变量时,其渐近式为

$$F(\sqrt{\delta})=1+\mathrm{j}\frac{1}{2\delta}-\frac{3}{4}\cdot\frac{1}{(\delta)^2}-\mathrm{j}\frac{15}{8}\cdot\frac{1}{(\delta)^3}+\frac{105}{16}\cdot\frac{1}{(\delta)^4} \tag{F.2.10}$$

3. 艾里函数 Ai

复自变量的艾里函数的积分形式为

$$\mathrm{Ai}(z) = \frac{1}{2\pi\mathrm{j}}\int_c \mathrm{e}^{\frac{1}{3}t^3-zt}\,\mathrm{d}t \tag{F.2.11}$$

式中:c 是复 t 平面上的围线,如图 F.2.1(a)所示。

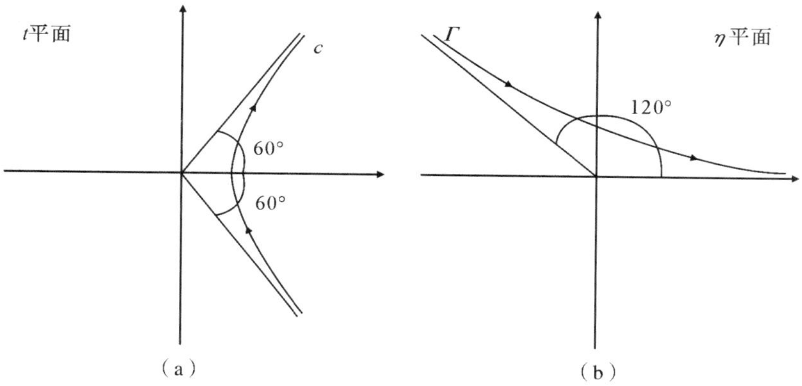

图 F.2.1　艾里函数积分的围线

艾里函数还有一种与式(F.2.11)不同的积分形式。把 $\eta=t\mathrm{e}^{\mathrm{j}\frac{\pi}{3}}$ 代入式(F.2.11)中可得下列关系:

$$\mathrm{Ai}(\tau\mathrm{e}^{-\mathrm{j}\frac{2\pi}{3}})=\frac{1}{2\sqrt{\pi}}\mathrm{e}^{\mathrm{j}\frac{\pi}{6}}W_1(\tau) \tag{F.2.12}$$

$$W_1(\tau)=\frac{1}{\pi}\int_{\Gamma}\mathrm{e}^{\left(\tau\eta-\frac{1}{3}\eta^3\right)}\,\mathrm{d}\eta \tag{F.2.13}$$

积分围线如图 F.2.1(b)所示。

它的大自变量渐进解为

$$\left.\begin{aligned}&\mathrm{Ai}(z)\approx\frac{1}{2\sqrt{\pi}}z^{-\frac{1}{4}}\mathrm{e}^{-\frac{2}{3}z^{\frac{3}{2}}}, && |\arg z|<\pi\\&\mathrm{Ai}(z)\approx\frac{1}{2\sqrt{\pi}}z^{-\frac{1}{4}}\mathrm{e}^{\frac{2}{3}z^{\frac{3}{2}}}, && \pi<|\arg z|<3\pi\end{aligned}\right\} \tag{F.2.14}$$

在实际应用中常常需要知道艾里函数及其一阶导数的零点和有关的函数值,现将这些数值列在表 F.2.1 中。

表 F.2.1 艾里函数及其一阶导数的零点和有关的函数值

$Ai(-\alpha_n)=0,\ Ai'(-\alpha_n')=0$				
n	α_n	α_n'	$Ai(-\alpha_n')$	$Ai'(-\alpha_n)$
1	2.338	0.019	0.536	0.701
2	4.088	3.248	−0.419	−0.803
3	5.521	4.820	0.380	0.865
4	6.787	6.163	−0.358	−0.911
5	7.944	7.372	0.342	0.947
6	9.023	8.488	−0.330	−0.978
7	10.040	9.535	0.321	1.004
8	11.009	10.528	−0.313	−1.028
9	11.936	11.475	0.307	1.049
10	12.829	12.385	−0.300	−1.068

4. 福克函数

福克函数的定义为

$$\left.\begin{aligned} g(\tau)&=\frac{1}{\sqrt{\pi}}\int_{\infty\exp(-j2\pi/3)}^{\infty}\mathrm{d}t\,\frac{\exp(-j\tau t)}{W_1'(t)}, &&\text{硬边界}\\ \tilde{g}(\tau)&=\frac{1}{\sqrt{\pi}}\int_{\infty\exp(-j2\pi/3)}^{\infty}\mathrm{d}t\,\frac{\exp(-j\tau t)}{W_1(t)}, &&\text{软边界}\end{aligned}\right\}\tag{F.2.15}$$

当 $\tau>0$ 时，两个函数的级数解为

$$\left.\begin{aligned} g(\tau)&=\sum_{n=1}^{\infty}\frac{\exp\left\{\alpha_n'\tau\exp\left(-j\frac{5\pi}{6}\right)\right\}}{\alpha_n'Ai(-\alpha_n')}\\ \tilde{g}(\tau)&=\exp\left(j\frac{\pi}{3}\right)\sum_{n=1}^{\infty}\frac{\exp\left\{\alpha_n\tau\exp\left(-j\frac{5\pi}{6}\right)\right\}}{Ai'(-\alpha_n)}\end{aligned}\right\}\tag{F.2.16}$$

式中：$Ai(\tau)$是密勒(Miller)型艾里函数；$Ai'(\tau)=(\mathrm{d}/\mathrm{d}\tau)Ai(\tau)$；$-\alpha_n$ 和 $-\alpha_n'$分别是艾里函数及其导数的零点。

当 $\tau\to\infty$时，两个函数的渐近值为

$$\left.\begin{aligned} g(\tau)&\approx 2\exp\left(j\frac{\tau^3}{3}\right)\\ \tilde{g}(\tau)&\approx -2j\tau\exp\left(j\frac{\tau^3}{3}\right)\end{aligned}\right\}\tag{F.2.17}$$

5. 皮克里斯·卡略特函数 $\hat{\boldsymbol{P}}_{s,h}$

其定义为

$$\left.\begin{aligned}&\hat{\boldsymbol{P}}_{s,h}(\delta)=\frac{e^{-j(\pi/4)}}{\sqrt{\pi}}\int_{-\infty}^{+\infty}d\tau\,\frac{\widetilde{Q}V(\tau)}{\widetilde{Q}W_1(\tau)}e^{-j\delta\tau}\\&\widetilde{Q}=\begin{cases}1, & \text{软边界}\\ \dfrac{\partial}{\partial\tau}, & \text{硬边界}\end{cases}\end{aligned}\right\}\tag{F.2.18}$$

其中

$$V(\tau)=\sqrt{\pi}\,\mathrm{Ai}(\tau)$$

当 $\tau\gg0$ 时,两个函数的留数级数解为

$$\left.\begin{aligned}\hat{\boldsymbol{P}}_s(\tau)&=-\frac{e^{-j(\pi/4)}}{\sqrt{\pi}}\sum_{p=1}^{N}\frac{e^{j(\pi/6)}\exp[\tau\alpha_n e^{-j(5\pi/6)}]}{2[\mathrm{Ai}'(-\alpha_n)]^2}\\\hat{\boldsymbol{P}}_h(\tau)&=-\frac{e^{-j(\pi/4)}}{\sqrt{\pi}}\sum_{p=1}^{N}\frac{e^{j(\pi/6)}\exp[\tau\alpha_n' e^{-j(5\pi/6)}]}{2\alpha_n'[\mathrm{Ai}(-\alpha_n')]^2}\end{aligned}\right\}\tag{F.2.19}$$

式中:$\mathrm{Ai}(\tau)$是密勒(Miller)型艾里函数;$\mathrm{Ai}'(\tau)=(d/d\tau)\mathrm{Ai}(\tau)$;$\alpha_n$ 和α_n'分别是艾里函数及其导数的零点。

当 $\tau\to-\infty$时,两个函数的渐近式是

$$\left.\begin{aligned}\hat{\boldsymbol{P}}_s(\tau)&\approx+\sqrt{\frac{-\tau}{4}}\exp\left(j\,\frac{\tau^3}{12}\right)\\\hat{\boldsymbol{P}}_h(\tau)&\approx-\sqrt{\frac{-\tau}{4}}\exp\left(j\,\frac{\tau^3}{12}\right)\end{aligned}\right\}\tag{F.2.20}$$

6. 汉克尔函数(Hankel Functions)

汉克尔函数可以通过第一类和第二类贝塞尔函数定义如下:

$$\left.\begin{aligned}H_v^{(1)}(z)&=J_v(z)+jN_v(z)\\H_v^{(2)}(z)&=J_v(z)-jN_v(z)\end{aligned}\right\}\tag{F.2.21}$$

它们具有下列朗斯基关系式:

$$H_v^{(1)}(z)H_v^{(2)\prime}(z)-H_v^{(1)\prime}(z)H_v^{(2)}(z)=-\frac{4j}{\pi z}\tag{F.2.22}$$

对于大自变量,可以用它们的渐进式来表示,先从汉克尔函数的一致性渐进展开式开始:

$$\left.\begin{aligned}H_v^{(1)}(z)&\approx2^{\frac{7}{6}}\left(\frac{2}{v}\right)^{\frac{1}{3}}e^{-j\frac{\pi}{3}}\left(\frac{\xi v^2}{z^2-v^2}\right)^{\frac{1}{4}}\mathrm{Ai}(v^{\frac{2}{3}}\xi e^{-j\frac{\pi}{3}}), & |\arg z|<\pi\\H_v^{(2)}(z)&\approx2^{\frac{7}{6}}\left(\frac{2}{v}\right)^{\frac{1}{3}}e^{j\frac{\pi}{3}}\left(\frac{\xi v^2}{z^2-v^2}\right)^{\frac{1}{4}}\mathrm{Ai}(v^{\frac{2}{3}}\xi e^{j\frac{\pi}{3}}), & |\arg z|\leqslant\frac{\pi}{2}\end{aligned}\right\}\tag{F.2.23}$$

其中

$$\frac{2}{3}\xi^{\frac{3}{2}}=\begin{cases}\left[\left(\dfrac{z}{v}\right)^2-1\right]^{\frac{1}{2}}\mathrm{arcsec}\left(\dfrac{z}{v}\right), & \left|\dfrac{z}{v}\right|>1\\ e^{j\frac{3\pi}{2}}\left\{j\,\mathrm{arcsec}\left(\dfrac{z}{v}\right)-\left[1-\left(\dfrac{z}{v}\right)^2\right]^{\frac{1}{2}}\right\}, & \left|\dfrac{z}{v}\right|<1\end{cases}\tag{F.2.24}$$

对于其他的 v 和 z 值，必须应用下列开拓公式：

$$\left.\begin{aligned} H_{-v}^{(1)}(z)&=e^{j\pi v}H_v^{(1)}(z)\\ H_{-v}^{(2)}(z)&=e^{-j\pi v}H_v^{(2)}(z)\end{aligned}\right\}\tag{F.2.25}$$

当 $|v|\ll|z|$ 时，在应用了式(F.2.14)中的艾里函数的渐进值时，可以将式(F.2.23)大大简化。既然 $\arg z=0$，那么就可以用 x 代替 z，其结果是

$$\left.\begin{aligned} H_v^{(1)}(x)&\approx\sqrt{\frac{2}{\pi x}}e^{j\left(x-\frac{v\pi}{2}-\frac{\pi}{4}\right)}\\ H_v^{(2)}(x)&\approx\sqrt{\frac{2}{\pi x}}e^{-j\left(x-\frac{v\pi}{2}-\frac{\pi}{4}\right)}\end{aligned}\right\}\ \arg v,\quad |v|\ll x\tag{F.2.26}$$

当 v 趋近但又不是太接近 x 时，仍可用艾里函数的渐进值得出

$$\left.\begin{aligned} H_v^{(1)}(x)&\approx\sqrt{\frac{2}{\pi(x^2-v^2)^{\frac{1}{2}}}}e^{j\left[(x^2-v^2)^{\frac{1}{2}}-v\,\mathrm{arcsec}\left(\frac{x}{v}\right)-\frac{\pi}{4}\right]}\\ H_v^{(2)}(x)&\approx\sqrt{\frac{2}{\pi(x^2-v^2)^{\frac{1}{2}}}}e^{-j\left[(x^2-v^2)^{\frac{1}{2}}-v\,\mathrm{arcsec}\left(\frac{x}{v}\right)-\frac{\pi}{4}\right]}\end{aligned}\right\},v<x\tag{F.2.27}$$

如果 $v\approx x$，则可令 $(x/v)=1+\delta$ 来简化式(F.2.24)，把其中的各量按小 δ 值展开后可得

对于 $z\approx v$，有

$$\xi=2^{\frac{1}{3}}\delta=2^{\frac{1}{3}}\left(\frac{x}{v}-1\right)$$

将其代入式(F.2.23)，得

$$\left.\begin{aligned} H_v^{(1)}(x)&\approx2\left(\frac{2}{x}\right)^{\frac{1}{3}}e^{-j\frac{\pi}{3}}\mathrm{Ai}\left[\tau e^{j\frac{2\pi}{3}}\right]\\ H_v^{(2)}(x)&\approx2\left(\frac{2}{x}\right)^{\frac{1}{3}}e^{j\frac{\pi}{3}}\mathrm{Ai}\left[\tau e^{-j\frac{2\pi}{3}}\right]\end{aligned}\right\}\ \tau=(v-x)\left(\frac{2}{x}\right)^{\frac{1}{3}},\ v\approx x\tag{F.2.28}$$

当 $|v|\gg x$ 时，ξ 的近似值为

$$\frac{2}{3}\xi^{\frac{3}{2}}=e^{j\frac{3\pi}{2}}\ln\left(\frac{2v}{ex}\right),\quad |v|\gg x,\quad \arg\xi\approx\pi$$

将这个 ξ 代入式(F.2.23)，并利用式(F.2.24)中使用的艾里函数的渐进展开式，可得

$$\left.\begin{aligned} H_v^{(1)}(x)&\approx-j\sqrt{\frac{2}{\pi v}}\left(\frac{2v}{ex}\right)^v\\ H_v^{(2)}(x)&\approx j\sqrt{\frac{2}{\pi v}}\left(\frac{2v}{ex}\right)^v\end{aligned}\right\}\ |\arg v|\leqslant\frac{\pi}{2},\quad |v|\gg x\tag{F.2.29}$$

再利用式(F.2.25)中的开拓公式，得

$$\left.\begin{aligned} H_v^{(1)}(x)&\approx\sqrt{\frac{2}{\pi x}}\left(\frac{ex}{2v}\right)^v\\ H_v^{(2)}(x)&\approx-\sqrt{\frac{2}{\pi x}}\left(\frac{ex}{2v}\right)^v\end{aligned}\right\}\ \frac{\pi}{2}<\arg v<\frac{3\pi}{2},\quad |v|\gg x\tag{F.2.30}$$

附录Ⅲ 理想导电二维劈存在时行波线电流和线磁流的轴向场

1. 行波线电流 $Ie^{-jk_z z'}$

线电流 $Ie^{-jk_z z'}$ 的磁矢位 $\boldsymbol{A}=\hat{\boldsymbol{z}}A_z$ 满足如下方程：

$$(\nabla^2+k^2)A_z=-\mu\int Ie^{-jk_z z'}\frac{\delta(\rho-\rho')\delta(\varphi-\varphi')\delta(z-z')}{\rho}\mathrm{d}z' \tag{F.3.1}$$

由 A_z 可以求得线电流源产生的电磁场位：

$$\left.\begin{aligned}\boldsymbol{H}&=\frac{1}{\mu}\nabla\times\hat{\boldsymbol{z}}A_z\\ \boldsymbol{E}&=-j\omega\hat{\boldsymbol{z}}A_z+\frac{1}{j\omega\mu\varepsilon}\nabla(\nabla\cdot A_z\hat{\boldsymbol{z}})\end{aligned}\right\} \tag{F.3.2}$$

因为场A_z 和源和 z 的关系必定相同，所以令

$$\begin{cases}A_z=a_z^{-jk_z z}\\ k_t^2=k^2-k_z^2\end{cases}$$

A_z 满足的边界条件为

$$\begin{cases}E_{\rho|\varphi=0,n\pi}=0\\ E_{z|\varphi=0,n\pi}=0\end{cases}$$

另外，A_z 还需要满足辐射条件和梅克斯纳边缘条件(设场与时间的关系为 $e^{j\omega t}$)。

最后可以得到

$$\left.\begin{aligned}E_z&=\frac{1}{j\omega\mu\varepsilon}\left(k^2+\frac{\partial^2}{\partial z^2}\right)A_z=\frac{k_t^2}{j\omega\mu\varepsilon}a_z e^{-jk_z z}\\ H_z&=0\end{aligned}\right\} \tag{F.3.3}$$

或者

$$\left.\begin{aligned}E_z&=\frac{k_t^2}{j\omega\varepsilon}Ie^{-jk_z z}G_s(\rho,\varphi;\rho',\varphi';k_t)\\ H_z&=0\end{aligned}\right\} \tag{F.3.4}$$

对于行波磁流 $Me^{-jk_z z'}$，同理可得

$$\left.\begin{aligned}H_z&=\frac{k_t^2}{j\omega\mu}Me^{-jk_z z}G_h(\rho,\varphi;\rho',\varphi';k_t)\\ E_z&=0\end{aligned}\right\} \tag{F.3.5}$$

附录Ⅳ 驻相法

在电磁问题中，常遇到以下形式的积分：

$$I(k)=f\int_a^b f(t)e^{jkg(t)}\mathrm{d}t \tag{F.4.1}$$

当其中的参量 k 较大时,可以使用驻相法求解。从驻相法的概念上说,可以把被积函数中的指数项看成是波的相位。当 k 很大时,这一项表示一种快速振荡,在积分过程中,只在 $g'(t)=0$ 的点,即驻相点的邻域内,这种振荡引起的幅度才对积分有显著贡献。这种用驻相点邻近的积分结果近似代表整个区间积分精确结果的方法就称为驻相法。

如果在积分区间 $t\in[a,b]$ 中,$f'(t)\neq 0$,则采用分部积分法,可以得到

$$\left.\begin{aligned} I(k) &= \int_{f(a)}^{f(b)} \frac{g(t)}{f'(t)} \mathrm{e}^{\mathrm{j}kf(t)} \,\mathrm{d}f(t) \\ &\left[\frac{g(t)}{\mathrm{j}kf'(t)} \cdot \mathrm{e}^{\mathrm{j}kf(t)}\right]_a^b - \frac{1}{\mathrm{j}k}\int_a^b \frac{\mathrm{d}}{\mathrm{d}t}\left[\frac{g(t)}{f'(t)}\right]\mathrm{e}^{\mathrm{j}kf(t)}\,\mathrm{d}t \end{aligned}\right\} \tag{F.4.2}$$

如果在积分区间 $t\in[a,b]$ 中 $f(t)$ 存在驻点 t_0,则由于 $f'(t_0)=0$ 而不能使用分部积分法,此时将积分式(F.4.1)分解为

$$I(k) = \int_a^{c-\varepsilon} g(t)\mathrm{e}^{\mathrm{j}kf(t)}\,\mathrm{d}t + \int_{c+\varepsilon}^{b} g(t)\mathrm{e}^{\mathrm{j}kf(t)}\,\mathrm{d}t + \int_{c-\varepsilon}^{c+\varepsilon} g(t)\mathrm{e}^{\mathrm{j}kf(t)}\,\mathrm{d}t \tag{F.4.3}$$

由黎曼-勒贝格定理,等式右侧前两项在 $k\to\infty$ 时是趋于零的。对于最后一项,在 ε 足够小的情况下作下列近似:

$$\left.\begin{aligned} &g(t)\approx g(t_0) \\ &f(t)\approx f(t_0)+\frac{f''(t_0)}{2!}(t-t_0)^2 \end{aligned}\right\} \tag{F.4.4}$$

那么积分式可以写成

$$I(k) \sim \int_{t_0-\varepsilon}^{t_0+\varepsilon} g(t_0)\mathrm{e}^{\mathrm{j}k\left[f(t_0)+\frac{f''(t_0)}{2!}(t-t_0)^2\right]}\,\mathrm{d}t,\ k\to\infty \tag{F.4.5}$$

将积分区间扩展到$[-\infty,+\infty]$,并且作变量代换,令

$$s^2=\frac{f''(t_0)}{2!}(t-t_0)^2 \tag{F.4.6}$$

则有下式成立:

$$I(k) \sim g(t_0)\mathrm{e}^{\mathrm{j}kf(t_0)} \cdot \sqrt{\frac{2}{k|f''(t_0)|}} \cdot \int_{-\infty}^{+\infty} \mathrm{e}^{\mathrm{j}\,\mathrm{sgn}[f''(t_0)]s^2}\,\mathrm{d}s \tag{F.4.7}$$

由 $\int_{-\infty}^{+\infty} \mathrm{e}^{\pm\mathrm{j}s^2}\,\mathrm{d}s = \sqrt{\pi}\,\mathrm{e}^{\pm\mathrm{j}\pi/4}$,最后积分式可以写为

$$I(k)\sim g(t_0)\mathrm{e}^{\mathrm{j}kf(t_0)+\mathrm{j}\,\mathrm{sgn}[f''(t_0)]\pi/4} \cdot \sqrt{\frac{2\pi}{k|f''(t_0)|}},\quad k\to\infty \tag{F.4.8}$$

附录Ⅴ　在柱坐标的 $\hat{z}$ 方向无变化的系统中场的关系

令 $\nabla=\nabla_t+\hat{z}\dfrac{\partial}{\partial z}$,其中 ∇_t 是哈密尔顿算子中的一个分量,它作用于柱坐标系中 $\hat{z}$ 的横向。

再令 $\boldsymbol{E}=\boldsymbol{E}_t+\boldsymbol{E}_z$,$\boldsymbol{H}=\boldsymbol{H}_t+\boldsymbol{H}_z$,其中 $\boldsymbol{E}$、$\boldsymbol{H}$ 分别是电场和磁场强度,它们满足麦克斯韦旋度方程:

$$\left.\begin{aligned}\nabla\times\boldsymbol{E}&=-\mathrm{j}\omega\mu\boldsymbol{H}\\\nabla\times\boldsymbol{H}&=\mathrm{j}\omega\varepsilon\boldsymbol{E}\end{aligned}\right\}\tag{F.5.1}$$

式中：$\boldsymbol{E}_t$、$\boldsymbol{H}_t$ 是 $\hat{\boldsymbol{z}}$ 的横向场分量；$\boldsymbol{E}_z$、$\boldsymbol{H}_z$ 是沿 $\hat{\boldsymbol{z}}$ 的轴向场分量。

对于在 $\hat{\boldsymbol{z}}$ 向均匀的系统来说，可以假设场有一个 $\mathrm{e}^{-\mathrm{j}k_z z}$ 的因子而把 $\boldsymbol{E}$、$\boldsymbol{H}$ 中与 z 的依从关系分离出去。其次，使麦克斯韦旋度方程的横向分量相等后得到

$$\left.\begin{aligned}\nabla_t\times\boldsymbol{E}_z+\nabla_z\times\boldsymbol{E}_t&=-\mathrm{j}\omega\mu\boldsymbol{H}_t\\\nabla_t\times\boldsymbol{H}_z+\nabla_z\times\boldsymbol{H}_t&=\mathrm{j}\omega\varepsilon\boldsymbol{E}_t\end{aligned}\right\}\tag{F.5.2}$$

其中$\nabla_z=\hat{\boldsymbol{z}}\dfrac{\partial}{\partial z}$。

最后，利用 $\boldsymbol{E}$、$\boldsymbol{H}$ 中的 $\mathrm{e}^{-\mathrm{j}k_z z}$ 因子可以求解 $\boldsymbol{H}_t$，即

$$k^2\boldsymbol{H}_t=\mathrm{j}\omega\varepsilon\,\nabla_t\times\boldsymbol{E}_z+\nabla_z\times\nabla_t\times\boldsymbol{H}_z+\nabla_z\times\nabla_z\times\boldsymbol{H}_t\tag{F.5.3}$$

或者

$$k^2\boldsymbol{H}_t=\mathrm{j}\omega\varepsilon\,\nabla_t\times\boldsymbol{E}_z-\mathrm{j}k_z\,\nabla_t\boldsymbol{H}_z+k_z^2\boldsymbol{H}_t\tag{F.5.4}$$

即

$$\boldsymbol{H}_t=-\mathrm{j}k_z\,\frac{\nabla_t\boldsymbol{H}_z}{k^2-k_z^2}+\mathrm{j}\omega\varepsilon\,\frac{\nabla_t\times\boldsymbol{E}_z}{k^2-k_z^2}\tag{F.5.5}$$

同理可得

$$\boldsymbol{E}_t=-\mathrm{j}k_z\,\frac{\nabla_t\boldsymbol{E}_z}{k^2-k_z^2}+\mathrm{j}\omega\mu\,\frac{\hat{\boldsymbol{z}}\times\nabla_t\boldsymbol{H}_z}{k^2-k_z^2}\tag{F.5.6}$$

于是只要知道 $\boldsymbol{E}_z$ 和 $\boldsymbol{H}_z$，就可以计算 $\boldsymbol{E}_t$ 和 $\boldsymbol{H}_t$。

参 考 文 献

[1] 哈林登. 计算电磁场的矩量法[M]. 王尔杰，肖良勇，林炽森，等译. 北京：国防工业出版社，1981.

[2] 葛德彪，闫玉波. 电磁波时域有限差分法[M]. 2 版. 西安：西安电子科技大学出版社，2005.

[3] 金建铭，王建国，葛德彪. 电磁场有限元方法[M]. 西安：西安电子科技大学出版社，2001.

[4] LEE S W. Geometrical optics, electromagnet[J]. Lab. , Univ Illinois, Tech. , 1978, 78:2.

[5] ROEDDER J M. CADDSCAT version 2. 3: a high-frequency physical optics code modified for trimmed IGES B-spline surfaces[J]. IEEE Antennas and Propagation, 1999, 41(3): 69 - 80.

[6] 汪茂光. 几何绕射理论[M]. 2 版. 西安：西安电子科技大学出版社，1994.

[7] LING H, CHOU R C, LEE S W. Shooting and bouncing rays: calculating the RCS of an arbitrarily shaped cavity[J]. IEEE Transactions on Antennas and Propagation, 1989, 37(2): 194 - 205.

[8] KELLER J B. The geometric optics theory of diffraction[J]. McGill Symp. Microwave Optics, 1959, 118(2): 207 - 210.

[9] KELLER J B. A geometrical theory of diffraction[M]. New York: McGraw - Hill, 1958.

[10] KELLER J B. Geometrical theory of diffraction[J]. J. Opt. SOC. Amer. , 1962, 52: 116 - 130.

[11] KOUYOUMJIAN R G. The geometrical theory of diffraction and its applications, in numerical and asymptotic techniques in electromagnetics[M]. New York: Springer Verlag, 1975.

[12] KOUYOUMJIAN R G, PATHAK P H. A uniform geometrical theory of diffraction for an edge in a perfectly conducting surface[J]. Proc, IEEE, 1974, 62(11): 1448 - 1461.

[13] LEE S W, DESCHAMPS G A. A uniform asymptotic theory of EM diffraction by a curved wedge[J]. IEEE Trans Antennas Propag. , 1976, 24: 25 - 34.

[14] 路宏敏,任狄荣,王楠,等.电磁场与电磁波基础[M].3版.北京:科学出版社,2022.
[15] PATHAK P H ,KOUYOUMJIAN R G. The dyadic diffraction coefficient for a perfectly conducting wedges[R]. Columbus:Ohio State Univ. ,1970.
[16] MEIXNER J. The behaviour of electromagnetic fields at edges[R]. New York:New York Univ. ,1972.
[17] MAC DONALD H M. Electric waves[M]. Cambridge:Cambridge Univ. Press,1902.
[18] FOCK V A. Electromagnetic diffraction and propagation problems, pergamon[M]. New York:New York Univ. Press,1965.
[19] FOCK V A. Fresnel diffraction from convex bodied[J]. Usp. Fiz. Nauk. ,1951,43:587 - 599.
[20] WAIT J R ,CONDA A M. Diffraction of electromagnetic waves by smooth obstacles for grazing angles[J]. J. Res. Nat. Bur. Stand. ,1959,63D(2):181 - 197.
[21] LOGAN N A ,YEE K S. Electromagnetic waves[M]. Madison:University of Wisconsin Press,1962.
[22] PATHAK P H. An asymptotic analysis the scattering of a plane wave by a smooth convex cylinder[J]. Radio Sci. ,1979,14(3):419 - 435.
[23] HARRINGTON R F. Time harmonic electromagnetic fields[M]. New York:McGraw - Hill Book Co. ,1961.
[24] RYAN C E,PETERS L. Evaluation of edge diffracted fields including equivalent currents for caustic regions[J]. IEEE Trans,Antennas Propag. ,1969,7:292 - 299.
[25] BURNSIDE W D ,PETERS L. Axial RCS of finite cones by the equivalent current concept with higher-order diffraction[J]. Radio Sci. ,1972,7(10):943 - 948.
[26] KNOTT E E ,SENIOR T B A. Comparison of three high-frequency diffraction techniques[J]. Proc. IEEE,1974,62:1468 - 1474.
[27] SIKTA F A,BURNSIDE W D,CHU T T,et al. First-order equivalent current and corner-diffraction scattering from flat-plate structure[J]. IEEE Trans, Antennas Propag. ,1983,31(4):584 - 589.
[28] BARNHILL R E,RIESENFELD R F. Computer-aided geometric design[M]. Pittsburgh: Academic Press,1974.
[29] VERGEEST S M. CAD surface data exchange using STEP[J]. CAD,1991,23:1.
[30] National Institute of Standards and Technology (NIST). Programmer's Hierarchical Interactive Graphics System (PHIGS),ISO/IEC9592 - 4[S]. MD:Gaithersburg,1992.
[31] 中国质量技术监督局.中华人民共和国国家标准:初始图形交换规范 Initial Graphics Exchange Specification,IGES 5.3:GB/T 14213—2001[S].北京:中国标准出版社,2001.
[32] ELKING D M,ROEDDER J M,CAR D D,et al. A review of high-frequency radar cross section analysis capability at McDonnell Douglas Aerospace[J]. IEEE Antennas

and Propagation,1995,37(5):33 - 43.

[33] PEREZ J,CATEDRA M F. RCS of electrically large targets modeled with NURBS surfaces[J]. Electronics Letters,1992,28(12):1119 - 1121.

[34] PEREZ J,CATEDRA M F. Application of physical optics to the RCS computation of bodies modeled with NURBS surfaces[J]. IEEE Trans. Antennas Propagat. ,1994,42(10):1404 - 1411.

[35] PETERS T J. A quasi-interactive graded-mesh generation algorithm for finite element/moment method analysis on NURBS-based geometries[J]. IEEE Antennas Prop Int Symp,1988,15:1390 - 1393.

[36] VALLE L,RIVAS F,CATEDRA M F. Combining the moment method with Geometrical modeling by NURBS surfaces and Bezier patches[J]. IEEE Trans. Antennas Propagat. ,1994,42(3):373 - 381.

[37] DOMINGO M,RIVAS F,PEREZ J,et al. Computation of the RCS of complex bodies modeled using NURBS surfaces[J]. IEEE Antennas and Propagation,1995,37(6):36 - 47.

[38] PEREZ J,SAINZ J,CATEDRA M F. Analysis of radiation and scattering of bodies modelled with parametric surfaces[J]. Digital Object Identifier,1996,10:1820 - 1823.

[39] PEREZ J,SAIZ J A,CONDE O M,et al. Analysis of antennas on board arbitrary structures modeled by NURBS surfaces[J]. IEEE Trans. Antennas Propagat. ,1997,45(6):1045 - 1053.

[40] CATEDRA M F,RIVAS F,VALLE L. A moment method approach using frequency-independent parametric meshes[J]. IEEE Trans. Antennas Propagat. ,1997,45(10):1567 - 1568.

[41] CONDE O M,PEREZ J,CATEDRA M F. Stationary phase method application for the analysis of radiation of complex 3 - D conducting structures[J]. IEEE Trans. Antennas Propagat,2001,49(5):724 - 730.

[42] SEFI S. Ray tracing tools for high frequency electromagnetics simulations[J]. Doctor Thesis,2003,3:11 - 13.

[43] DE ADANA F S,LEZ I G,GUTIERREZ O,et al. Asymptotic method for analysis of RCS of arbitrary targets composed by dielectric and/or magnetic materials[J]. IEEE Proc Radar Sonar Navig,2003,150(5):375 - 378.

[44] DE ADANA F S,NIEVES S,GARCÍA E,et al. Calculation of the RCS from the double reflection between planar facets and curved surfaces[J]. IEEE transactions on antennas and propagation,2003,51(9):2509 - 2512.

[45] DE ADANA F S,DIEGO I G,BLANCO O G,et al. Method based on physical optics for the computationof the radar cross section including diffraction and double effects

of metallic and absorbing bodies modeled with parametric surfaces[J]. IEEE transactions on antennas and propagation,2004,52(12):3295 - 3303

[46] CASA P S D,MACI S. A lineintegral asymptotic representation of the PO radiation from NURBS surfaces[C] //IEEE Antennas and Propagation Society, AP - S International Symposium (Digest),v 4,IEEE Antennas and Propagation Society Symposium 2004 Digest held in Conjunction with:USNC/URSI National Radio Science Meeting,2004:4511 - 4514.

[47] CATEDRA M F,GOMEZ J M,DE ADANA F S,et al. Application of ray tracing accelerating techniques for the analysis of antennas on complex platforms modelled by NURBS[J]. Antennas and Propagation Society International Symposium,2005,4A:167 - 170.

[48] HU J L,LIN S M,WANG W B. Computation of PO integral on NURBS surface and its application to RCS calculation[J]. Electronics Letters,1997,33(3):239 - 240.

[49] CAO Q F,LU S,XU P G. SCTE:RCS prediction system for complex target and interaction with environment[J]. Wuhan Univ. J. Natur. Sci,1999,4(3):299 - 303.

[50] CHEN M,ZHANG Y,ZHAO X W,et al. Analysis of antenna around NURBS surface with hybrid MoM - PO technique[J]. IEEE Trans. Antennas and Propagation,2007,55(2):407 - 413.

[51] 陈铭. 基于 NURBS 曲面建模的物理光学方法及混合方法研究[D]. 西安:西安电子科技大学,2006.

[52] 王楠. 基于任意曲面建模的一致性几何绕射理论方法[D]. 西安:西安电子科技大学,2007.

[53] 施法中. 计算机辅助几何设计与非均匀有理 B 样条[M]. 北京:高等教育出版社,2001.

[54] BOHM W. Inserting new knots into B-spline curves[J]. Comput. Aided Des. ,1980,12(4):199 - 201.

[55] 梁昌洪,崔斌,宗卫华. 费马原理确定柱面和锥面反射点的解析表示式[J]. 电波科学学报,2004,19(2):153 - 156.

[56] 王楠,张玉,梁昌洪. NURBS - UTD 方法的反射射线寻迹算法研究[J]. 电波科学学报,2006,21(6):834 - 837.

[57] 宗卫华,梁昌洪,曹祥玉,等. 圆锥体与圆柱体的几何绕射理论绕射线寻迹[J]. 西安电子科技大学学报(自然科学版),2002,29(4):482 - 485.

[58] 刘其中,马澄波,宫德明,等. GTD 中绕射线的寻迹[J]. 西安电子科技大学学报,1991,18(3):45 - 53.

[59] 王楠,梁昌洪,张玉,等. NURBS - UTD 方法的爬行波射线寻迹算法的研究[J]. 西安电子科技大学学报(自然科学版),2007,34(4):600 - 604.

[60] 王一平,陈逢时,付德民. 数学物理方法[M]. 北京:电子工业出版社,2006.

[61] 马力. 简明微分几何[M]. 北京:清华大学出版社,2004.

[62] 王楠,梁昌洪,张玉. 源在曲面上的 NURBS 建模 UTD 方法的爬行波射线寻迹算法研究[J]. 电子学报,2007,35(12):2307 - 2311.

[63] 程兴. UTD 方法分析圆柱与平板的二阶射线寻迹[J]. 仪器仪表学报,2004(S1):958 - 959.

[64] 王萌,陈晓洁,梁昌洪. UTD 算法中平板二阶场的求解[J]. 西安电子科技大学学报,2007(3):433 - 437.

[65] 张齐. 舰载大型天线阵列的 MoM - UTD 联合计算[D]. 西安:西安电子科技大学,2017.

[66] WANG N,SHI F F,CHEN G Q,et al. Double effects between reflection and edgediffraction in NURBS - UTD method[J]. Electromagnetics,2018,38(7):438 - 447.

[67] WANG N,DU X X,WANG Y,et al. Study of double diffraction and double reflection in NURBS - UTD mehtod[J]. Microwave and Optical Technology Letters,2013,55(7):1549 - 1553.

[68] 吴炎惊. 复杂平台中天线电磁兼容性的数值仿真研究[D]. 西安:西安电子科技大学,2005.

[69] 陈铭,张玉,王楠,等. 基于 NURBS 建模技术的物理光学方法的遮挡判断[J]. 西安电子科技大学学报(自然科学版),2006(3):430 - 432.

[70] PATHAK P H,WANG N,BURNSIDE W D ,et al. A uniform GTD solution for the radiation from sources on a convex surface[J]. IEEE Trans. ,1981(4):609 - 622.

[71] PATHAK P H,BURNSIDE W D,MARHEFKA R J. A uniform GTD analysis of the diffraction of electromagnetic waves by a smooth convex surface[J]. IEEE Trans. on Antennas and Propagat. ,1980,28(9):631 - 642.

[72] LUEBBERS R. A heuristic UTD slope diffraction coefficient for rough lossy wedges [J]. IEEE Trans. Antennas. Propagat. ,1995,37:206 - 211.

[73] HOLM P D. A new heuristic UTD diffraction coefficient for nonperfectly conducting wedges[J]. IEEE Transactions on Antennas and Propagation,2000,48(8):1211 - 1219.

[74] BURNSIDE W D,BURGENER K W. High frequency scatteringby a thin lossless dielectricslab[J]. IEEE Transactions on Antennas and Propagation,1983,31(1):104 - 110.

[75] SCHETTINO D N,MOREIRA F J S,REGO C G. Novel UTD coefficients for lossy conducting wedges[C] //2007 SBMO/IEEE MTT - S International Microwave and Optoelectronics Conference,2007:270 - 274.

[76] BOUCHE D P,MOLINET F A. Asympotic and hybrid techniques for electromagnetic scattering[J]. Proc. IEEE,1993,81(12):1658 - 1684.

[77] KNOTT E F. A progression of high-frequency RCS prediction techniques[J]. Proc.

IEEE,1985,73(2):252 - 264.

[78] PATHAK P H. High - frquency techniques for antenna analysis[J]. Proc. IEEE, 1992,80(1):44 - 65.

[79] THIELE G A,NEWHOUSE T M. Hybrid technique for combining moment methods with the geometrical theory of diffraction[J]. IEEE Trans. on Antennas and Propagat. ,1975, 23(1):551 - 558.

[80] BURNSIDE W D,YU C L,MARHEFKA R J. A technique to combine the geometrical theory of diffraction and the moment method[J]. IEEE Trans. On Antennas and Propagat,1975, 28(11):831 - 839.

[81] SAHALOS J N,THIELE G A. On the application of the GTD - MM technique and its limitations[J]. IEEE Trans. on Antennas and Propagat. ,1981,29(5):780 - 786.

[82] EKELMAN E P,THIELE G A. A hybrid technique for combining the moment method threatment of wire antennas with the GTD for curved surfaces[J]. IEEE Trans. on Antennas and Propagat. ,1980,28(11):831 - 839.

[83] PATHAK P H,BURNSIDE W D,MARHEFKA R J. A uniform GTD analysis of the diffraction of electromagnetic waves by a smooth convex surface[J]. IEEE Trans. von Antennas and Propagat. ,1980,28(9):631 - 642.

[84] MARTIN M ,CATEDRA M F. A study of a monopole arbitrary located on a disk using hybrid MM/GTD techniques[J]. IEEE Trans. on Antennas and Propag. ,1987, 35(3):287 - 292.

[85] THIELE G A. Overview of selected hybrid methods in radiating system analysis[J]. Proc. IEEE,1992,80(1):67 - 78.

[86] SILVESTRO J. Scattering from slot near conducting wedge using hybrid method of moments/geometrical theory of diffraction:TE case[J]. Electronics Letters,1992,28 (11):1055 - 1057.

[87] KIM J P, LEE C W, SON H. Analysis of corrugated surface wave antenna using hybrid MOM/UTD technique[J]. Electronics Letters ,1999,35(5):353 - 354.

[88] THERON I P,DAVIDSON D B,JAKOBUS U. Extensions to the hybrid method of moments/uniform GTD formulation for sources located close to a smooth convex surface[J]. IEEE Trans. on Antennas and Propag. ,2000,48(6):940 - 945.

[89] 刘子梁. MoM - UTD 混合方法和高阶矩量法关键技术研究及其在电磁问题中的应用[D]. 西安:西安电子科技大学,2006.

[90] 刘子梁,张玉,梁昌洪. 用 MoM - UTD 混合方法求解复杂电大导体表面上天线的隔离度[J]. 西安电子科技大学学报,2006,28(11):2467 - 2170.

[91] 都志辉. 高性能计算并行编程技术[M]. 北京:清华大学出版社,2001.

[92] GRAMA A. 并行计算导论[M]. 北京:机械工业出版社,2005.
[93] 张玉. 电磁场并行计算[M]. 西安:西安电子科技大学出版社,2006.
[94] ZHANG Y, LIN Z C, ZHAO X W, et al. Performance of a massively parallel higher-order method of moments code using thousands of CPUs and its applications[J]. IEEE Trans. Antennas Propag., 2014, 62(12): 6317 - 6324.
[95] MANI A B, SMULL A P, ROUET F H, et al. Efficient scalable parallel higher order direct MoM - SIE method with hierarchically semiseparable structures for 3 - D scattering[J]. IEEE Transactions on Antennas and Propag., 2017, 65(5): 2467 - 2478.
[96] 张玉,王楠,梁昌洪. PC 集群 MPI 并行矩量法分析复杂平台多天线特性[J]. 电子学报,2006,34(3):478 - 482.
[97] KAKLAMANI D I, NIKITA K S, MARSH A. Extension of method of moments for electrically large structures based on parallel computations[J]. IEEE Trans. Antennas Propag., 2014, 62(12): 1538 - 1545.
[98] RODRIGUEZ G, MIYAZAKI Y, GOTO N. Matrix-based FDTD parallel algorithm for big areas and its applications to high-speed wireless communications[J]. IEEE Trans. Antennas Propag., 2006, 54(3): 785 - 796.
[99] NAMDARI M, FARSANI M K, MOINI R. An efficient parallel 3 - D FDTD method for calculating lightning-induced disturbances on overhead lines in the presence of surge arresters[J]. IEEE Trans. Antennas Propag., 2015, 54(3): 1593 - 1600.
[100] CHOI - GROGAN Y S, ESWAR K, SADAYAPPAN P, et al. Sequential and parallel implementations of the partitioning finite-element method[J]. IEEE Trans. Antennas Propag., 1996, 44(12): 1609 - 1616.
[101] 李岷轩,江树刚,吴庆恺,等. 非结构网格瞬态电磁场计算中的高效通信方法[J]. 西安电子科技大学学报,2022,49(4):16 - 23.
[102] 姜雪松,江树刚,张玉,等. 国产众核处理器百万核时域有限差分并行计算[J]. 西安电子科技大学学报,2017,44(6):65 - 69.
[103] WANG W J, CHEN X J, LI H Y, et al. A multilevel method with novel correction strategy for parallel finite-element analysis of electromagnetic problems[J]. IEEE Trans. on Antennas and Propag., 2018, 66(7): 3787 - 3791.
[104] YAMAGUCHI T, KAWASE Y, MURASE T. Hybrid parallel FEM on PC cluster with multi-core processor[C] //2020 23rd International Conference on Electrical Machines and Systems (ICEMS), 2020: 1878 - 1881.
[105] 翟畅,林中朝,赵勋旺,等. 一种使用八叉树的半空间 MLFMA 区域分解算法[J]. 西安电子科技大学学报,2021,48(6):144 - 150.
[106] 张玉,李斌,梁昌洪. PC 集群系统中 MPI 并行 FDTD 性能研究[J]. 电子学报,2005,

33(9):1694 - 1697.

[107] 王卫杰,陈晓洁,周海京.基于区域分解的大规模并行有限元快速算法[J].电子学报,2019,47(3):741 - 747.

[108] SUN X H ,NI L M. Scalable problems and memory - bounded speedup[J]. Journal of Parallel & Distributed Computing,1993,19(1):27 - 37.

[109] PATHAK P H. High-frequency techniques for antenna analysis[J]. Proc. IEEE, 1992,80:44 - 65.

[110] PATHAK P H. Techniques for high frequency problems[M] //LO Y T,LEE W S W. Antenna handbook:theory,application and design. New York:Van Nostrand Reinhold,1971.

[111] DOETSCH G. Guide to the applications of the Laplace and z transforms[M]. New York:Van Nostrand Reinhold,1971.

[112] L B FELSEN. Propagation and diffraction of transient fields in non-dispersive and dispersive media[M] //FELSEN L B. Transient electromagnetic fields. New York: Springer - Verlag,1976.

[113] BREMERMANN H. Distributions,complex variables and Fourier transforms[M]. New York:Van Nostrand Reinhold,1971.

[114] BELTRAMI E ,WOHLERS M. Distribution and the boundary values of analytic functions[M]. Pittsburgh:Academic,1966.

[115] CARMICHAEL R ,MITROVIC D. Distributions and analytic functions[M]. Hoboken: Wiely,1989.

[116] KELLER J B ,BLANK A. Diffraction and reflection of pulses by wedges and corners [J]. Comm. Pure appl. Math. ,1951,4:77 - 94.

[117] FRIEDLANDER F G. Sound pulses[M]. Cambridge:Cambridge Univ. Press,1958.

[118] IANCONESCU R,HEYMAN E. Pulsed field diffraction by a perfectly conducting wedge: a spectral theory of transients analysis[J]. IEEE Trans. on Antennas Propag. ,1994,42:781 - 789.

[119] HEYMAN E ,FELSEN L B. Weakly dispersive spectral theory of transients (STT),part Ⅰ:formulation and interpretation[J]. IEEE Trans. ,on Antennas Propag. ,1987,35: 80 -86.

[120] HEYMAN E ,FELSEN L B. Weakly dispersive spectral theory of transients (STT),part Ⅱ: evaluation of the spectral integral[J]. IEEE Trans. on Antennas Propag. ,1987,35: 574 -580.

[121] HEYMAN E. Weakly dispersive spectral theory of transients (STT),part Ⅲ:evaluation of the spectral integral[J]. IEEE Trans. on Antennas Propag. ,1987,35:1258 - 1987.

[122] IANCONSCUE R ,HEYMAN E. Pulsed field diffraction by a perfectly conducting wedge:exact solution[J]. IEEE Trans. on Antenna Propag. ,1994,42:1377 - 1385.

[123] IANCONSCUE R ,HEYMAN E. Pulsed field diffraction by a perfectly conducting wedge:local scattering models[J]. IEEE Trans. on Antenna Propag. ,1995,42:519 - 528.

[124] VERUTTIPONG T W. Time domain version of the uniform GTD[J]. IEEE Trans. on Antennas Propag. ,1990,38:1757 - 1764.

[125] JIRAPUNTH T, KOUYOUMJIAN R G. The early-time response of currents and charges induced on perfectly-conducting wedges by transient waves[D]. Columbus: Ohio State Univ. ,1979.

[126] JIRAPUNTH T, KOUYOUMJIAN R G. The early-time response of currents and charges induced on perfectly-conducting on wedges and strips[J]. APS Symp. Dig. , 1979,2:590 - 593.

[127] ROUSSEAU P R,PATHAK P H. Time-domain uniform geometrical theory of diffraction for a curved wedge[J]. IEEE Trans. Antennas Propag. ,1995,43(12):1375 - 1382.

[128] WESTON V H. Pulse return from a sphere[J]. IEEE Trans. Antennas Propag. , 1959,7(5):43 - 51.

[129] WAIT J R ,CONDA A M. On the diffraction of electromagnetic pulses by curved conducting surfaces[J]. Can. J. Phys. ,1959,37:1384 - 1396.

[130] CHEN Y M. The transient behavior of diffraction of plane pulse by a circular cylinder[J]. Int. J. Enging. Sci. ,1964,2:417 - 429.

[131] ÜBERALL H, DOOLITTLE R D, MCNICHOLAS J V. Use of sound pulses for a study of circumferential waves[J]. J. Acoust. Soc. Amer. ,1966,39(3):564 - 578.

[132] MOFFATT D L. Impulse response waveforms of a perfectly conducting right circular cylinder[J]. Proc. IEEE,1969,5:816 - 817.

[133] MOFFATT D L. Interpretation and application of transient and impulse response approximations in electromagnetic scattering problems[R]. Columbus: The Ohio State Univ. ElectroScience Lab. ,1968.

[134] WAIT J R. Transient response of the penumbral currents for plane wave diffraction by a cylinder[J]. Canadian J. Phys. ,1969,47:1307 - 1312.

[135] SCHAFER R H. Transient currents on a perfectly conducting cyliner illuminated by unit-step and impulsive plane waves[R]. Columbus: The Ohio State Univ. ElectroScience Lab. ,1968.

[136] SCHAFER R H, KOUYOUMHIAN R G. Transient currents on cylinder illuminated by an impulsive plane wave[J]. IEEE Trans. Antennas Propag. ,1975,23:627 - 638.

[137] LEE S W, JAMNEJAD V, MITTRA R. An asymptotic series for early time response

in transient problems[J]. IEEE Trans. Antennas Propag. ,1973(11):895 - 899.

[138] HEYMAN E,FELSEN L B. Creeping waves and resonances in transient scattering by smooth convex objects[J]. IEEE Trans. Antennas Propag. ,1983,31:426 - 437.

[139] MA J ,CIRIC I R. Early-time currents induced on a cylinder by a cylindrical electromagnetic wave[J]. IEEE Trans. Antennas Propag. ,1991,39:455 - 463.

[140] NAISHADHAM K ,YAO H W. An efficient computation of transient scattering by a perfectly conducting cylinder[J]. IEEE Trans. Antennas Propag. ,1993,41:1509 - 1515.

[141] ROUSSEAU P R,PATHAK P H,CHOU H T. A Time domain formulation of the uniform geometrical theory of diffraction for scattering from a smooth convex surface[J]. IEEE Trans. Antennas Propag. ,2007,55(6):1522 - 1534.

[142] LOGAN N A. General research in diffraction theory[R]. Lockheed Missiles and Space Division,1959.